VERSTEHEN –
BESTEHEN

Grundwissen
Wirtschaft

Mit Aufgaben
und Lösungen
Prüfungs-
geeignet

Autoren:
Heinz-Werner Hanky
Kurt Morawa

Verlagsredaktion: Erich Schmidt-Dransfeld
Technische Umsetzung: TypeArt, Grevenbroich
Umschlaggestaltung: Anja Rosendahl, Berlin
Titelfoto: Shutterstock

Informationen über Cornelsen Fachbücher und Zusatzangebote:
www.cornelsen.de/berufskompetenz

4., überarbeitete und erweiterte Auflage
© 2014 Cornelsen Schulverlage GmbH, Berlin

Druck: Offizin Andersen Nexö Leipzig

ISBN 978-3-06-451012-8

 Inhalt gedruckt auf säurefreiem Papier
aus nachhaltiger Forstwirtschaft.

Vorwort

Sie möchten schnell und gezielt Kenntnisse auffrischen, z.B. vor einer Prüfung, oder sich einfach aus Interesse ins Thema Wirtschaft einlesen? Das vorliegende Buch enthält das Wesentliche, das in kaufmännischen Berufen zur „allgemeinen Wirtschaftslehre" benötigt wird. Gleichermaßen sind Leser/-innen aus Handwerk, Gesundheitswesen und weiteren Dienstleistungsberufen angesprochen, die sich diese Grundlagen ebenfalls aneignen müssen.

Fortbildungsteilnehmer/-innen, Umschüler/-innen und Auszubildende stehen oft ratlos vor der großen Stoffmenge: Wo soll man anfangen und wo aufhören, wenn mehrere Fächer wiederholt werden müssen und die Zeit drängt? In diesem Buch ist das Wesentliche gezielt ausgewählt und als echtes „Grundwissen" zusammengestellt worden. Dabei haben wir als Autoren auf zweierlei geachtet: Zum einen erklären wir wirtschaftliche Zusammenhänge verständlich. Zum anderen stellen wir das Sachwissen so praxisnah dar, wie es im beruflichen Alltag für wirtschaftlich sinnvolles und rechtlich richtiges Handeln benötigt wird. Darauf können Sie als Leser/-innen dann auch mit den Kenntnissen zu Ihrer konkreten beruflichen Sparte aufbauen.

Für eine optimale Lernorganisation finden Sie zu jedem Kapitel eine Zusammenfassung. Darin werden zentrale Begriffe des jeweiligen Themas noch einmal kurz erklärt, was sich gut zum Lernen nutzen lässt. Daran schließen sich Aufgaben zur Selbstkontrolle an, wozu Sie Lösungshinweise im Anhang finden.

Auf diese Weise ist der Lernstoff mit seinen Aufgaben so organisiert, dass Sie ihn verstehen und dadurch besser behalten und eine gute Chance haben, Ihre Prüfung zu bestehen. Das Konzept hat sich gut bewährt und die jetzt vorliegende 4. Auflage präsentiert sich als Neuausgabe in einer neuen Reihe. Der Inhalt wurde dabei überarbeitet, aktualisiert, korrigiert und um einige aktuelle Thematiken erweitert.

Autoren und Verlag wünschen Ihnen nun viel Spaß beim Lesen und viel Erfolg bei Ihrem Vorhaben.

Inhaltsverzeichnis

1 Grundlagen der Berufsbildung und Arbeitsrecht

1.1 Grundlagen der Berufsbildung

Ausbilden und Fortbilden sind wichtige Aufgaben der Wirtschaft. Die berufliche Ausbildung erfolgt in Deutschland auf gesetzlicher Grundlage. Auszubildende und Umschüler sollen ihre Rechte und Pflichten kennen – das ist eines der Lernziele einer beruflichen Ausbildung und gehört deshalb in ein Buch über Grundlagen der Wirtschaft. Wer im Arbeitsleben Auszubildende mitbetreut, muss seinerseits über Grundkenntnisse zur Berufsbildung verfügen, weshalb dieses Thema auch in die Fort- und Weiterbildung gehört.

1.1.1 Die Ausbildung zu einem staatlich anerkannten Ausbildungsberuf

Nach Beendigung der Schulzeit (im Rahmen der Erstausbildung) oder auch im Rahmen einer Umschulung (wenn der Auszubildende bereits im Berufsleben stand) bietet sich die Möglichkeit, einen staatlich anerkannten Ausbildungsberuf zu erlernen. Die Regelungen, unter welchen Bedingungen eine solche Ausbildung erfolgt, finden sich im Berufsbildungsgesetz (BBiG), in den Ausbildungsordnungen und in den Rahmen(lehr-)plänen. Darin befinden sich für den jeweiligen Ausbildungsberuf Vorgaben, die eine einheitliche Berufsausbildung und die Erhaltung eines fachlichen Niveaus gewährleisten sollen. So wird gesichert, dass die Ausbildung in einem konkreten Ausbildungsberuf unabhängig vom Bundesland und vom jeweiligen Ausbildungsbetrieb einheitlich erfolgt. Überwacht wird die Einhaltung der Vorgaben durch die zuständigen Kammern (z.B. Industrie- und Handelskammer, Handwerkskammer) als „Aufsichtsbehörde". Die Kammern sind auch für die Abnahme der Prüfungen zum jeweiligen Beruf zuständig. Welche Berufe als staatlich anerkannt zugelassen sind, ergibt sich aus der „Liste der staatlich anerkannten Ausbildungsberufe", die vom Bundesinstitut für Berufsbildung veröffentlicht wird. Zurzeit gibt es ca. 330 solcher Berufe.

Ein besonderer Gesichtspunkt der Ausbildung ist, dass Schulabgänger, die eine Ausbildung beginnen, oft minderjährig (also jünger als 18 Jahre) sind. Deshalb sind bei der Ausbildung stets die Vorschriften des Jugendarbeitsschutzgesetzes (JArbSchG) zu beachten.

1.1.2   Die Ausbildung nach dem Berufsbildungsgesetz (BBiG)

Das Berufsbildungsgesetz beschäftigt sich unter dem Begriff Berufsbildung mit folgenden vier Ausbildungssituationen (§ 1 BBiG):

- Berufsausbildungsvorbereitung,
- Berufsausbildung (gemeint ist die Erstausbildung),
- berufliche Fortbildung (Erweiterung der Fähigkeiten und Kenntnisse im bereits erlernten beruflichen Bereich),
- berufliche Umschulung (Personen, die schon beruflich tätig waren, erlernen einen neuen Beruf),

wobei die einzelnen Vorschriften sich grundsätzlich auf den Bereich der Erstausbildung beziehen und entsprechend für die berufliche Fortbildung und Umschulung anzuwenden sind (vgl. §§ 58 ff. BBiG).

Das Berufsbildungsgesetz legt fest, auf welche Art und Weise die Ausbildung erfolgt. Es regelt neben vielen anderen Themen z.B. welchen Inhalt der Ausbildungsvertrag zwischen Ausbildenden und Auszubildenden haben soll (siehe Abschnitt 1.1.4). Weiterhin ist festgelegt, dass bei der Ausbildung eine Zwischen- und Abschlussprüfung zu erfolgen haben und welche Eignung der Ausbilder haben muss.

Da das Berufsbildungsgesetz sich mit der Berufsbildung im Allgemeinen beschäftigt, liegt es auf der Hand, dass es spezielle Regelungen für jeden einzelnen staatlich anerkannten Ausbildungsberuf geben muss, die die Besonderheiten jedes Ausbildungsganges regeln. Deshalb ist im Berufsbildungsgesetz festgelegt, dass es für jeden Ausbildungsberuf eine Ausbildungsordnung geben muss, welche die individuelle Ausbildung zu diesem Beruf regelt (§ 5 BBiG).

Wichtiger Bestandteil jeder Ausbildungsordnung ist das Ausbildungsberufsbild.

Hierin ist beschrieben, welche Kenntnisse und Fertigkeiten die Auszubildenden während der Ausbildung vermittelt bekommen sollen. Weitere Inhalte der Ausbildungsordnungen sind z.B.

- Festlegung der Ausbildungsdauer,
- spezielle Regelungen für die Prüfung,
- Festlegung der Prüfungsdauer,
- Bewertung der Prüfungen und
- Führung des schriftlichen Ausbildungsnachweises.

Aus den Ausbildungsordnungen ist nicht zu ersehen, welche Kenntnisse und Fertigkeiten im Einzelnen während der Ausbildung erworben

werden sollen. Das Ausbildungsberufsbild ist nur eine kurze überblick-
artige Darstellung. Daher werden auf Grundlage der Ausbildungsbe-
rufsbilder für jeden Beruf die Ausbildungsrahmenpläne erstellt, die im
Detail, und zwar nach Einzelthemen und auch nach zeitlichen Vorgaben, die Lerninhalte während der gesamten Ausbildungszeit von üblicherweise drei Jahren auflisten. Für die theoretische Ausbildung in der
Berufsschule werden die Inhalte in Rahmenlehrplänen zusammengestellt, welche die Grundlage für den Berufsschulunterricht bilden und
den Lehrstoff fächerübergreifend in einzelnen Lernfeldern darstellen.

1.1.3   Das Berufsausbildungsverhältnis

Ausbildender (Ausbildungsbetrieb) und Auszubildender schließen zur
Begründung des Berufsausbildungsverhältnisses einen Ausbildungsvertrag, dessen Inhalt in Schriftform festgehalten werden muss. Die
Kammern haben entsprechende Formularverträge herausgegeben.
Minderjährige Auszubildende benötigen zum Abschluss des Vertrages
die Zustimmung ihrer gesetzlichen Vertreter, die das Vertragsformular
mit unterschreiben müssen. Die unterzeichneten Vertragsformulare
werden an die zuständige Kammer gesandt, wo die Verträge im Verzeichnis der Berufsausbildungsverhältnisse registriert werden.

1.1.4   Inhalt des Berufsausbildungsvertrages

Gemäß § 11 des Berufsbildungsgesetzes hat der Berufsausbildungsver-
trag eine Reihe von Mindestinhalten:

- Art, sachliche und zeitliche Gliederung der Berufsausbildung, insbesondere die Berufstätigkeit, für die ausgebildet werden soll
- Beginn und Dauer der Berufsausbildung (üblicherweise beginnt
  die Ausbildung zum 1. September eines Jahres und hat eine Dauer
  von drei Jahren)
- Ausbildungsmaßnahmen außerhalb der Ausbildungsstätte: In
  bestimmten Ausbildungsberufen werden Kenntnisse und Fertigkeiten, die im Ausbildungsbetrieb nicht vermittelt werden können,
  durch andere Einrichtungen vorgenommen, was im Ausbildungsvertrag vermerkt sein muss (Beispiel: Auszubildende im Baugewerbe lernen bestimmte grundlegende Handwerksfähigkeiten
  außerhalb ihres Ausbildungsbetriebes z.B. auf Bauhöfen; in anderen Branchen gibt es überbetriebliche Ausbildungsstätten)
- Dauer der regelmäßigen täglichen Arbeitszeit (Ausbildungszeit): Sie
  richtet sich nach dem Arbeitszeitgesetz und beträgt acht Stunden;

für Jugendliche gelten die Sonderregelungen des Jugendarbeitsschutzgesetzes (siehe Abschnitt 1.1.6)

● **Dauer der Probezeit:** Für jedes Ausbildungsverhältnis ist eine Probezeit zu vereinbaren, die mindestens einen Monat und höchstens
vier Monate betragen darf (§ 20 BBiG)

● Voraussetzungen, unter denen das Berufsausbildungsverhältnis
gekündigt werden kann (§ 22 BBiG)

● **Zahlung und Höhe der Vergütung:** Gemäß § 17 des Berufsbildungsgesetzes muss Auszubildenden eine Vergütung gezahlt werden

● **Dauer des Urlaubs:** Die Dauer des Urlaubs richtet sich nach dem
Bundesurlaubsgesetz und beträgt mindestens 24 Werktage pro
Jahr; für Jugendliche gelten die Sonderregelungen des Jugendar-
beitsschutzgesetzes (vgl. Abschnit 1.1.6)

Vergütung der Ausbildung

*Die Vergütung ist dem Lebensalter – mindestens jährlich – anzupassen. Die
Höhe der Vergütung ist nicht geregelt und richtet sich nach den einzelnen
Branchen und den individuellen Absprachen zwischen Ausbildendem und Aus-
zubildendem; in einigen Branchen (z.B. Versicherungen, Baugewerbe) gibt es
Tarifverträge, die eine Ausbildungsvergütung festlegen.*

Kündigungsmöglichkeiten

*Kündigung während der Probezeit: Hier kann das Ausbildungsverhältnis von
jeder Seite ohne Einhalten einer Kündigungsfrist gekündigt werden.*
*Ordentliche (fristgemäße) Kündigung: Der Auszubildende kann das
Ausbildungsverhältnis nach Ablauf der Probezeit unter Einhaltung einer
Kündigungsfrist von vier Wochen kündigen (allerdings nicht, wenn er die
Ausbildung in einem anderen Betrieb fortsetzen will). Nach Ablauf der
Probezeit kann der Ausbildende bis zur Beendigung der Ausbildung nicht
mehr ordentlich kündigen.*
*Außerordentliche (fristlose) Kündigung: Bei Vorliegen eines „wichtigen
Grundes" kann jede Seite das Ausbildungsverhältnis mit sofortiger Wirkung
(fristlos) kündigen. Wichtige Gründe können z.B. andauernde Unpünktlich-
keit, Fernbleiben von der Berufsschule, Diebstahl sein.*

*Eine Kündigung muss schriftlich erfolgen. Wenn ein minderjähriger Auszu-
bildender kündigt, muss der gesetzliche Vertreter schriftlich zustimmen. Die
fristlose Kündigung und die Kündigung durch den Auszubildenden muss vom
Kündigenden schriftlich begründet werden.*

1.1.5 Pflichten der Beteiligten

Aus dem Charakter des Berufsausbildungsverhältnisses ergeben sich die Pflichten des Ausbildenden und des/der Auszubildenden, die von den Vertragsparteien eingehalten werden müssen.

Pflichten	
des Ausbildenden:	**der/des Auszubildenden:**
• Ausbildungspflicht	• Bemühungspflicht
• Fürsorgepflicht	• Berufsschulpflicht
• Vergütungs-, Urlaubsgewährungspflicht	• Pflicht zur Führung eines schriftlichen Ausbildungsnachweises
• Pflicht zur Erteilung eines Zeugnisses	• Verschwiegenheitspflicht

1.1.6 Jugendarbeitsschutz

Das Jugendarbeitsschutzgesetz (JArbSchG) soll Jugendliche – das sind Personen, die 15 Jahre alt sind, das 18. Lebensjahr aber noch nicht erreicht haben – in der Ausbildung und am Arbeitsplatz schützen. Hier einzelne Regelungen im Überblick:

Arbeitszeit

Jugendliche dürfen höchstens für acht Stunden am Tag und nicht mehr als 40 Stunden pro Woche beschäftigt werden. Wenn an einzelnen Werktagen die Arbeitszeit verkürzt wird, z.B. wenn freitags früher Schluss gemacht wird, können Jugendliche an den übrigen Werktagen derselben Woche bis zu achteinhalb Stunden beschäftigt werden (§ 8 JArbSchG).

Ruhepausen

Bei einer Arbeitszeit von viereinhalb bis zu sechs Stunden beträgt die Ruhepause 30 Minuten. Bei einer Arbeitszeit von mehr als sechs Stunden beträgt die Ruhepause 60 Minuten. Als Ruhepausen gelten nur Arbeitsunterbrechungen von mindestens 15 Minuten (§ 11 JArbSchG).

Weitere Regelungen zur Arbeitszeit

Beschäftigung grundsätzlich nur von 6.00 bis 20.00 Uhr (§ 14 JArbSchG), grundsätzlich nur an fünf Tagen in der Woche und keine Beschäftigung an Samstagen oder Sonn- und Feiertagen (§§ 16, 17 JArbSchG). Ebenso ist Akkordarbeit und „tempoabhängige Arbeit" untersagt (§ 23 JArbSchG).

Von diesen Festlegungen gibt es für bestimmte gewerbliche Bereiche (Bäckereien, Gastronomie, Pflegebereich usw.) Ausnahmen.

Urlaub

Jugendliche erhalten nach ihrem Alter gestaffelt folgende Urlaubstage (vgl. § 19 JArbSchG):

1. Mindestens 30 Tage, wenn der Jugendliche zu Beginn des Kalenderjahres noch nicht 16 Jahre alt ist,
2. mindestens 27 Werktage, wenn das 17. Lebensjahr,
3. mindestens 25 Werktage, wenn das 18. Lebensjahr noch nicht erreicht ist.

Zum Vergleich: Für einen volljährigen Arbeitnehmer beträgt der Mindesturlaub nach dem Bundesurlaubsgesetz (BUrlG) 24 Werktage pro Jahr.

Berufsschule

Jugendliche dürfen vor Beginn der Berufsschule nicht im Ausbildungsbetrieb beschäftigt werden, wenn der Unterricht vor neun Uhr beginnt (diese Regelung gilt auch für volljährige Auszubildende). Nach der Berufsschule brauchen jugendliche Auszubildende an einem Tag der Woche nicht mehr in den Ausbildungsbetrieb, wenn die Berufsschulzeit mehr als fünf Unterrichtsstunden (je 45 Minuten) beträgt (§ 9 JArbSchG).

Gesundheitsuntersuchungen

Treten Jugendliche ins Berufsleben ein, müssen sie zur Arbeitsaufnahme eine ärztliche Bescheinigung vorlegen (Erstuntersuchung), die nicht älter als 14 Monate sein darf. Nach Ablauf eines Jahres muss eine erneute Untersuchung erfolgen (Nachuntersuchung), sofern der Arbeitnehmer / der Auszubildende noch nicht 18 Jahre alt ist (§§ 32 ff. JArbSchG).

1.2   Berufliche Fort- und Weiterbildung

Es gibt bundesweit ein sehr umfassendes Angebot an beruflichen Fort- und Weiterbildungsmaßnahmen. Sie wenden sich an beruflich Tätige, die sich weiterqualifizieren möchten. Dabei unterscheidet man grundsätzlich zwischen

- Anpassungsfortbildung und
- Aufstiegsfortbildung.

Bei der Anpassungsfortbildung sollen Kenntnisse und Fähigkeiten an sich verändernde Anforderungen der Arbeitswelt angepasst werden. Das Angebot ist fachlich, methodisch und zeitlich stark differenziert. Angeboten wird alles vom Tagesseminar bis zum längerfristigen systematischen Lehrgang.

Die Aufstiegsfortbildung umfasst Maßnahmen, um sich für einen auf einem beruflichen Erstabschluss aufbauenden Fortbildungsberuf zu qualifizieren. Sehr bekannt sind die abgestuften Abschlüsse der Industrie- und Handelskammern (z.B. Industriemeister, Fachwirt, Fachkaufmann), der Handwerkskammern (z.B. Betriebsassistent, Meister) und der Fachschulen (z.B. Techniker, Betriebswirt). Diese Abschlüsse sind anerkannt, und mittlerweile gibt es in etwa genauso viele staatlich anerkannte Fortbildungsberufe wie Ausbildungsberufe. Sie zeichnen sich dadurch aus, dass sie ähnlich wie in der Erstausbildung geordnet sind (d.h., es bestehen einheitliche Rahmenpläne und Prüfungsordnungen) und dass es dafür eine jeweils „zuständige Stelle" gibt. Auch andere Träger vergeben Zertifikate, die in der Wirtschaft und bei weiteren Arbeitgebern (z.B. im Gesundheits- oder Sozialbereich) Gewicht haben. Als Anbieter zu nennen sind in diesem Zusammenhang ferner die Fernlehrinstitute und die Angebote von Berufsverbänden.

Die schier unüberschaubare Fortbildungslandschaft ist in mehreren Datenbanken dokumentiert und auffindbar gemacht. Als minimale Auswahl sollen hier zwei umfassende genannt werden:

- http://www.bibb.de/de/773.htm führt auf einen Bereich „Weiterbildung" auf der Internetseite des Bundesinstituts für Berufsbildung. Hier findet man u.a. Listen der Berufe, Informationen über Zugangsmöglichkeiten, Verordnungen, zuständige Stellen u.a.m.
- http://kursnet-finden.arbeitsagentur.de/kurs führt zur Datenbank „Kurs" der Arbeitsagentur. Sie verzeichnet ca. 703.581 Bildungsangebote von Ausbildung über Fortbildung bis Studium.

Personalentwicklung

Auf betrieblicher Seite kümmert sich die Personalabteilung um die Fort- und Weiterbildung. Sie ist nicht nur für die Personalverwaltung zuständig, sondern hat auch die Personalplanung als Aufgabe. Dazu gehört, dafür zu sorgen, dass Mitarbeiter ihren Qualifikationsstandard halten und die Möglichkeit erhalten, sich auf zukünftige Anforderungen rechtzeitig und ausreichend vorzubereiten (siehe Abschnitt 1.4).

1.3 Arbeitsrecht

1.3.1 Das Arbeitsrecht als wichtiger Bestandteil des beruflichen Alltags

Wer im Berufsleben steht, hat mit Arbeitsrecht zu tun. Das kann der Fall sein, wenn er im Rahmen seiner kaufmännischen Tätigkeit mit Personalangelegenheiten befasst ist (weil z.B. Arbeitsverträge geschrieben oder auch Kündigungen ausgesprochen werden müssen). Dies ist aber natürlich auch immer dann der Fall, wenn jemand selbst als Arbeitnehmer in einem Arbeitsverhältnis steht.

1.3.2 Das Arbeitsrecht und die beteiligten Personen

Das Arbeitsrecht regelt die rechtlichen Beziehungen zwischen Arbeitgeber und Arbeitnehmer. Es versteht sich als Schutzrecht zugunsten des Arbeitnehmers. Der Arbeitnehmer als der „Schwächere" in diesem Rechtsverhältnis soll durch die Rechtsvorschriften des Arbeitsrechts geschützt werden, daher kennt das Arbeitsrecht meistens Rechtsvorschriften, die sich mit möglichen Problemen des Arbeitnehmers beschäftigen.

Im Rahmen des Arbeitsvertrages verspricht der Arbeitnehmer, den Weisungen des Arbeitgebers zu folgen, man bezeichnet das Arbeitsrecht daher auch als das Recht der abhängigen Arbeit.

Unter einem Arbeitnehmer versteht man eine Person, die
- im Rahmen eines Arbeitsvertrages
- gegen Entgelt (Gehalt oder Lohn)
- abhängige Arbeit leistet, wobei
- der Arbeitnehmer üblicherweise lohnsteuer- und sozialversicherungspflichtig ist.

Wichtig ist, dass nur ein Arbeitnehmer im Sinne dieser Definition sich auf die Schutzfunktion des Arbeitsrechts berufen kann. Daher sind Personen, die Arbeit nicht unter diesen Voraussetzungen leisten, wie freie Mitarbeiter oder Honorarkräfte, in einer viel schlechteren rechtlichen Position. Sie können z.B. keinen gesetzlichen Mindesturlaub verlangen und sich auch nicht auf die günstigen gesetzlichen Kündigungsfristen oder den Kündigungsschutz (vgl. 1.3.6) berufen.

Ein Arbeitgeber ist ein Unternehmer, der mindestens einen Arbeitnehmer im Rahmen eines Arbeitsvertrages beschäftigt.

1.3.3 Quellen des Arbeitsrechts

Das Arbeitsrecht findet sich in vielen verschiedenen Rechtsvorschriften. Es gibt kein einheitliches Arbeitsgesetzbuch, sondern zahlreiche Regelungen, die sich jeweils mit speziellen arbeitsrechtlichen Themen beschäftigen. Man spricht daher von den Quellen des Arbeitsrechts.

Quellen des Arbeitsrechts

Im Grundgesetz befinden sich die Grundrechte über die Freiheit der Berufswahl sowie der Berufsausübung (Art. 12 GG) und die sogenannte Koalitionsfreiheit, die es der Arbeitgeberseite und der Arbeitnehmerseite garantiert, sich in Arbeitgeberverbänden und Gewerkschaften zu organisieren (Art. 9 Abs. 3 GG).

Die wichtigsten arbeitsrechtlichen Vorschriften finden sich in verschiedenen Gesetzen, z. B. Bundesurlaubsgesetz, Kündigungsschutzgesetz, Arbeitszeitgesetz. Rechtsverordnungen, die aufgrund eines Gesetzes oft die „Detailfragen" regeln, finden sich überwiegend im Bereich des Gesundheits- und Gefahrenschutzes und der Unfallverhütung.

Tarifverträge, die zwischen Arbeitgeberverbänden bzw. Arbeitgebern und Gewerkschaften abgeschlossen werden, und Betriebsvereinbarungen zwischen Betriebsrat und Arbeitgeber bezeichnet man auch als Kollektivarbeitsverträge. Im Rahmen dieser Verträge können die beteiligten Parteien die verschiedensten arbeitsrechtlichen Inhalte regeln, die auch Gegenstand von Einzelarbeitsverträgen sein können (vgl. 1.3.6).

Während die Kollektivarbeitsverträge sich mit Regelungen für Gruppen beschäftigen, werden im Einzelarbeitsvertrag (Individualarbeitsvertrag) Inhalte festgelegt, die sich mit den Rechtsbeziehungen des einzelnen Arbeitnehmers und dem Arbeitgeber beschäftigen.

Da der Arbeitnehmer sich im Rahmen seines Arbeitsvertrages den Weisungen des Arbeitgebers unterwirft, werden auch diese Weisungen zu den Rechtsquellen des Arbeitsrechts gezählt.

Zu den Rechtsquellen rechnet man ferner Urteile der höheren Arbeitsgerichte, insbesondere des Bundesarbeitsgerichts. Man bezeichnet diese richtungsweisenden Urteile auch als „Richterrecht".

1.3.4   Günstigkeitsprinzip

Bei der großen Anzahl der verschiedenen Rechtsquellen kann es geschehen, dass mehrere sich mit demselben Thema beschäftigen, aber zu verschiedenen Ergebnissen gelangen. Zum Beispiel kann in einem Tarifvertrag ein Jahresurlaub von 30 Tagen festgelegt sein, im Einzelarbeitsvertrag aber 28 Tage vereinbart sein. Bei Meinungsverschiedenheiten zwischen Arbeitgeber und Arbeitnehmer, welche der Regelungen verbindlich ist, gilt nach dem Günstigkeitsprinzip immer die für den Arbeitnehmer günstigere Regelung, hier also der Tarifvertrag.

1.3.5   Systematik des Arbeitsrechts

Das Arbeitsrecht lässt sich wie folgt systematisieren:

Systematische Bereiche des Arbeitsrechts	
Individual-arbeitsrecht	*Regelt die Rechtsbeziehungen zwischen dem einzelnen Arbeitnehmer und dem Arbeitgeber (den Arbeitsvertrag)*
Kollektivarbeits-recht	*Beschäftigt sich mit dem Betriebsverfassungsrecht, insbesondere den Rechten und Pflichten des Betriebsrats und dem Tarifrecht, den Rechtsbeziehungen zwischen Arbeitgebern und Gewerkschaften*
Arbeitsschutz-recht	*Vorschriften zum Unfall-, Gefahren-, Arbeitsschutz*
Arbeitsprozess-recht	*Das Rechtsgebiet, welches sich mit der Arbeitsgerichtsbarkeit und dem Arbeitsgerichtsverfahren beschäftigt*

1.3.6   Individualarbeitsrecht

Der Arbeitsvertrag
Im Rahmen des Arbeitsvertrages verpflichtet sich der Arbeitnehmer gegenüber dem Arbeitgeber zur Arbeitsleistung, der Arbeitgeber zur Zahlung der vereinbarten Vergütung (§ 611 BGB). Der Abschluss des Vertrages erfolgt formfrei, also mündlich, schriftlich bzw. konkludent (durch schlüssiges Handeln). Sinnvoll ist es natürlich, den Arbeitsvertrag schriftlich abzuschließen, was meistens ja auch der Fall sein dürfte.

Wenn Arbeitgeber und Arbeitnehmer keinen schriftlichen Vertrag abgeschlossen haben, verpflichtet das Nachweisgesetz den Arbeitgeber, innerhalb einer Frist von einem Monat nach Arbeitsaufnahme, dem Arbeitnehmer einen schriftlichen „Nachweis" mit den wesentlichen Vertragsbedingungen auszuhändigen. Sinn dieser Vorschrift ist, dem Arbeitnehmer ein schriftliches Dokument in die Hände zu geben, mit dem er seine Vereinbarungen, die er mit dem Arbeitgeber festgelegt hat, im Zweifelsfall auch beweisen kann.

Die „wesentlichen Vertragsbedingungen", die im Nachweisgesetz vorgeschrieben sind (§ 2 NachwG), betreffen die Themen, die üblicherweise mindestens im Rahmen eines Arbeitsvertrags geregelt sein sollten.

Wesentliche Vertragsbedingungen eines Arbeitsvertrages

1. *Name und Anschrift der Vertragsparteien*
2. *der Zeitpunkt des Beginns des Arbeitsverhältnisses*
3. *bei befristeten Arbeitsverhältnissen: die vorhersehbare Dauer des Arbeitsverhältnisses*
4. *der Arbeitsort*
5. *Beschreibung der Arbeitstätigkeit*
6. *Höhe des Arbeitsentgelts*
7. *sonstige Zahlungen wie Prämien, Zulagen usw.*
8. *die vereinbarte Arbeitszeit*
9. *Urlaub*
10. *Kündigungsfristen*
11. *ein in allgemeiner Form gehaltener Hinweis auf die Tarifverträge, Betriebs- und Dienstvereinbarungen, die auf das Arbeitsverhältnis anzuwenden sind (vgl. § 2 NachwG)*

Pflichten des Arbeitgebers und des Arbeitnehmers

Im Arbeitsvertrag verpflichten sich die Beteiligten nicht nur zur Leistung von Arbeit bzw. zur Zahlung der Vergütung. Inhalt des Arbeitsverhältnisses sind auch weitere Verpflichtungen (sogenannte Nebenpflichten), ohne die das Arbeitsverhältnis nicht ordnungsgemäß durchgeführt werden könnte.

Übersicht über die Pflichten	
Arbeitgeber	**Arbeitnehmer**
1. *Zahlung der vereinbarten Vergütung (Hauptpflicht)* 2. *Fürsorgepflicht:* Der Arbeitgeber hat dafür zu sorgen, dass der Arbeitnehmer keinen Gesundheitsgefahren im Betrieb ausgesetzt ist (vgl. §§ 617 bis 619 BGB). 3. *Informations- und Anhörungspflicht:* Der Arbeitnehmer muss über alle Angelegenheiten, die seine Arbeitstätigkeit betreffen, ausreichend informiert werden. Er hat das Recht, sich beim Arbeitgeber zu beschweren. 4. *Pflicht zur Erteilung eines Zeugnisses:* Bei Beendigung des Arbeitsverhältnisses muss der Arbeitgeber dem Arbeitnehmer ein Arbeitszeugnis erteilen.	1. *Arbeitspflicht (Hauptpflicht)* 2. *Gehorsamspflicht:* Der Arbeitnehmer hat den Weisungen des Arbeitgebers zu folgen, soweit sie sich im Rahmen des Arbeitsvertrages und von Recht und Gesetz bewegen. 3. *Treuepflicht:* Der Arbeitnehmer hat alles zu unterlassen, was dem Arbeitgeber und seinem Betrieb schaden könnte. Zur Treuepflicht gehören: *Handlungspflichten:* a. Anzeigepflicht von Krankheit, Schwangerschaft usw. b. Schutzpflichten, sich aktiv für den Schutz des Betriebs und der Betriebsmittel einsetzen *Unterlassungspflichten* a. Störung des Betriebsfriedens b. Verschwiegenheitspflicht c. Einhaltung des gesetzlichen und vertraglichen Wettbewerbsverbots

Arten von Zeugnissen

Man unterscheidet

- das *einfache Zeugnis*, in dem lediglich die Art der Tätigkeit und die Dauer des Arbeitsverhältnisses aufgeführt werden (Arbeitsbescheinigung), und

- das *qualifizierte Zeugnis*. In diesem Zeugnis muss der Arbeitgeber die Arbeitstätigkeit, aber auch das Verhalten des Arbeitnehmers („Führung im Dienst") beurteilen (vgl. § 630 BGB).

Die Beendigung des Arbeitsverhältnisses

Das Arbeitsverhältnis als sogenanntes Dauerschuldverhältnis kann auf folgende Weise beendet werden:

- ordentliche (fristgemäße) Kündigung
- außerordentliche (fristlose) Kündigung
- Aufhebungsvertrag
- ein befristetes Arbeitsverhältnis läuft aus

Je nach Situation kann die eine oder die andere Möglichkeit infrage kommen:

Ordentliche (fristgemäße) Kündigung (§ 622 BGB)

Das Arbeitsverhältnis kann sowohl vom Arbeitgeber als auch vom Arbeitnehmer unter Einhaltung einer Kündigungsfrist von vier Wochen (das sind 28 Tage) zum 15. oder zum Ende eines Monats gekündigt werden (§ 622 Abs. 1 BGB).

Beispiel:

Wenn ein Arbeitnehmer zum 31. Dezember des Jahres kündigen will, weil er im neuen Jahr eine neue Arbeitsstelle antreten will, muss er sein Kündigungsschreiben dem Arbeitgeber spätestens zum 3. Dezember übergeben.

Abhängig von der Dauer der Betriebszugehörigkeit verlängern sich die Kündigungsfristen für Kündigungen, die durch den Arbeitgeber ausgesprochen werden (vgl. § 622 Abs. 2 BGB). Ab einer Betriebszugehörigkeit von zwei Jahren kann das Arbeitsverhältnis nur noch zum Monatsende gekündigt werden, Kündigung zum 15. des Monats ist jetzt also nicht mehr möglich. Auch beträgt die Kündigungsfrist jetzt nicht mehr vier Wochen, sondern sie wird nach Monaten berechnet.

Auf der folgenden Seite ist der Gesetzestext im Wortlaut zum Nachlesen abgedruckt. Dabei wird auf ein Urteil des Europäischen Gerichtshofs aus 2010 verwiesen, das zu einer veränderten Regelung geführt hat.

Im Rahmen von Tarifverträgen können andere Kündigungsfristen, sowohl kürzere als auch längere vereinbart werden (§ 622 Abs. 4 BGB).

Zum Nachlesen: Gesetzestext Wortlaut

BGB § 622: Kündigungsfristen bei Arbeitsverhältnissen

(1) Das Arbeitsverhältnis eines Arbeiters oder eines Angestellten (Arbeitnehmers) kann mit einer Frist von vier Wochen zum Fünfzehnten oder zum Ende eines Kalendermonats gekündigt werden.

(2) Für eine Kündigung durch den Arbeitgeber beträgt die Kündigungsfrist, wenn das Arbeitsverhältnis in dem Betrieb oder Unternehmen

1. zwei Jahre bestanden hat, einen Monat zum Ende eines Kalendermonats,
2. fünf Jahre bestanden hat, zwei Monate zum Ende eines Kalendermonats,
3. acht Jahre bestanden hat, drei Monate zum Ende eines Kalendermonats,
4. zehn Jahre bestanden hat, vier Monate zum Ende eines Kalendermonats,
5. zwölf Jahre bestanden hat, fünf Monate zum Ende eines Kalendermonats,
6. 15 Jahre bestanden hat, sechs Monate zum Ende eines Kalendermonats,
7. 20 Jahre bestanden hat, sieben Monate zum Ende eines Kalendermonats.

Bei der Berechnung der Beschäftigungsdauer werden Zeiten, die vor der Vollendung des 25. Lebensjahrs des Arbeitnehmers liegen, nicht berücksichtigt. Gemäß dem Urteil des Europäischen Gerichtshofes vom 19.01.2010, Aktenzeichen – C – 555/07 – ist diese Regelung wegen Altersdiskriminierung unwirksam und darf nicht angewendet werden.

(3) Während einer vereinbarten Probezeit, längstens für die Dauer von sechs Monaten, kann das Arbeitsverhältnis mit einer Frist von zwei Wochen gekündigt werden.

(4) Von den Absätzen 1 bis 3 abweichende Regelungen können durch Tarifvertrag vereinbart werden.

Im Geltungsbereich eines solchen Tarifvertrags gelten die abweichenden tarifvertraglichen Bestimmungen zwischen nicht tarifgebundenen Arbeitgebern und Arbeitnehmern, wenn ihre Anwendung zwischen ihnen vereinbart ist.

(5) Einzelvertraglich kann eine kürzere als die in Absatz 1 genannte Kündigungsfrist nur vereinbart werden,

1. wenn ein Arbeitnehmer zur vorübergehenden Aushilfe eingestellt ist; dies gilt nicht, wenn das Arbeitsverhältnis über die Zeit von drei Monaten hinaus fortgesetzt wird;
2. wenn der Arbeitgeber in der Regel nicht mehr als 20 Arbeitnehmer ausschließlich der zu ihrer Berufsbildung Beschäftigten beschäftigt und die Kündigungsfrist vier Wochen nicht unterschreitet.

Bei der Feststellung der Zahl der beschäftigten Arbeitnehmer sind teilzeitbeschäftigte Arbeitnehmer mit einer regelmäßigen wöchentlichen Arbeitszeit von nicht mehr als 20 Stunden mit 0,5 und nicht mehr als 30 Stunden mit 0,75 zu berücksichtigen. Die einzelvertragliche Vereinbarung längerer als der in den Absätzen 1 bis 3 genannten Kündigungsfristen bleibt hiervon unberührt.

(6) Für die Kündigung des Arbeitsverhältnisses durch den Arbeitnehmer darf keine längere Frist vereinbart werden als für die Kündigung durch den Arbeitgeber.

Einzelvertraglich kann bei Aushilfsarbeitsverhältnissen – das sind Arbeitsverhältnisse, die auf einen Zeitraum von nicht mehr als drei Monaten angelegt sind – und in Betrieben mit in der Regel nicht mehr als 20 Arbeitnehmern ebenfalls eine kürzere Kündigungsfrist vereinbart werden, im letzteren Fall allerdings nicht kürzer als vier Wochen (§ 622 Abs. 5 BGB). Alles in allem darf die Kündigungfrist für einen Arbeitgeber niemals kürzer sein als die Kündigungsfrist für einen Arbeitnehmer, höchstens gleich (§ 622 Abs. 6 BGB).

Für die Kündigung während der Probezeit gilt:

● Im Arbeitsvertrag kann eine Probezeit vereinbart werden, sie darf höchstens sechs Monate betragen.

● Während der Probezeit kann das Arbeitsverhältnis von jeder Seite ohne Angabe von Gründen mit einer Frist von zwei Wochen gekündigt werden (§ 622 Abs. 3 BGB).

Außerordentliche (fristlose) Kündigung (§ 626 BGB)

Bei Vorliegen eines wichtigen Grundes kann das Arbeitsverhältnis sowohl vom Arbeitgeber als auch vom Arbeitnehmer mit sofortiger Wirkung, also „fristlos", gekündigt werden. Wichtige Gründe können z.B. sein:

● grundlose Arbeitsverweigerung
● Straftaten (Diebstahl, Unterschlagung)
● Mobbing
● sexuelle Belästigung durch den Arbeitgeber

Die Kündigung muss innerhalb eines Zeitraums von zwei Wochen, nachdem der Kündigungsberechtigte Kenntnis von dem Kündigungsgrund erlangt hat, vorgenommen werden. So soll verhindert werden, dass sich irgendwann jemand auf „alte" Kündigungsgründe beruft oder sie „sammelt". Der Gekündigte kann darüber hinaus verlangen, dass ihm die Kündigungsgründe schriftlich mitgeteilt werden (§ 626 Abs. 2 BGB).

Die Funktion der Abmahnung

Verhaltensweisen wie Nachlässigkeiten, Fehler, kleinere Versäumnisse des Arbeitnehmers berechtigen den Arbeitgeber nicht, ein Arbeitsverhältnis zu kündigen, da kein „wichtiger Grund" im Sinne des § 626 BGB vorliegt. Andererseits möchte der Arbeitgeber aber die Möglichkeit haben, den Arbeitnehmer zu veranlassen, sich vertragsgemäß zu verhalten und seinen Pflichten aus dem Arbeitsvertrag nachzukommen. Mit einer Abmahnung kann der Arbeitgeber das pflichtwidrige Verhalten des Arbeitnehmers rügen und ihn auffordern, sich in Zukunft pflichtgemäß zu verhalten. Darüber hinaus wird der Arbeitnehmer darauf hingewiesen, dass bei wiederholter Pflichtverletzung das Arbeitsverhältnis (fristlos) gekündigt werden kann.

Ein Arbeitnehmer muss grundsätzlich mehrmals abgemahnt werden, bevor eine Kündigung ausgesprochen werden kann.

Die Abmahnung erfolgt üblicherweise schriftlich, sie wird in die Personalakte des Arbeitnehmers aufgenommen und nach einiger Zeit wieder entfernt. Die Abmahnungen und die eventuell folgende Kündigung müssen „stoffgleich" sein, d.h., sie müssen sich auf dasselbe Thema beziehen.

Beispiel

Arbeitnehmer Adam wird von seinem Arbeitgeber wegen Zuspätkommens abgemahnt, dann wegen Verschwendung von Papier. Wenn Adam jetzt noch einmal zu spät kommt, kann ihn der Arbeitgeber nicht kündigen, weil bereits zwei Abmahnungen vorliegen – er wurde ja erst einmal wegen des Zuspätkommens abgemahnt.

Der Aufhebungsvertrag

Durch einen Aufhebungsvertrag (auch Auflösungsvertrag) können Arbeitgeber und Arbeitnehmer das Arbeitsverhältnis einverständlich, ohne Einhaltung der Kündigungsfristen oder anderer Kündigungsmodalitäten, beenden.

Dies geschieht z.B., wenn der Arbeitnehmer die Möglichkeit hat, sofort eine neue Arbeitsstelle anzutreten und schnell aus dem Arbeitsvertrag „rauskommen" möchte.

Der Arbeitgeber hat ein Interesse daran, einem Arbeitnehmer einen Aufhebungsvertrag anzubieten, wenn er ansonsten lange Kündigungsfristen einhalten müsste oder wenn er dem Arbeitnehmer wegen etwaiger Kündigungsschutzvorschriften (siehe S. 23) schwer oder gar nicht kündigen kann. In solchen Fällen wird der Arbeitnehmer seine Zustimmung zum Abschluss eines Aufhebungsvertrages nur erteilen,

wenn er für die freiwillige Aufgabe seines Arbeitsplatzes eine angemessene Abfindung erhält.

Die Höhe der Abfindung hängt dabei von seiner Position und von
seinem Verhandlungsgeschick ab. Als „Faustregel" gilt, ein halbes Mo-
natsbruttogehalt pro Jahr der Dauer der Betriebszugehörigkeit.

> *Die ordentliche als auch die außerordentliche Kündigung*
> *und der Abschluss eines Aufhebungsvertrages müssen*
> *schriftlich erfolgen, sonst sind sie unwirksam (§ 623 BGB).*
> *Eine ohne vorherige Anhörung des Betriebsrats ausgespro-*
> *chene Kündigung ist ebenfalls unwirksam (§ 102 BetrVG).*

Kündigungsschutz

Der Arbeitsplatz ist oft die wirtschaftliche Lebensgrundlage des Arbeitnehmers und seiner Familie. Eine Kündigung durch den Arbeitgeber soll
daher nur in berechtigten Ausnahmefällen erfolgen. Aus diesem Grunde gibt es Kündigungsschutzvorschriften, welche die Kündigungsmög-
lichkeiten des Arbeitgebers einschränken.

Allgemeiner Kündigungsschutz

Der allgemeine Kündigungsschutz ist im Kündigungsschutzgesetz geregelt (KSchG) und soll den Arbeitnehmer vor sozial ungerechtfertigten
Kündigungen schützen.

Diese Vorschrift findet nur Anwendung, wenn das Arbeitsverhältnis
im gleichen Unternehmen ohne Unterbrechung länger als sechs Monate bestanden hat und das Unternehmen in der Regel mehr als zehn Ar-
beitskräfte beschäftigt (§§ 1, 23 KSchG). Leitende Angestellte können
sich nicht auf Kündigungsschutz berufen.

> *Die Kündigung eines Arbeitnehmers ist unwirksam, wenn*
> *sie sozial ungerechtfertigt ist.*

Sozial ungerechtfertigt ist z.B. die Kündigung eines Arbeitnehmers,
weil er schon älter ist und der Arbeitgeber ihn durch einen „Jüngeren"
ersetzen möchte, von dem er glaubt, dass er nicht so oft krank wird, und
mit dem er ein niedrigeres Gehalt vereinbaren kann. Erst recht kann der
Arbeitgeber nicht kündigen, weil er einen Arbeitnehmer nicht „leiden"
kann.

Nicht sozial ungerechtfertigt und daher zulässig sind folgende Kündigungsarten:

- Personenbedingte Kündigungen: Der Anlass zur Kündigung liegt in der Person des Arbeitnehmers; z.B. schwere Krankheit , sodass er in Zukunft nicht mehr arbeiten kann, oder der Arbeitnehmer wird den Anforderungen des Arbeitsplatzes nicht mehr gerecht.
- Verhaltensbedingte Kündigungen: Der Anlass zur Kündigung liegt in dem Verhalten des Arbeitnehmers; z.B. stiehlt der Arbeitnehmer Geld, fehlt unentschuldigt bei der Arbeit, verrät Betriebsgeheimnisse usw.
- Betriebsbedingte Kündigungen: Der Arbeitgeber wird durch die Situation seines Unternehmens bzw. durch seine freie unternehmerische Entscheidung veranlasst, Kündigungen auszusprechen. Beispiele sind Rationalisierungsmaßnahmen, (Teil-)Betriebsschließungen, Produktionseinstellungen, anhaltender Auftragsrückgang.

Im Fall von betriebsbedingten Kündigungen muss der Arbeitgeber aber unter den Arbeitnehmern, die für eine Kündigung in Betracht kommen, eine soziale Auswahl nach insbesondere folgenden Kriterien treffen:

- Alter
- Dauer der Betriebszugehörigkeit
- Unterhaltsverpflichtungen (für Ehepartner/Kinder)
- Schwerbehinderung

Der Arbeitgeber muss die Arbeitnehmer entlassen, die durch die Kündigung am wenigsten in ihrer sozialen Situation beeinträchtigt werden (§ 1 Abs. 3 KSchG), ansonsten handelt es sich auch um eine sozial ungerechtfertigte Kündigung.

> *Wenn der Arbeitnehmer sich gegen eine sozial ungerechtfertigte Kündigung wehren will, muss er innerhalb von drei Wochen nach Erhalt der Kündigung Kündigungsschutzklage beim Arbeitsgericht einreichen (§ 4 KSchG).*

Besonderer Kündigungsschutz

Bestimmte Gruppen von Arbeitnehmern sind einem besonderen Kündigungsrisiko ausgesetzt. Hier muss der Arbeitgeber besondere Rücksichten nehmen bzw. besondere Aufwendungen machen.

Es handelt sich um folgende Regelungen:

● Frauen während der Schwangerschaft und bis zum Ablauf von vier Monaten nach der Geburt dürfen nicht gekündigt werden (§ 9 Abs. 1 MuSchG).

● Während der genommenen Elternzeit darf das Arbeitsverhältnis nicht gekündigt werden (§§ 18 Abs. 1, 15 BEEG).

● Schwerbehinderte Arbeitnehmer dürfen nur mit vorheriger Zustimmung des zuständigen Integrationsamtes gekündigt werden (§§ 85 ff. SGB IX).

● Betriebsratsmitglieder und Mitglieder der Jugend- und Auszubildendenvertretung (vgl. 1.3.7) dürfen während ihrer Amtszeit (vier bzw. zwei Jahre) und bis zu einem Jahr nach deren Ablauf nicht ordentlich gekündigt werden (§ 15 KSchG).

● Auszubildende dürfen nach Ablauf der Probezeit (vgl. 1.1.4) vom Ausbildenden nicht ordentlich gekündigt werden (§ 22 BBiG)

● Arbeitnehmer in Betrieben mit mehr als 15 Arbeitnehmern können sich für bis zu sechs Monate von der Arbeit freistellen lassen, wenn sie Angehörige pflegen wollen. Während dieser Zeit dürfen sie nicht gekündigt werden (§ 5 Pflegezeitgesetz – PflegeZG –).

Das befristete Arbeitsverhältnis
Da die Beendigung eines Arbeitsverhältnisses aus Gründen des Kündigungsschutzes für den Arbeitgeber schwer oder auch gar nicht möglich sein kann, hat er ein Interesse daran, ein Arbeitsverhältnis von vornherein zu befristen, also mit dem Arbeitnehmer eine Vereinbarung zu treffen, wann das Arbeitsverhältnis, ohne dass eine Kündigung erfolgt, beendet sein soll.

Da es aus Gründen des Arbeitnehmerschutzes nicht sein soll, dass jedes Arbeitsverhältnis willkürlich befristet werden kann, wurde im Teilzeit- und Befristungsgesetz (TzBfG) festgelegt, unter welchen Bedingungen ein befristetes Arbeitsverhältnis zulässig ist.

Arten der Befristung
Es wird zwischen der kalendermäßigen Befristung und der Zweckbefristung unterschieden. Ein zweckbefristeter Arbeitsvertrag endet mit der „Erreichung des Zwecks", z.B.: Ein Computerfachmann wird für die Zeit der Entwicklung eines Computerprogramms, ein Werbefachmann für die Entwicklung einer bestimmten Werbestrategie eingestellt.

In diesem Fall ist der Arbeitgeber verpflichtet, dem Arbeitnehmer spätestens zwei Wochen vorher schriftlich den Zeitpunkt der Zweckerreichung mitzuteilen (§ 15 Abs. 2 TzBfG).

Zulässigkeit der Befristung
Ein Arbeitsverhältnis darf wie folgt befristet werden (§ 14 TzBfG):
- Erstmalig bis zu zwei Jahre. Innerhalb dieser zwei Jahre könnte das Arbeitsverhältnis auch bis zu drei Mal verlängert werden, man könnte also, wie es oft geschieht, insgesamt vier Arbeitsverträge von jeweils einem halben Jahr hintereinander abschließen. In den ersten vier Jahren nach Gründung eines Unternehmens kann bis zur Dauer von vier Jahren befristet werden.

Darüber hinaus darf ein Arbeitsverhältnis nur befristet werden, wenn für die Befristung ein sachlicher Grund vorliegt.

Beispiele: Vertretung für einen lange kranken Arbeitnehmer oder für einen Arbeitnehmer, der sich in der Elternzeit befindet. Der Arbeitgeber erhält Lohnkostenzuschüsse für den Arbeitnehmer, begrenzt auf ein Jahr. Er kann ihn nur weiterbeschäftigen, wenn er erneut Fördergelder erhält.

Folgen einer unzulässigen Befristung
Wenn der Arbeitgeber ein Arbeitsverhältnis zu Unrecht befristet (z.B. der Arbeitgeber reiht einen kurzzeitig befristeten Arbeitsvertrag an den anderen, sog. „Kettenarbeitsverträge"), befindet sich der Arbeitnehmer in einem unbefristeten Arbeitsverhältnis mit allen Vorteilen wie Kündigungsfristen, Kündigungsschutz (§ 16 TzBfG). Wenn der Arbeitgeber sich weigert, das Arbeitsverhältnis so fortzusetzen, muss der Arbeitnehmer innerhalb einer Frist von drei Wochen nach dem vereinbarten Ende des zu Unrecht befristeten Arbeitsvertrages eine sogenannte Entfristungsklage bei dem Arbeitsgericht einreichen (§ 17 TzBfG).

> *Die Befristung eines Arbeitsvertrages bedarf zu ihrer*
> *Wirksamkeit der Schriftform (§ 14 Abs. 4 TzBfG).*

Ein befristetes Arbeitsverhältnis darf vorzeitig ordentlich nur gekündigt werden, wenn dies einzelvertraglich oder in einem Tarifvertrag vereinbart wurde (vgl. § 15 Abs. 3 TzBfG).

Weitere arbeitsrechtliche Vorschriften

Allgemeines Gleichbehandlungsgesetz (AGG)
Im Zusammenhang mit einem Arbeitsverhältnis, insbesondere auch wenn es um die Bewerbung geht, darf niemand wegen seiner Rasse, ethnischen Herkunft, seines Geschlechts, seiner Religion oder Weltanschauung, seiner Behinderung, seines Alters oder seiner sexuellen Identität benachteiligt werden.

Bundesurlaubsgesetz (BUrlG)
Jeder Arbeitnehmer hat Anspruch auf mindestens 24 Werktage Urlaub im Jahr (als Werktage gelten alle Tage, die nicht Sonntage oder gesetzliche Feiertage sind, also auch der Sonnabend). Den vollen Urlaubsanspruch erwirbt man erst, wenn das Arbeitsverhältnis mindestens sechs Monate besteht. Bis dahin hat man also nur Anspruch auf den entstandenen Teilurlaub. Durch ärztliches Attest nachgewiesene Krankheitstage werden nicht auf den Urlaub angerechnet.

Freizeit zur Stellungssuche (§ 629 BGB)
Nach der Kündigung des Arbeitsverhältnisses hat der Arbeitgeber dem Arbeitnehmer auf Verlangen eine angemessene Zeit zur Suche einer neuen Arbeitsstelle zur Verfügung zu stellen (z.B. Führen eines Bewerbungsgesprächs).

Arbeitszeitgesetz (ArbZG)
In diesem Gesetz finden sich Regelungen über die werktägliche Arbeitszeit (acht Stunden, zwei Überstunden sind zulässig, wenn innerhalb von sechs Monaten eine durchschnittliche Arbeitszeit von acht Stunden werktäglich nicht überschritten wird), Ruhepausen von 30 Minuten bei einer Arbeitszeit von mindestens sechs und nicht mehr als neun Stunden, ansonsten 45 Minuten. Ruhezeit von mindestens 11 Stunden nach Beendigung der täglichen Arbeitszeit. Weiterhin Regelungen über Nacht- und Schichtarbeit, Sonn- und Feiertagsruhe usw.

1.3.7 Kollektivarbeitsrecht

Das Kollektivarbeitsrecht als Recht der organisierten Arbeitnehmer

Im Laufe der Geschichte des Arbeitsrechts, parallel zur Entwicklung der Industrialisierung in Deutschland, haben die Arbeitnehmer sehr schnell begriffen, dass sie ihre Interessen besser durchsetzen können, wenn sie sich organisieren und gemeinsam auftreten. So gründeten sich bereits zur Mitte des 19. Jahrhunderts die ersten Gewerkschaften.

Als Reaktion darauf organisierten sich die Arbeitgeber entsprechend in Arbeitgeberverbänden.

Dieses in der Bundesrepublik Deutschland in Artikel 9 Abs. 3 des Grundgesetzes geschützte Recht der Arbeitgeber als auch der Arbeitnehmer, zur Wahrnehmung ihrer Interessen Vereinigungen zu bilden, bezeichnet man als Koalitionsfreiheit.

Das Rechtsgebiet, welches sich mit den Rechtsbeziehungen dieser organisierten Gruppen von Arbeitnehmern und Arbeitgebern beschäftigt, bezeichnet man als Kollektivarbeitsrecht.

Das Kollektivarbeitsrecht lässt sich wie folgt einteilen:
- Unternehmensmitbestimmungsrecht
- Betriebsverfassungsrecht
- Tarifvertragsrecht unter Einschluss des Arbeitskampfrechts

Das Unternehmensmitbestimmungsrecht

In bestimmten Kapitalgesellschaften werden die Aufsichtsräte nicht nur durch die Kapitaleigner (z.B. Aktionäre bzw. GmbH-Gesellschafter), sondern zu einem gewissen Teil von den Arbeitnehmern der entsprechenden Unternehmen gewählt. Auf diese Weise wird der Gedanke der Mitbestimmung bzw. Einflussnahme von Arbeitnehmern bei unternehmenspolitischen Entscheidungen verwirklicht.

Je nach Art und/oder Größe des Unternehmens ist der Anteil der Arbeitnehmer in den Aufsichtsräten verschiedenartig geregelt, was in der folgenden Übersicht zusammengefasst wird.

Mitbestimmungsregelungen		
Rechtliche Grundlage	Art des Unternehmens	Besetzung des Aufsichtsrats
Drittelbeteiligungsgesetz	gilt für Kapitalgesellschaften mit in der Regel mehr als 500 Arbeitnehmern	Der Aufsichtsrat besteht aus mind. drei Personen oder einer höheren, durch drei teilbaren Mitgliederzahl. Die Anteilseigner wählen 2/3, die Arbeitnehmer 1/3 der Aufsichtsratsmitglieder („**Drittelparität**").
Mitbestimmungsgesetz	gilt für Kapitalgesellschaften mit in der Regel mehr als 2.000 Arbeitnehmern	Der Aufsichtsrat besteht aus zwölf bis 20 Mitgliedern. Die Hälfte wird von den Anteilseignern gewählt. Ein Aufsichtsratsmitglied wird von den leitenden Angestellten gewählt, die übrigen von der restlichen Belegschaft (,,**gleichgewichtige Mitbestimmung**").
Montanmitbestimmungsgesetz	gilt für Kapitalgesellschaften (Bergbau, Kohle, Stahl, Erz, Verhüttung) mit in der Regel mehr als 1.000 Arbeitnehmern	Der Aufsichtsrat besteht aus elf Mitgliedern: fünf vonseiten der Anteilseigner, fünf vonseiten der Belegschaft. Das elfte Mitglied wird von den übrigen Aufsichtsratsmitgliedern als „Neutraler" gewählt (,,**paritätische Mitbestimmung**").

Das Betriebsverfassungsrecht

Im Betriebsverfassungsgesetz (BetrVG) sind dem Arbeitnehmer Möglichkeiten gegeben, auf bestimmte betriebliche Situationen Einfluss zu nehmen und im Rahmen demokratischer Strukturen am Betriebsablauf teilzunehmen.

Hierzu haben die Arbeitnehmer einige „Instrumente", mit denen sie diese Rechte ausüben können:

1. Betriebsrat
2. Einigungsstelle
3. Jugend- und Auszubildendenvertretung
4. Betriebsversammlung
5. Wirtschaftsausschuss

Neben diesen Einrichtungen regelt das Betriebsverfassungsgesetz u.a. auch einige unmittelbare Rechte, die den Arbeitnehmer direkt betreffen, so insbesondere das Recht auf Einsicht in die Personalakte und das Beschwerderecht (§§ 83, 84 BetrVG).

Der Betriebsrat

„In Betrieben mit in der Regel mindestens fünf ständigen wahlberechtigten Arbeitnehmern, von denen drei wählbar sind, werden Betriebsräte gewählt." (§ 1 Abs. 1 BetrVG).

Wahlberechtigt (also berechtigt, an der Betriebsratswahl teilzunehmen), sind alle Arbeitnehmer des Betriebs, die das 18. Lebensjahr vollendet haben, wählbar (also berechtigt, zum Betriebsrat gewählt zu werden), sind alle wahlberechtigten Arbeitnehmer, die mindestens sechs Monate dem Betrieb angehören (§§ 7, 8 BetrVG).

Die Zahl der Betriebsratsmitglieder ist abhängig von der Anzahl der wahlberechtigten Arbeitnehmer im Betrieb (§ 9 BetrVG).

Anzahl der Betriebsratsmitglieder			
wahlberechtigte Arbeitnehmer	Personen im Betriebsrat	wahlberechtigte Arbeitnehmer	Personen im Betriebsrat
5 bis 20	1	2.001 bis 2.500	19
21 bis 50	3	2.501 bis 3.000	21
51 bis 100	5	3.001 bis 3.500	23
101 bis 200	7	3.501 bis 4.000	25
201 bis 400	9	4.001 bis 4.500	27
401 bis 700	11	4.501 bis 5.000	29
701 bis 1.000	13	5.001 bis 6.000	31
1.001 bis 1.500	15	6.001 bis 7.000	33
1.501 bis 2.000	17	7.001 bis 9.000	35

In Betrieben mit mehr als 9.000 Arbeitnehmern erhöht sich die Zahl der Mitglieder des Betriebsrats für je angefangene weitere 3.000 Arbeitnehmer um zwei Mitglieder.

Grundsätzlich erfolgt die Tätigkeit des Betriebsrats während der Arbeitszeit. Der Arbeitgeber hat ihm die notwendige Zeit und die Arbeitsmittel zur Verfügung zu stellen (§§ 37, 40 BetrVG). In Unternehmen mit mindestens 200 und mehr wahlberechtigten Arbeitnehmern ist ein Teil der Betriebsratsmitglieder (ca. 1/3) ganz von der Arbeit freizustellen. Sie sind dann „hauptberuflich" als Betriebsrat tätig (§ 38 BetrVG).

Wahl und Amtszeit des Betriebsrats
Der Betriebsrat wird in geheimer und unmittelbarer Wahl gewählt (§ 14 BetrVG). Ein Wahlvorstand wird mit der Durchführung der Wahl betraut (§§ 16, 17 BetrVG). Das Wahlverfahren ist in der Wahlordnung vom 11. Dezember 2001 geregelt. Für Kleinbetriebe mit nicht mehr als 50 wahlberechtigten Arbeitnehmern findet ein vereinfachtes Wahlverfahren statt (§ 14 a BetrVG). In Betrieben mit 51 bis 100 wahlberechtigten Arbeitnehmern kann dieses Verfahren zwischen dem Wahlvorstand und dem Arbeitgeber vereinbart werden. Die Amtszeit des Betriebsrats beträgt vier Jahre § 21 BetrVG), eine Wiederwahl ist möglich.

Aufgaben des Betriebsrats
Der Betriebsrat als Interessenvertretung der Arbeitnehmer hat die allgemeinen Aufgaben, darüber zu wachen, dass die zugunsten der Arbeitnehmer bestehenden Rechtsvorschriften eingehalten werden. Er hat Maßnahmen, die dem Betrieb und der Belegschaft dienen, beim Arbeitgeber zu beantragen und sich für die verschiedenen Arbeitnehmergruppen einzusetzen (vgl. § 80 BetrVG). Darüber hinaus stehen dem Betriebsrat bestimmte, im Gesetz genau bezeichnete Rechte zu:

Mitbestimmungsrechte
Hierbei handelt es sich um zwingende Rechte. Der Arbeitgeber kann Maßnahmen, die diesen Rechten unterliegen, nur mit Zustimmung des Betriebsrats durchführen. Wenn dieser nicht zustimmt, ist die Maßnahme gescheitert. Wenn der Arbeitgeber dennoch versuchen will, sie durchzusetzen, hat er die Möglichkeit, die Einigungsstelle anzurufen. Die Entscheidung der Einigungsstelle ist sowohl für den Arbeitgeber als auch den Betriebsrat verbindlich (§ 87 Abs. 2 BetrVG). Mitbestimmungsrechte des Betriebsrats beziehen sich vor allem auf Maßnahmen im sozialen Bereich des Unternehmens (vgl. § 87 Abs. 1 BetrVG), z.B.:
- Fragen der Ordnung im Betrieb und des Verhaltens der Arbeitnehmer,
- Beginn und Ende der täglichen Arbeitszeit, Pausenregelungen,

- Zeit, Ort und Art der Auszahlung der Arbeitsentgelte,
- Urlaubsgrundsätze,
- die Einführung technischer Überwachungsanlagen zur Kontrolle der Arbeitnehmer.

Mitwirkungsrechte

Bei diesen Rechten kann der Betriebsrat innerhalb einer bestimmten Frist (meistens einer Woche) der vom Arbeitgeber ergriffenen Maßnahme schriftlich „widersprechen". Erfolgt kein Widerspruch, ist die Maßnahme zustande gekommen, ansonsten ist sie gescheitert. Will der Arbeitgeber sich gegen den Widerspruch des Betriebsrats wehren, hat er die Möglichkeit, die Zustimmung des Betriebsrats durch das Arbeitsgericht „ersetzen" zu lassen. Mitwirkungsrechte des Betriebsrats finden sich vor allem, wenn es um „personelle Angelegenheiten" wie Einstellungen, Kündigungen, Versetzungen und ähnliche Maßnahmen geht (vgl. §§ 99, 102 BetrVG).

Information und Beratung

Für sinnvolle Arbeit braucht der Betriebsrat Informationen. Deshalb ist der Arbeitgeber verpflichtet, den Betriebsrat über bestimmte Angelegenheiten zu informieren und sich mit ihm über diese Themen zu beraten (vgl. § 90 BetrVG).

Mitbestimmung des Betriebsrats bei Kündigungen (§ 102 Abs. 1 BetrVG)

Vor jeder Kündigung ist der Betriebsrat vom Arbeitgeber zu informieren, und er muss Gelegenheit haben, sich dazu zu äußern. Eine ohne Anhörung des Betriebsrats ausgesprochene Kündigung ist unwirksam.

Einigungsstelle

Zur Beilegung von Meinungsverschiedenheiten zwischen Betriebsrat und Arbeitgeber (vgl. oben) ist bei Bedarf eine Einigungsstelle zu bilden (§ 76 BetrVG). Sie besteht aus mindestens drei Personen, Beisitzern, die je zur Hälfte vom Arbeitgeber und vom Betriebsrat bestellt werden, und einem unparteiischen Vorsitzenden, auf dessen Person sich beide Seiten einigen müssen. Seine Stimme ist ausschlaggebend, wenn zwischen beiden Seiten keine Einigung zu erzielen ist (§ 76 Abs. 3 BetrVG). Die Einigungsstelle wird in den durch das Betriebsverfassungsgesetz vorgesehenen Fällen tätig (z.B. § 87 BetrVG). Der Spruch der Einigungsstelle ist sowohl für den Arbeitgeber als auch für den Betriebsrat verbindlich. Es sind also durchaus Entscheidungen denkbar, die nicht dem Willen und den Interessen des Arbeitgebers entsprechen müssen.

Betriebsvereinbarung

Vereinbarungen zwischen Arbeitgebern und Betriebsrat, z.B. die Ergebnisse eines Spruchs der Einigungsstelle, aber auch die Ergebnisse allgemeiner Verhandlungen werden in Verträgen geregelt, die man als Betriebsvereinbarungen bezeichnet. Gegenstand dieser Vereinbarungen können alle Themen des Arbeitsrechts sein (außer die Festlegung der Höhe von Einkommen, diese bleibt den Tarifverträgen vorbehalten), z.B. Vereinbarungen über technische Überwachungsanlagen oder allgemeine Grundsätze über die Planung und Verteilung des Urlaubs im Betrieb (vgl. § 77 BetrVG). Betriebsvereinbarungen müssen schriftlich geschlossen werden. Sie können, soweit nicht anders vereinbart, mit einer Frist von drei Monaten gekündigt werden.

Jugend- und Auszubildendenvertretung

Neben dem Betriebsrat kann auch eine entsprechende Interessenvertretung für Jugendliche bzw. Auszubildende eines Betriebes gewählt werden, wenn mindestens fünf Arbeitnehmer beschäftigt werden,

- die das 18. Lebensjahr noch nicht erreicht haben oder
- die Auszubildende sind und das 25. Lebensjahr noch nicht erreicht haben (§ 60 Abs. 1 BetrVG).

Diese Jugendlichen/Auszubildenden sind auch berechtigt, an den Wahlen zur Jugend- und Auszubildendenvertretung teilzunehmen. Wählbar sind alle Arbeitnehmer, die das 25. Lebensjahr noch nicht vollendet haben und keine Betriebsratsmitglieder sind (§ 61 Abs. 2 BetrVG).

Die Anzahl der Jugend- und Auszubildendenvertreter richtet sich, ähnlich wie beim Betriebsrat, nach der Anzahl der Jugendlichen/Auszubildenden des Betriebes (§ 62 BetrVG). Es gibt keine freigestellten Jugend- und Auszubildendenvertreter. Ihre Amtszeit beträgt zwei Jahre (§ 64 BetrVG). Die Wahl der Jugend- und Auszubildendenvertreter wird in ähnlicher Weise wie die Betriebsratswahl durchgeführt und vom Betriebsrat organisiert (§ 63 BetrVG). Schon aus diesem Grunde ist eine Jugend- und Auszubildendenvertretung in Betrieben, in denen es keinen Betriebsrat gibt, nicht denkbar.

Aufgaben und Rechte der Jugend- und Auszubildendenvertretung
Ähnlich wie der Betriebsrat soll sich die Jugend- und Auszubildendenvertretung für die Interessen der Jugendlichen und Auszubildenden
des Betriebes, insbesondere auch für Belange der Berufsbildung (vgl.
Abschnitt 1.1) einsetzen (§ 70 BetrVG).

Wenn die Jugend- und Auszubildendenvertretung gegenüber dem Arbeitgeber Maßnahmen beantragen bzw. Rechte durchsetzen will, soll
sie dies nicht im direkten Kontakt mit dem Arbeitgeber tun, sondern
über den Betriebsrat (als „Mittler") herantragen (vgl. § 70 Abs. 1 Ziff. 3
BetrVG).

Dazu kann die Jugend- und Auszubildendenvertretung zu allen Be-
triebsratssitzungen einen Vertreter entsenden. Wenn es in diesen Sit-
zungen darüber hinaus um die Angelegenheiten der Jugendlichen und
Auszubildenden geht, darf die gesamte Jugend- und Auszubildendenvertretung teilnehmen und hat bei Abstimmungen über diese Themen
auch Stimmrecht (§ 67 BetrVG).

Betriebsversammlung
Der Betriebsrat hat alle Vierteljahre das Recht, eine Betriebsversammlung aller Arbeitnehmer einzuberufen, die vom Betriebsratsvorsitzen-
den geleitet wird. Der Arbeitgeber ist dazu einzuladen und hat Re-
derecht. Wenn die Versammlung aller Arbeitnehmer zum gleichen
Zeitpunkt aus organisatorischen Gründen nicht möglich ist, sind Teil-
versammlungen durchzuführen (§§ 42, 43 BetrVG).

Auf den Versammlungen werden im weitesten Sinne Angelegenheiten
erörtert, die die arbeitsrechtliche, betriebsverfassungsrechtliche und
soziale Situation des Unternehmens betreffen (§ 45 BetrVG). Einmal im
Jahr soll der Arbeitgeber auf einer Betriebsversammlung über die wirtschaftliche und soziale Situation des Unternehmens berichten (§ 43
Abs. 2 BetrVG).

Aus besonderen Anlässen können auf Wunsch des Arbeitgebers, des
Betriebsrats und wenn ein Viertel der wahlberechtigten Arbeitnehmer
es verlangen, außerordentliche Betriebsversammlungen durchgeführt
werden (§ 43 Abs. 3 BetrVG).

Wirtschaftsausschuss

In Unternehmen mit in der Regel mehr als 100 ständig beschäftigten Arbeitnehmern werden Wirtschaftsausschüsse gebildet (§ 106 BetrVG). Ein Wirtschaftsausschuss besteht aus mindestens drei, höchstens sieben Mitgliedern, die dem Betrieb angehören müssen und von denen mindestens eines Betriebsratsmitglied sein muss (§ 107 BetrVG). Der Wirtschaftsausschuss hat die Aufgabe, wirtschaftliche Angelegenheiten mit dem Unternehmer zu beraten und den Betriebsrat zu unterrichten (vgl. § 106 Abs. 3 BetrVG).

1.3.8 Das Tarifrecht

Die Sozialpartner, Funktion des Tarifrechts

Im Rahmen eines Arbeitsverhältnisses decken sich die Interessen von Arbeitgeber und Arbeitnehmer nicht in allen Bereichen. Arbeitgeber möchten die Arbeitnehmer wirtschaftlich, also „kostengünstig" einsetzen. Arbeitnehmer möchten für die von ihnen geleistete Arbeit angemessen bezahlt werden und sozial abgesichert sein. Um diese Interessen sachgerecht wahrnehmen zu können, haben die Arbeitnehmer sehr schnell erkannt, dass sie stärker sind, wenn sie sich in Gewerkschaften organisieren. Auch die Arbeitgeber haben sich in Arbeitgeberverbänden zusammengeschlossen. Um die widerstreitenden Interessen der beiden „Lager" auszugleichen, schließen beide Seiten Tarifverträge, in denen, wie im Einzelarbeitsvertrag arbeitsrechtliche, aber auch betriebsverfassungsrechtliche Inhalte festgelegt werden können. Man bezeichnet beide Seiten daher auch als Sozialpartner.

Wenn eine tarifliche Vereinbarung auf dem Verhandlungsweg nicht erreicht werden kann, haben die Arbeitnehmer die Möglichkeit, die Arbeit im Rahmen eines Streiks niederzulegen, um mit diesem Arbeitskampfmittel ihren Forderungen Nachdruck zu verleihen. Als Arbeitskampfmittel der Arbeitgeber gegen einen Streik haben diese die Möglichkeit, arbeitswillige Arbeitnehmer auszusperren.

Arbeitgeberverbände

In der Bundesvereinigung der Deutschen Arbeitgeberverbände (BDA) als Dachorganisation haben sich die Arbeitgeber nach regionalen Gesichtspunkten und nach Branchen organisiert. Der Verband nimmt die gemeinschaftlichen Interessen seiner Mitglieder, die über den Bereich eines Bundeslandes oder eines Wirtschaftszweiges hinausgehen, wahr, beteiligt sich aber nicht an den Tarifverhandlungen.

Die einzelnen Arbeitgeberverbände vertreten die Interessen ihrer Mitglieder in Bereichen der Tarifpolitik, führen die Tarifverhandlungen durch, nehmen darüber hinaus aber auch die Interessenvertretung der Arbeitgeber in allen Bereichen, die für Arbeitgeber von Wichtigkeit sind, wie z.B. der Arbeitgeberpolitik, des Arbeitsmarktes und der Sozialversicherung wahr.

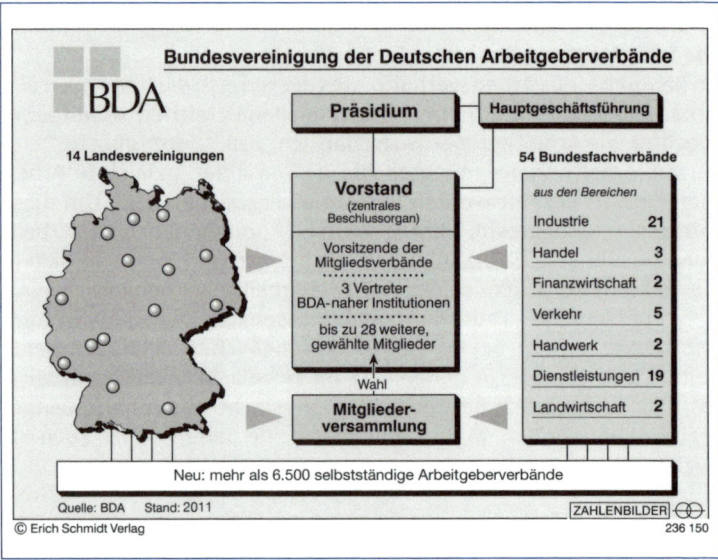

Gewerkschaften

Es gibt Einzelgewerkschaften, die wiederum in Dachorganisationen zusammengeschlossen sind. Die größte Dachorganisation ist der Deutsche Gewerkschaftsbund (DGB), der – ähnlich wie bei den Arbeitgebern – die Interessen seiner Mitglieder vertritt.

Jedem Arbeitnehmer ist es freigestellt, Mitglied einer Gewerkschaft zu werden. Als herausragende Aufgabe der Gewerkschaften gilt es, Tarif-

verhandlungen zu führen und Tarifverträge abzuschließen. Darüber hinaus nehmen sie weitere Aufgaben wahr wie
- die Verbesserung der Arbeitsbedingungen,
- die Hebung des Ausbildungsstandes der Arbeitnehmer,
- die Verringerung der Arbeitslosigkeit,
- eine Rechtsberatung und Rechtsvertretung ihrer Mitglieder.

Ferner versuchen die Gewerkschaften als mächtige Interessenvertretung ihrer Mitglieder Einfluss auf die Arbeits- und Sozialgesetzgebung zu nehmen.

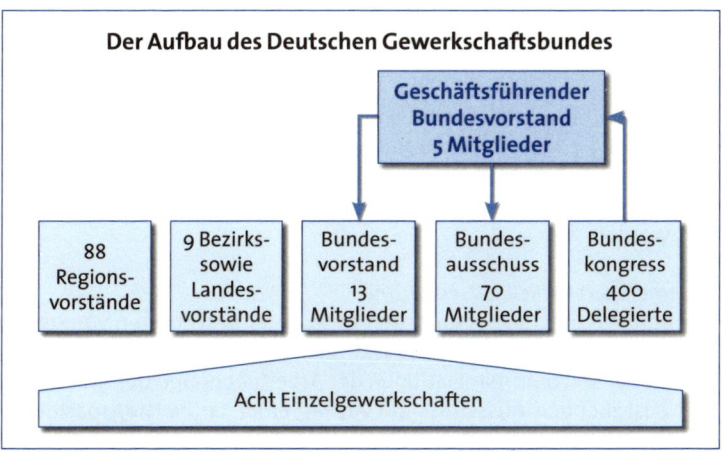

Der Aufbau des Deutschen Gewerkschaftsbundes

Geschäftsführender Bundesvorstand
5 Mitglieder

| 88 Regionsvorstände | 9 Bezirks- sowie Landesvorstände | Bundesvorstand 13 Mitglieder | Bundesausschuss 70 Mitglieder | Bundeskongress 400 Delegierte |

Acht Einzelgewerkschaften

Der Tarifvertrag

Tarifverträge regeln Rechte und Pflichten der Tarifvertragsparteien (Arbeitgeber und Gewerkschaften) und enthalten Rechtsnormen, die den Inhalt, den Abschluss und die Beendigung von Arbeitsverhältnissen sowie betriebliche und betriebsverfassungsrechtliche Fragen ordnen können (§ 1 TVG). Das heißt, im Rahmen eines Tarifvertrags werden Regelungen, ähnlich wie „allgemeine Geschäftsbedingungen", für eine Vielzahl von Arbeitnehmern gleichlautend getroffen.

So wird insbesondere die Höhe der Arbeitseinkommen der Arbeitnehmer festgelegt, aber auch z.B. Urlaubszeiten, Kündigungsregelungen, Sondervergütungen, soziale Leistungen usw.

Grundbegriffe des Tarifvertragsrechts

Tarifautonomie
Die Tarifpartner vereinbaren die Inhalte des Tarifvertrages ohne äußere Einflussnahme, insbesondere vonseiten der Politik.

Tariffähigkeit
Das Recht, Partei eines Tarifvertrags zu sein, steht auf der Arbeitgeberseite neben den Arbeitgeberverbänden auch den einzelnen Arbeitgebern und den Innungen zu. Auf der Arbeitnehmerseite besitzen nur die Gewerkschaften bzw. ihre Zusammenschlüsse (die sog. Spitzenorganisationen) Tariffähigkeit (§ 2 TVG).

Tarifbindung
Die Tarifvertragsparteien sind an die Festlegungen des Tarifvertrages gebunden (§ 3 Abs. 1 TVG). Sie stellen Mindestbedingungen dar. Natürlich dürfen im Einzelarbeitsvertrag für den Arbeitnehmer günstigere Regelungen, z.B ein höheres Arbeitsentgelt, mehr Urlaub etc. vereinbart werden.

Allgemeinverbindlichkeitserklärung
Das Bundesministerium für Arbeit kann unter bestimmten Voraussetzungen einen Tarifvertrag im Einvernehmen mit einem aus je drei Vertretern der Spitzenorganisationen der Arbeitgeber und der Arbeitnehmer bestehenden Ausschuss auf Antrag einer Tarifvertragspartei für allgemein verbindlich erklären (§ 5 Abs. 1 TVG).

Ein solcher Tarifvertrag ist in dem betreffenden Tarifgebiet dann für alle Arbeitnehmer der entsprechenden Branche verbindlich.

Tarifregister
Beim Bundesminister für Arbeit und Sozialordnung wird ein Tarifregister geführt. Es dokumentiert Abschluss, Änderung, Aufhebung und Allgemeinverbindlichkeitserklärung von Tarifverträgen (§ 6 TVG).

Arten von Tarifverträgen
Tarifverträge lassen sich nach verschiedenen Merkmalen systematisieren.

Unterscheidung von Tarifverträgen	
Unterscheidungsmerkmal	**Bezeichnung**
Nach räumlichen Gegebenheiten	● *Bundestarife (gelten in der gesamten Bundesrepublik Deutschland)* ● *Landestarife (gelten für ein jeweiliges Bundesland)* ● *Bezirkstarife* ● *Ortstarife* ● *Werkstarife (gelten für ein Werk eines Unternehmens)*
Nach Tarifpartnern	● *Haustarife, Firmentarife (Tarifpartner auf der Arbeitgeberseite ist ein einzelner Arbeitgeber)* ● *Verbandstarife (Tarifpartner auf der Arbeitgeberseite ist ein Arbeitgeberverband)* ● *Innungstarife (Tarifpartner auf der Arbeitgeberseite ist eine Innung)* ● *Branchentarife (Tarifvertrag gilt für einen bestimmten Wirtschaftszweig)*
Nach dem Inhalt des Tarifvertrags	● *Manteltarife (Rahmentarife)* ● *Entgelttarife* ● *Tarife über Sonderleistungen*

Bei einem Tarifvertrag ist der Vertragspartner auf der Arbeitnehmerseite immer eine Gewerkschaft.

In Mantel- oder Rahmentarifen werden allgemeine Arbeitsbedingungen wie Arbeitszeiten, Kündigungsfristen, Urlaub, Mehrarbeit usw. geregelt. Sie haben häufig längere Laufzeiten von mind. fünf Jahren.

In den Entgelttarifen (Lohn-, Gehaltstarifen) werden die Löhne der Arbeiter, orientiert am sogenannten Ecklohn, und die Gehälter der Angestellten, die je nach Qualifikation der Arbeitnehmer in verschiedene Gehaltsgruppen eingeteilt werden, festgelegt. Sie haben üblicherweise kürzere Laufzeiten, beispielsweise ein Jahr.

In Sondertarifen werden Tarife, die sich auf ein bestimmtes Thema, z.B. Urlaub, Ausbildung usw., beziehen, geregelt. Diese Themen könnten durchaus auch im Manteltarifvertrag geregelt werden.

Tarifvertragsverhandlungen, Arbeitskampf

Tarifverträge werden auf bestimmte Zeit abgeschlossen oder werden unter Einhaltung bestimmter Kündigungsfristen gekündigt, sodass die Notwendigkeit besteht, im Rahmen von Tarifverhandlungen einen neuen Tarifvertrag abzuschließen. Wenn es, unter Umständen unter Einbeziehung eines Schlichtungsverfahrens, zu keiner Einigung über den neuen Tarifvertrag kommt, können Arbeitskampfmaßnahmen (Streik, Aussperrung) durchgeführt werden.

Ablauf von Tarifverhandlungen

Die Tarifvertragsparteien nehmen die Verhandlungen über einen neuen Tarifvertrag auf, in dem die Gewerkschaften ihre Forderungen nach Verbesserung der tariflichen Situation (höheres Arbeitsentgelt, bessere Arbeitsbedingungen usw.) ihrer Mitglieder durchsetzen wollen.

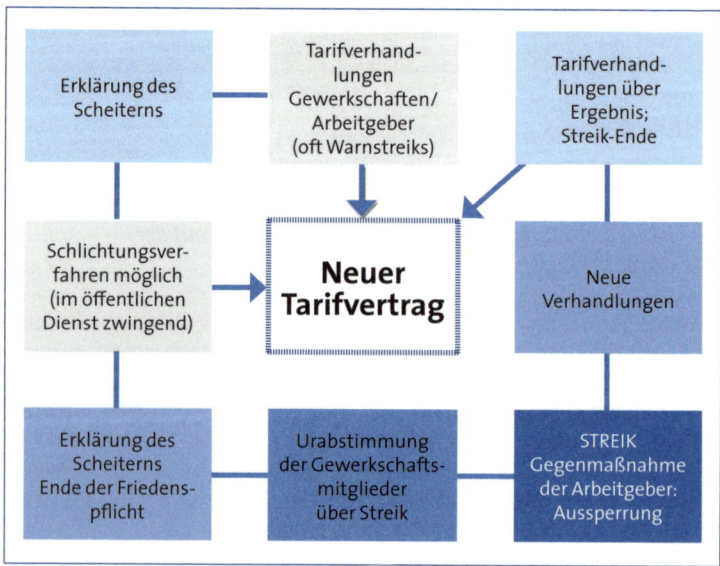

Die möglichen Abläufe von Tarifverhandlungen

Wenn es zu keiner Einigung kommt, wird das Scheitern der Tarifverhandlung erklärt. In vielen Fällen wird ein Schlichtungsverfahren durchgeführt. Ein unparteiischer Schlichter bemüht sich, zwischen den Parteien zu vermitteln und ein Schlichtungsangebot zu machen. Art und Durchführung des vertraglichen Schlichtungsverfahrens ("vereinbarte Schlichtung") werden üblicherweise tariflich vereinbart. Darüber hinaus besteht auch die Möglichkeit eines behördlichen Schlichtungsverfahrens vor den zuständigen Landesarbeitsämtern ("Landesschlichter").

Wenn das Schlichtungsverfahren ebenfalls scheitert, stellt sich die Frage, ob die Gewerkschaften Arbeitskampfmaßnahmen durchführen. Im Rahmen einer Urabstimmung müssen mindestens 75 % der Gewerkschaftsmitglieder der zu bestreikenden Betriebe für den Streik stimmen. In diesem Fall wird die Arbeit niedergelegt. Eine denkbare Reaktion auf den Streik wäre, dass die Arbeitgeber ihrerseits arbeitswillige Arbeitnehmer aussperren.

Während des Arbeitskampfes verhandeln die Parteien unter Umständen auch unter Herbeiziehung des Schlichters weiter, sodass es irgendwann zu einer Einigung über den Vorschlag eines neuen Tarifvertrages kommen wird. Im Rahmen einer weiteren Urabstimmung müssen nunmehr mindestens 25 % der Gewerkschaftsmitglieder für die Beendigung des Arbeitskampfes und für den neuen Tarifvertrag stimmen. Wird diese Anzahl der Stimmen erreicht, ist der neue Tarifvertrag gebilligt und der Streik beendet.

Friedenspflicht, Nachwirkungen des Tarifvertrages

Während der Laufzeit eines Tarifvertrages besteht die sogenannte Friedenspflicht, d.h., es dürfen keine Arbeitskampfmaßnahmen (außer Warnstreiks) stattfinden.

Wenn ein Tarifvertrag abgelaufen ist, besteht eine "tariflose" Zeit. Man ist sich jedoch darüber einig, dass in dieser Zeit der ausgelaufene Tarifvertrag "nachwirkt", sodass seine Regelungen weiterhin Gültigkeit haben, bis sie durch den neuen Tarifvertrag "abgelöst" werden.

Arbeitskampf

Streik

Unter einem Streik versteht man eine "gemeinsame und planmäßige vorübergehende Arbeitsniederlegung durch eine größere Anzahl von

Arbeitnehmern zur Erreichung eines bestimmten arbeitsrechtlichen Ziels" (in der Regel Verbesserung der Lohn- und Arbeitsbedingungen). Ein rechtmäßiger Streik liegt vor, wenn er durch eine Gewerkschaft organisiert wurde und wenn er zur Durchsetzung arbeitsrechtlicher (keine politischen) Ziele dienen soll, sonst würde es sich um einen rechtswidrigen „wilden" Streik handeln.

Üblicherweise werden von den Gewerkschaften Schwerpunktstreiks organisiert. Einzelne Betriebe werden „schwerpunktmäßig" bestreikt, man will dadurch eine gewisse Streuwirkung auf andere Betriebe erreichen (z.B. werden Zulieferbetriebe der Automobilindustrie bestreikt), um einen größeren Druck auf die Arbeitgeber auszuüben.

Mit Warnstreiks, die auch schon während der Geltung der Friedenspflicht durchgeführt werden, will man mit kurzfristigen Arbeitsniederlegungen „Arbeitskampfbereitschaft" signalisieren.

Während eines rechtmäßigen Streiks ruhen die Pflichten aus dem Arbeitsverhältnis. Der Arbeitgeber zahlt keine Vergütung, die Arbeitnehmer haben die Arbeit niedergelegt. Der Arbeitgeber darf infolge eines rechtmäßigen Streiks keine Arbeitnehmer kündigen und hat auch keine Schadensersatzansprüche gegen die Arbeitnehmer oder gegen die Gewerkschaften. Die gewerkschaftlich organisierten Arbeitnehmer erhalten von der Gewerkschaft als Lohnersatzleistung ein Streikgeld, dessen Höhe in den Satzungen der Gewerkschaften festgelegt ist.

Bei einem rechtswidrigen wilden Streik, z.B. bei der Durchsetzung von politischen Zielen oder wenn er nicht durch eine Gewerkschaft organisiert ist, kann der betroffene Arbeitgeber streikenden Arbeitnehmern kündigen und ihm stehen unter Umständen auch Schadensersatzansprüche zu.

Aussperrung

Als Reaktion auf einen Streik können Arbeitgeber ihrerseits arbeitswillige Arbeitnehmer ihres Betriebes aussperren. Damit ist insbesondere bezweckt, einen „Keil" zwischen streikende und arbeitswillige Arbeitnehmer zu treiben. Die Zulässigkeit der Aussperrung ist rechtlich umstritten. Auf alle Fälle muss der Grundsatz der Verhältnismäßigkeit der Aussperrungsmaßnahmen gewahrt werden, d.h. dass der Umfang der Aussperrungsmaßnahmen zu dem Streik in einem angemessenen Verhältnis stehen muss (Arbeitgeber darf nicht in Betrieben aussperren, die nichts mit dem Streik zu tun haben, die Anzahl der ausgesperrten

Arbeitnehmer darf nicht die Zahl der streikenden Arbeitnehmer beträchtlich übersteigen).

1.4   Personalwesen

Das Verständnis von Personalwesen hat sich im Laufe der Zeit gewandelt. Nach wie vor bildet die Personalverwaltung den Kern und sie ist zu großen Teilen „Arbeitsrecht aus der Sicht des Arbeitgebers". Hinzu kommen planerische Aufgaben und Personalentwicklung. Die wichtigsten personalpolitischen Instrumente sind:
- Personalplanung,
- Personalbeschaffung,
- Personalauswahl und
- Personalbeurteilung.

Bei der Personalplanung gleicht der Arbeitgeber seinen Personalbestand (Personalbestandsplanung) mit dem Personalbedarf (Personalbedarfsplanung) ab. Je nachdem, ob Personalüberdeckung oder -unterdeckung vorliegt, wird er entsprechende Maßnahmen, wie Kündigung von Arbeitnehmern, Abschließen von Aufhebungsverträgen oder die Neueinstellung von Arbeitnehmern, ergreifen.

Bei der Personalbeschaffung plant der Arbeitgeber Maßnahmen zur externen Personalbeschaffung (Einschaltung von Arbeitsvermittlungsstellen, Stellenanzeigen, Personalleasing) und zur internen Personalbeschaffung (innerbetriebliche Ausschreibung der zu besetzenden Stelle), wobei Mitarbeiter bei Bedarf auch fortgebildet werden.

Kernbereiche der Personalauswahl sind die Analyse der Bewerbungsunterlagen und die Durchführung der Vorstellungsgespräche mit den infrage kommenden Bewerbern. Als wesentliches Element der betrieblichen Personalpolitik, auch in Hinblick auf das Qualitätsmanagement des Unternehmens, muss eine nachhaltige Personalbeurteilung erfolgen. Der Arbeitgeber führt die Personalakte und beurteilt seine Mitarbeiter regelmäßig nach vorgegebenen Beurteilungskriterien.

1.5   Zusammenfassung

Staatlich anerkannter Ausbildungsberuf	Nach den Regelungen des Berufsbildungsgesetzes und den entsprechenden Ausbildungsordnungen und Lehrplänen erfolgt eine einheitliche Ausbildung zu einem klar definierten Berufsbild.
Berufsbildung	Unter Berufsbildung versteht man: • Berufsausbildungsvorbereitung • berufliche Erstausbildung • berufliche Fortbildung • berufliche Umschulung
Duales Ausbildungssystem	Die praktischen Kenntnisse und Fähigkeiten werden im Ausbildungsbetrieb, die Theorie in der Berufsschule vermittelt (zwei „Lernorte", daher dual).
Ausbildungsberufsbild	Im Ausbildungsberufsbild werden in Kurzform die Inhalte der zu vermittelnden Kenntnisse und Fähigkeiten festgelegt (es ist Bestandteil der Ausbildungsordnung).
Berufsausbildungsvertrag	Im Rahmen des Berufsausbildungsvertrages werden die Rechte und Pflichten zwischen Ausbildenden und Auszubildenden nach gesetzlichen Vorgaben festgelegt.
Jugendarbeitsschutz	Das Jugendarbeitsschutzgesetz enthält Regelungen zum Schutze Minderjähriger am Arbeitsplatz.
Arbeitsrecht	Als Schutzrecht zugunsten des Arbeitnehmers regelt das Arbeitsrecht die Rechtsbeziehungen zwischen Arbeitgeber und Arbeitnehmer („Recht der abhängigen Arbeit").
Quellen des Arbeitsrechts	Staatliche Regelungen (Gesetze, Rechtsverordnungen); vertragliche Vereinbarungen zwischen Arbeitgebern und Arbeitnehmern (Tarifverträge, Betriebsvereinbarungen), Einzelarbeitsvertrag.
Günstigkeitsprinzip	Für den Fall, dass mehrere „Rechtsquellen" ein Thema verschiedenartig regeln sollten, gilt immer die für den Arbeitnehmer günstigere Regelung.
Individualarbeitsrecht/ Kollektivarbeitsrecht	Individualarbeitsrecht: Rechtsbeziehungen des einzelnen Arbeitnehmers und des Arbeitgebers; Kollektivarbeitsrecht: Verhältnis von Gruppen von Arbeitgebern und Arbeitnehmern zueinander (Sozialpartner im Tarifrecht, Betriebsrat und Arbeitgeber im Betriebsverfassungsrecht).

Arbeits-vertrag	*Der Arbeitsvertrag kommt grundsätzlich formfrei zustande, es müssen dem Arbeitnehmer aber die Mindestinhalte nach dem Nachweisgesetz mitgeteilt werden.*
Pflichten von Arbeitgeber und -nehmer	*Hauptpflichten: Erbringung der Arbeitsleistung durch den Arbeitnehmer; Zahlung der Vergütung durch den Arbeitgeber. Nebenpflichten: Treuepflicht, Fürsorgepflicht.*
Beendigungs-gründe eines Arbeitsver-hältnisses	*Ein Arbeitsverhältnis kann durch ordentliche Kündigung, außerordentliche Kündigung, aber auch durch Aufhebungsvertrag und durch Ablauf eines befristeten Arbeitsverhältnisses enden.*
Grundkün-digungsfrist	*Sie beträgt für die ordentliche Kündigung vier Wochen zum 15. bzw. zum Ende eines Monats.*
Außerordentl. Kündigung	*Bei Vorliegen eines wichtigen Grundes kann ein Arbeitsverhältnis mit sofortiger Wirkung gekündigt werden.*
Abmahnung	*Um „leichte" Pflichtwidrigkeiten zu rügen, mahnt der Arbeitgeber den Arbeitnehmer ab. Mehrere Abmahnungen berechtigen den Arbeitgeber zur (fristlosen) Kündigung.*
Kündigungs-schutz	*Allgemeiner Kündigungsschutz: Unwirksamkeit „sozial ungerechtfertigter" Kündigungen (Kündigungsschutzgesetz) Besonderer Kündigungsschutz für:* ● *Schwangere/Mütter* ● *Eltern während der Elternzeit* ● *Schwerbehinderte* ● *Auszubildende* ● *Betriebsräte* ● *Pflegepersonen*
Unterneh-mensmitbe-stimmung	*In bestimmten Kapitalgesellschaften werden Aufsichtsratsmitglieder anteilmäßig von den Arbeitnehmern des Betriebes gewählt (Drittelbeteiligungsgesetz, Mitbestimmungsgesetz, Montanmitbestimmungsgesetz).*

Betriebsrat	*In Unternehmen mit mindestens fünf wahlberechtigten Arbeitnehmern, von denen drei wählbar sein müssen, werden Betriebsräte gewählt.*
Rechte des Betriebsrats	*Die Rechte des Betriebsrats werden in Mitbestimmungs- und Mitwirkungsrechte sowie den Anspruch des Betriebs- rats auf Information und Beratung eingeteilt.*
Jugend- und Auszubilden- denvertretung	*Diese wird gewählt in Betrieben mit in der Regel mind. fünf Arbeitnehmern, die das 18. Lebensjahr noch nicht vollendet haben oder die zu ihrer Berufsausbildung („Azubis") beschäftigt sind und das 25. Lebensjahr noch nicht vollendet haben.*
Sozial- partner/ Tarifverträge	*Im Rahmen der Tarifautonomie schließen die Sozialpartner (Arbeitgeberverbände, Arbeitgeber und Gewerkschaften) Tarifverträge ab, deren Inhalt insbesondere arbeitsrechtliche und betriebsverfassungsrechtliche Themen regelt.*
Grund- begriffe des Tarifvertrags- rechts	*Wichtige Begriffe des Tarifvertragsrechts sind:* • *Tarifautonomie* • *Tariffähigkeit* • *Tarifbindung* • *Allgemeinverbindlichkeitserklärung* • *Tarifregister*
Arten von Tarifverträgen	*Tarifverträge werden unterschieden nach:* • *räumlichen Gegebenheiten* • *nach Arten der Tarifparteien* • *nach ihrem Inhalt*
Tarifverhand- lungen	*Bestandteile von Tarifverhandlungen sind:* • *Verhandlungen über neuen Tarifvertrag* • *Schlichtung* • *Arbeitskampf* • *erneute Verhandlungen* • *Einigung über neuen Tarifvertrag*
Arbeitskampf	• *Streik (Arbeitsniederlegung durch die Arbeitnehmer)* • *Aussperrung (arbeitswillige Arbeitnehmer werden durch die Arbeitgeber an der Arbeitsfähigkeit gehindert)*

Aufgaben zur Selbstkontrolle

Zum Thema Berufsbildung

1. Bitte erläutern Sie die Begriffe:
   a) Berufsbildung
   b) duales Ausbildungssystem
   c) staatlich anerkannter Ausbildungsberuf
   d) Ausbildungsberufsbild

2. Der 17-jährige Florian möchte Versicherungskaufmann werden. Bei der Assekuranz-AG, bei der er sich erfolgreich beworben hatte, liegt das ausgefüllte Formular des Ausbildungsvertrags vor. Was muss geschehen, damit ein Ausbildungsverhältnis entsteht?

3. Nach Ablauf der Probezeit möchte Florian seine Ausbildung bei der Köln-Düsseldorfer Versicherung fortsetzen und deshalb bei der Assekuranz-AG kündigen. Kann er das? Was muss er ggf. tun?

4. Florian geht zweimal pro Woche in die Berufsschule. Sein Ausbilder verlangt, dass er nach dem Besuch der Berufsschule (jeweils sechs Schulstunden) noch bis zum allgemeinen Betriebs-schluss in den Ausbildungsbetrieb kommt. Ist das rechtens? Begründen Sie Ihre Ansicht.

5. Nach dem Ausbildungsvertrag endet das Ausbildungsverhältnis von Florian zum 30. August 2013. Die Abschlussprüfung bei der zuständigen Industrie- und Handelskammer findet bereits am 15. Juni statt. Muss Florian bis zum 30. August arbeiten? Begründen Sie Ihre Ansicht.

Zum Thema Arbeitsrecht

1. Jutta bewirbt sich als Serviererin in der „Lila Eule". Der Wirt hat nicht viel Zeit, man einigt sich „per Handschlag". Ist ein Arbeitsver-trag zustande gekommen? Begründen Sie Ihre Ansicht!

2. Jutta und ihr Chef haben bei Abschluss des Vertrages weder über die Dauer des Urlaubs noch über die Zulässigkeit von Überstun-den gesprochen. In welchen Rechtsvorschriften werden diese Themen geregelt?

Aufgaben zur Selbstkontrolle

3. Ende November erfährt Jutta, dass sie ab dem 1. Januar des nächsten Jahres im „Grauen Engel" zu besseren Bedingungen arbeiten könnte. Bis wann spätestens muss sie in der „Lila Eule" gekündigt haben? Worauf muss sie achten?

4. Bei Beendigung des Arbeitsverhältnisses möchte Jutta ein qualifiziertes Arbeitszeugnis von ihrem Arbeitgeber haben. Muss ihr Arbeitgeber ihr dieses Zeugnis geben und was versteht man unter einem qualifizierten Zeugnis?

5. Welche Regelungen beinhalten den allgemeinen Kündigungsschutz, welche den besonderen Kündigungsschutz?

6. Was ist der Unterschied zwischen einem Tarifvertrag und einer Betriebsvereinbarung?

7. Schildern Sie in Stichworten den Ablauf einer Tarifverhandlung unter Einschluss eines Arbeitskampfes.

2 Wirtschaftsgrundlagen

2.1 Volks- und Betriebswirtschaftslehre

Die Volkswirtschaftslehre (VWL) beschäftigt sich mit den Wirtschaftssystemen als Wirtschaftsordnungen. Dazu gehören die Handelnden in einem Staat / einer Volkswirtschaft (Privathaushalte, Unternehmen, Staat) und das Ausland. Dies nennt sich Makroökonomie. Die VWL als Mikroökonomie untersucht das Verhalten zwischen Anbieter/-in und Nachfrager/-in auf Märkten und die dort stattfindenden Wettbewerbs- und Preisbildungsprozesse.

Die Betriebswirtschaftslehre (BWL) konzentriert sich auf die Unternehmen und deren Handlungsumfeld (Standort, Produktions- und Verkaufsmöglichkeiten). Die Bezeichnung Betrieb bezieht sich auf die Prozesse, die innerhalb eines Unternehmens ablaufen. Im Mittelpunkt stehen die Betriebsleitung und deren Aufgabe zur Betriebsorganisation (Aufbau und Ablauf), die zur Produktion nötig ist.

Volks- und Betriebswirtschaft bilden die beiden Seiten einer Medaille. Zusammenfassend bildet die Weltwirtschaft den Rahmen für die Volkswirtschaft, die Volkswirtschaft für die Betriebswirtschaft. Und umgekehrt: ohne Betriebswirtschaft keine Volks- und Weltwirtschaft.

2.2 Bedürfnisse, Bedarf, Nachfrage

Alle haben Wünsche: der Staat, die Unternehmen und die Privathaushalte. In der Volkswirtschaft werden Wünsche Bedürfnisse genannt. Dabei lassen sich viele Bedürfnisse (z.B. Frieden, Liebe, Glück) nicht durch Kauf (volkswirtschaftlich Nachfrage) erfüllen (volkswirtschaftlich befriedigen). Die Grundlagen volkswirtschaftlichen Handelns bilden hingegen die Bedürfnisse, die durch Kauf befriedigt werden.
  Bedürfnisse werden durch ein Mangelgefühl deutlich, sind grundsätzlich grenzenlos. Sie verändern sich ständig und werden beeinflusst. So sind Bedürfnisse bei Menschen z.B. abhängig vom Alter, Geschlecht, gesellschaftlichen und sozialen Umfeld, von technischen Entwicklungen, Bildungsstand, Einkommen, Religion (Ge- und Verbote), persön-

lichen Einstellungen. Bei Unternehmen sind es Bedürfnisse nach Gewinnmaximierung bzw. Kostenminimierung, beim Staat sind es Bedürfnisse zur Umsetzung politischer bzw. gesellschaftlicher Ziele.

> *Nur der Teil der Bedürfnisse, für den Kaufkraft vorhanden ist, lässt sich befriedigen, dies ist volkswirtschaftlich ausgedrückt der* Bedarf.

Bedürfnisse ▶ Bedarf ▶ Nachfrage

Die Bedürfnisse sind Wünsche, sie sind unbegrenzt, veränderbar, erkennbar durch Mangelgefühl.

Unterteilung nach Bedürfnisarten	Unterteilung nach Dringlichkeit
● *Einzel-, Individualbedürfnisse; sie sollen vom Einzelnen selbst befriedigt werden* ● *Gemeinschafts-, Kollektivbedürfnisse; sie sollen von der Gemeinschaft, in der Regel dem Staat, befriedigt werden, da sie als gesellschaftliche Bedürfnisse angesehen werden und von Einzelnen oft nicht befriedigt werden können: Infrastruktur wie Rechts-, Bildungs-, Energie-, Verkehrswesen*	● *Existenzbedürfnisse sind lebensnotwendig: Nahrung, Kleidung, Unterkunft* ● *Kulturbedürfnisse sind gesellschaftsüblich: z.B. Medien, Kultur, Mobilität* ● *Luxusbedürfnisse sollen das Ansehen steigern: z.B. Yacht, Villa*

Der Bedarf ist der Teil der Bedürfnisse, für den Kaufkraft vorhanden ist!

Die Nachfrage am Markt wird gleichgesetzt mit dem Kauf bzw. der Kaufabsicht.

Individual- und Kollektivbedürfnisse stehen miteinander in Verbindung, ergänzen sich, können aber auch widersprüchlich sein. Die meisten Bedürfnisse, die befriedigt werden, entstehen neu oder erzeugen neue Bedürfnisse. Es handelt sich um Spiral- oder Kreislaufprozesse, in denen die Bedürfnisse immer wieder befriedigt werden.

2.3 Güter

Güter dienen zur Befriedigung der Bedürfnisse. Mit den meisten Gütern muss gewirtschaftet werden, da es knappe Wirtschaftsgüter sind. Je nachdem wie, von wem und wofür die Güter genutzt und benutzt werden, erfolgen Unterscheidungen.

Übersicht Güter	
Güter	
Freie Güter *unbegrenzt vorhanden und kostenlos (Wind, Sonne, Meerwasser)*	
Wirtschaftsgüter = knappe Güter *werden bearbeitet/produziert; sind nicht unbegrenzt und nicht kostenlos*	
Gegenständlichkeit	
materiell = Sachgüter • *Immobilien unbeweglich* • *Mobilien beweglich*	*immateriell* • *Dienstleistungen, z.B. Beraten* • *Rechte, z.B. Eigentum und Besitz*
Nutzung	
• *Verbrauchsgüter: einmalig* • *Gebrauchsgüter: wiederholt, langfristig*	• *Konsumgüter: für Privathaushalte* • *Produktions-, Investitionsgüter: für Unternehmen zur Produktion*
Funktion	
Substitutionsgüter: gegeneinander austauschbar, z.B. Nahrungsmittel; gleichartige Güter sind homogen	*Komplementärgüter: ergänzen sich logisch, sie sind voneinander abhängig, z.B. PC und Drucker*
Anbieter/-innen	
Individual-, Privatgüter: von Unternehmen am Markt verkauft	*Kollektiv-, öffentliche Güter: vom Staat für die Allgemeinheit*

Jedes Gut kann prinzipiell mehreren dieser Unterscheidungsmerkmale zugeordnet werden: als was, wie oft, von wem und wofür wird es genutzt. Im Groß- und Einzelhandel werden die Güter Waren genannt. Nicht das Gut oder das Produkt ändert sich, sondern die Bezeichnung, weil der Handel fast ausschließlich fertige Produkte einkauft, um sie unverändert weiterzuverkaufen.

2.4   Ökonomisches Prinzip

Um den Konflikt zwischen unbegrenzten Bedürfnissen auf der einen Seite und den knappen Wirtschaftsgütern sowie zumeist auch begrenzten Geldmitteln auf der anderen Seite ausgleichen zu können, sollen Privathaushalte, Unternehmen und der Staat vernünftig haushalten (volkswirtschaftlich ausgedrückt wirtschaften). Um die Wirtschaftlichkeit (Verhältnis von Einnahmen und Ausgaben) zu verbessern, sollten alle nach dem rationalen (logischen) Wirtschaftsprinzip handeln, es wird ökonomisches Prinzip genannt. Dieses Prinzip beinhaltet das Minimal- und das Maximalprinzip.

Ökonomisches Prinzip	
Wirtschaften	
Unbegrenzte Bedürfnisse → *Konflikt* ← *Knappe Güter* ↓	
Soll gelöst werden durch geplantes wirtschaftliches Handeln nach dem: Ökonomischen Prinzip	
Maximalprinzip *Mit feststehendem Mitteleinsatz maximales Ergebnis!*	**Minimalprinzip** *Feststehendes Ziel mit minimalem Mitteleinsatz!*
Z.B. mit 1.000 Euro möglichst viel kaufen oder mit fünf Beschäftigten möglichst viel produzieren.	*Z.B. ein Produkt möglichst günstig kaufen oder einen Auftrag mit möglichst wenig Personal erledigen.*

Mit möglichst wenig möglichst viel zu erreichen, wird in der Praxis immer wieder versucht, ist aber unökonomisch, da keine Planungsgröße, weder der Einsatz noch das Ziel feststeht.

2.5   Produktionsfaktoren

Die Wirtschaftsgüter zur Bedürfnisbefriedigung werden mit volks- und betriebswirtschaftlichen Produktionsfaktoren produziert.

Volkswirtschaftliche Produktionsfaktoren Zur Produktion von Gütern zur Bedarfsbefriedigung			
Ursprüngliche (originäre) Faktoren. Immer schon vorhanden!		Abgeleitete (derivative) Faktoren. Aus dem Einsatz der ursprünglichen!	
BODEN/ NATUR	**ARBEIT**	**KAPITAL**	**WISSEN**
Bodenfunktionen 1. *Anbaufunktion* Landwirtschaft, Forstwirtschaft, Fischerei 2. *Abbaufunktion* Aus Anbaubereichen und Rohstoff- und Energiegewinnung 3. *Standortfunktion* für Unternehmen, abhängig von den Wirtschaftszweigen. Z.B. Industrie, Handwerk, Handel	*Arbeit für Geld* Unterscheidungsmerkmale: z.B. leitend (dispositiv), ausführend (exekutiv)	*Sach- und Geldkapital zur Produktion Sach- = Realkapital* *Immobilien* Grundstücke, Gebäude *Mobilien* Betriebs- und Geschäftsausstattung (BGA/BuGA) Der „Kapitalstock" ist das gesamte Sachkapital einer Volkswirtschaft. *Geldkapital* Eigen- und Fremdkapital für Investitionen, entsteht durch Konsumverzicht = Sparen.	*Kompetenzen* Aus Fachkompetenzen, Methodenkompetenzen und Sozialkompetenzen entsteht *Handlungskompetenz.* Kompetenzen werden ein Leben lang erworben und weiterentwickelt. Nicht nur durch Bildungseinrichtungen und Unternehmen, sondern auch im privaten Umfeld.

Übersicht: Volkswirtschaftliche Produktionsfaktoren

Betriebswirtschaftliche Produktionsfaktoren

DISPOSITIVER FAKTOR
von disponieren = planen und entscheiden

Hauptaufgaben
des dispositiven Faktors:

Kombination:
sinnvolle Ergänzungen der Produktionsfaktoren

Substitution:
Austausch verschiedener Produktionsfaktoren bis zum Limit

Hauptziele:
Gewinnmaximierung/Kostenminimierung

Tätigkeiten des Managements (Managementkreis):
Analyse, Zielsetzung, Planung, Entscheidung, Durchsetzung, Kontrolle, evtl. Nachsteuerung

Ausführende Produktionsfaktoren

ARBEIT	BETRIEBS-MITTEL	WERKSTOFFE	RECHTE
Ausführende menschliche Arbeit	Für das Unternehmen Gebrauchsgüter:	Im Unternehmen Verbrauchsgüter	Immaterielle Faktoren:
	• Grundstücke	**Betriebsstoffe** für die Produktion ohne Bestandteil des Produktes zu werden	Eigentums- und Besitzrechte
	• Gebäude		
	• BGA/BuGA: Betriebs- und Geschäftsaus-stattung	**Hilfsstoffe** werden Bestand-teile des Produkts, z.B. Rohstoffe, Fertigteile bzw. Halbfabrikate.	

Übersicht: Betriebswirtschaftliche Produktionsfaktoren

Durch die Kombination von betrieblichen Produktionsfaktoren wird versucht, die Produktivität als Verhältnis von Produktionsmenge und eingesetztem Produktionsfaktor zu erhöhen.

Vielfach werden die Betriebsmittel (z. B. Maschinen und Computer) von den Unternehmen genutzt, um die ausführende (menschliche) Arbeit zu ersetzen / zu substituieren.

Hier zeigt sich ein klassischer Konflikt zwischen betriebswirtschaftlicher und volkswirtschaftlicher Sichtweise: Die Volkswirtschaft hat dadurch Probleme mit der Arbeitslosigkeit und sinkenden Einnahmen, die Unternehmen werden zumeist so lange substituieren, bis keine Erhöhung der Produktivität bzw. keine weiteren Kosteneinsparungen bzw. Gewinnsteigerungen oder auch Arbeitserleichterungen mehr möglich sind. Ist diese Grenze erreicht, nennt sich dies Limitation (Grenze) der Substitution.

2.6 Volkswirtschaftliche Arbeitsteilung

In modernen Volkswirtschaften und vielen Betrieben werden die fertigen Produkte nicht von einzelnen Unternehmen oder Personen hergestellt, sondern im Austausch zwischen Betrieben und zwischen verschiedenen Volkswirtschaften.

Diese Arbeitsteilungen erfolgen, um Güter zu erhalten, die selbst nicht hergestellt werden, oder um günstiger und mehr produzieren zu können.

In der volkswirtschaftlichen Arbeitsteilung werden drei Sektoren (Wirtschaftsbereiche) unterschieden.

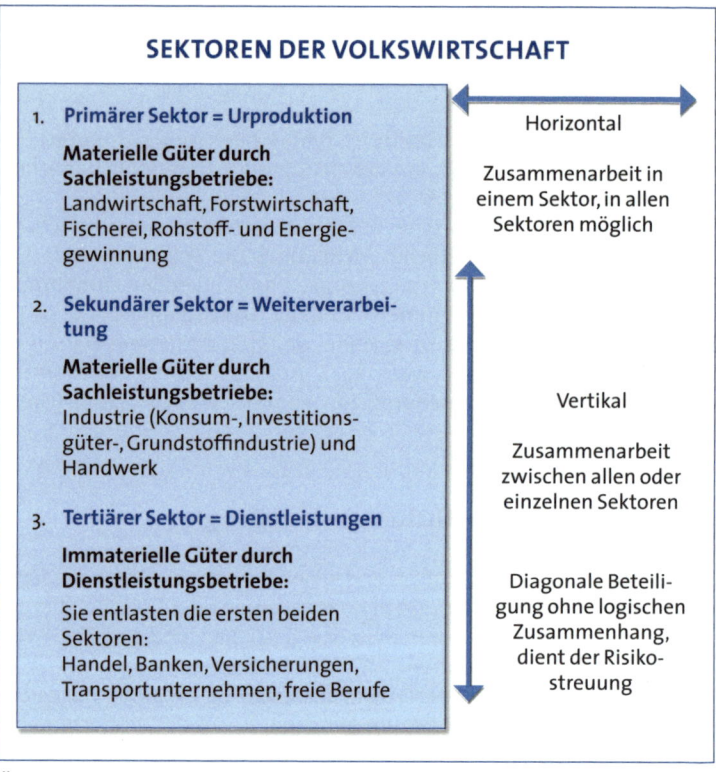

SEKTOREN DER VOLKSWIRTSCHAFT

1. **Primärer Sektor = Urproduktion**

   Materielle Güter durch Sachleistungsbetriebe:
   Landwirtschaft, Forstwirtschaft, Fischerei, Rohstoff- und Energiegewinnung

2. **Sekundärer Sektor = Weiterverarbeitung**

   Materielle Güter durch Sachleistungsbetriebe:
   Industrie (Konsum-, Investitionsgüter-, Grundstoffindustrie) und Handwerk

3. **Tertiärer Sektor = Dienstleistungen**

   Immaterielle Güter durch Dienstleistungsbetriebe:
   Sie entlasten die ersten beiden Sektoren:
   Handel, Banken, Versicherungen, Transportunternehmen, freie Berufe

Horizontal

Zusammenarbeit in einem Sektor, in allen Sektoren möglich

Vertikal

Zusammenarbeit zwischen allen oder einzelnen Sektoren

Diagonale Beteiligung ohne logischen Zusammenhang, dient der Risikostreuung

Übersicht: Volkswirtschaftssektoren

2.7 Wirtschaftskreisläufe

Wirtschaftskreisläufe sollen die volkswirtschaftlichen Beziehungen in einer vereinfachten bildlichen Darstellung veranschaulichen.

Im einfachen Wirtschaftskreislauf sind ausschließlich Unternehmen und Privathaushalte tätig. Zwischen ihnen fließen Geld- und Güterströme. Die Privathaushalte liefern den Unternehmen als Güterströme Produktionsfaktoren (PF = Immobilien durch Verkauf oder Vermietung und Arbeit als Arbeitskraft). Dafür erhalten sie von den Unternehmen Faktoreinkommen (Y = Yields). Die Unternehmen verkaufen den Privathaushalten Konsumgüter (Güterströme). Dafür erhalten sie als Geldstrom die Bezahlung für den Konsum (C = Consumption).

Der einfache Wirtschaftskreislauf wird als 2-Sektorenmodell (mit Unternehmen und Privathaushalten) und als statisch (unbeweglich) bezeichnet. Gemeint ist damit, dass die Privathaushalte das gesamte Geld, das sie für ihre Produktionsfaktoren bekommen, für den Konsum ausgeben, also nichts sparen. Umgekehrt geben die Unternehmen alle Einnahmen durch die Verkäufe für die Anschaffung bzw. Produktion neuer Konsumgüter aus. Also haben sie auch kein Geld für zusätzliche Investitionen, wodurch ein Wachstum der Wirtschaft nicht möglich ist, daher statischer = unbeweglicher Kreislauf.

Beim erweiterten Wirtschaftskreislauf kommen weitere Akteure hinzu. Er wird als 4-Sektorenmodell (mit Unternehmen, Privathaushalten, Banken und Staat) bezeichnet. Erweiterte Kreisläufe gelten als dynamisch, da hier Geld gespart und investiert werden kann, wodurch die Wirtschaft wachsen kann.

Zu den weiteren Akteuren gehören die Banken (auch Kapitalsammelstellen oder Vermögensänderungskonten genannt). Privathaushalte sparen dort (S = Savings) und Unternehmen erhalten von dort Kredite für Investitionen (I = Investments).

Als weiterer volkswirtschaftlicher Akteur spielt der Staat eine Rolle. Er erhält von den Unternehmen und Haushalten Steuern (T = Tax) für die Infrastruktur zur Bedarfsdeckung der Kollektivbedürfnisse. Gleichzeitig vergibt er Zuschüsse (Z) an Privathaushalte (z.B. Sozialleistungen) und Unternehmen (z.B. Subventionen).

Als weiterer Akteur außerhalb einer Volkswirtschaft kann das Ausland auftreten. Für Exporte (Verkäufe ins Ausland) erhalten die inländischen Unternehmen einer Volkswirtschaft Einnahmen (Ex = Exporterlöse).

Für Importe (Einkäufe aus dem Ausland) müssen sie zahlen (Im = Importausgaben). Grundsätzlich haben alle Wirtschaftssubjekte Beziehungen zum Ausland, z.B. Privathaushalte bei Urlaubsreisen, Banken im internationalen Zahlungsverkehr und die Staaten untereinander.

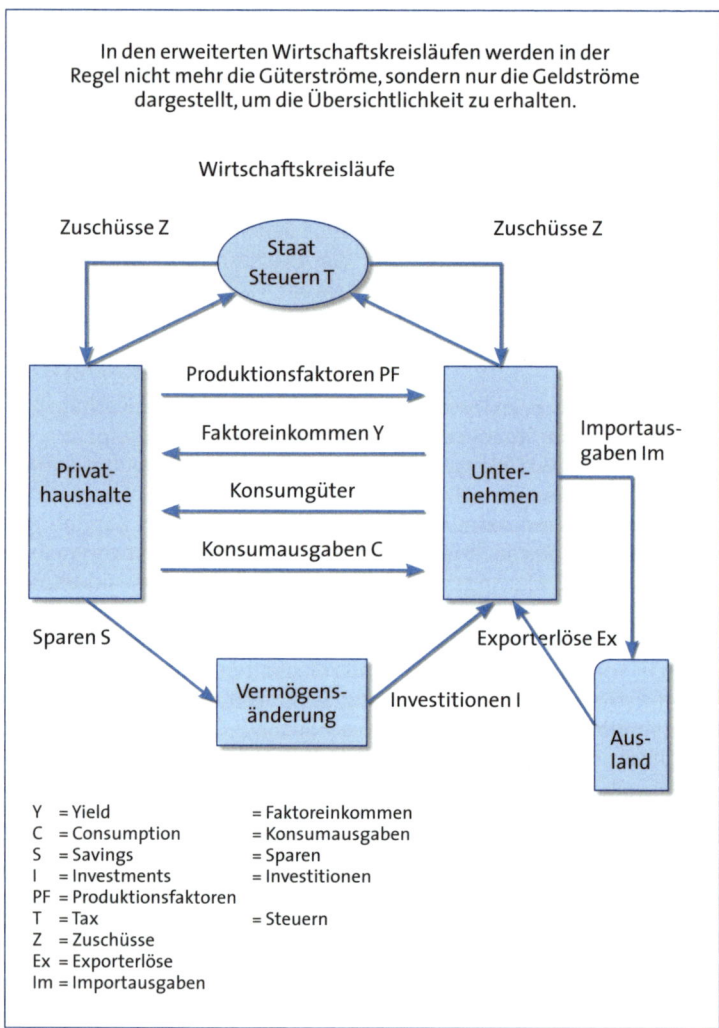

In den erweiterten Wirtschaftskreisläufen werden in der Regel nicht mehr die Güterströme, sondern nur die Geldströme dargestellt, um die Übersichtlichkeit zu erhalten.

Wirtschaftskreisläufe

Zuschüsse Z   Zuschüsse Z

Staat
Steuern T

Produktionsfaktoren PF

Faktoreinkommen Y

Privat-
haushalte   Konsumgüter   Unternehmen

Importaus-
gaben Im

Konsumausgaben C

Sparen S   Exporterlöse Ex

Vermögens-
änderung   Investitionen I

Aus-
land

Y	= Yield	= Faktoreinkommen
C	= Consumption	= Konsumausgaben
S	= Savings	= Sparen
I	= Investments	= Investitionen
PF	= Produktionsfaktoren	
T	= Tax	= Steuern
Z	= Zuschüsse	
Ex	= Exporterlöse	
Im	= Importausgaben	

Übersicht: Wirtschaftskreisläufe

2.8   Markt und Preisbildung

Es gibt einerseits uneingeschränkt viele Bedürfnisse. Der Teil der Bedürfnisse, für den Kaufkraft vorhanden wäre, nennt sich Bedarf. Der Kauf selbst ist die Nachfrage auf dem Markt. Andererseits gibt es freie Güter, die unbegrenzt vorhanden und kostenlos sind. Mit ihnen wird nicht gehandelt = gewirtschaftet. Güter, die begrenzt vorhanden sind, und solche, die produziert werden müssen, nennen sich knappe Wirtschaftsgüter. Mit ihnen muss gewirtschaftet werden, mit ihnen wird gehandelt. Die Güter, die auf dem Markt sind, bilden das Angebot.

Der Markt ist der Treffpunkt von Angebot und Nachfrage.

In der Volkswirtschaftslehre besteht ein theoretisches (idealtypisches) Modell davon, wie ein Markt aussehen sollte, wenn er vollkommen wäre. Dieses Modell dient dazu, die in der Praxis vorkommenden Märkte mit diesem Modell der vollkommenen Konkurrenz zu vergleichen. Das Modell kann der Volkswirtschaftslehre und der Politik dazu dienen, Abweichungen zwischen Theorie und Praxis zu erkennen und eventuell notwendiges Handeln daraus abzuleiten.

Übersicht: Markttyp „vollkommener Markt"

Märkte

*Treffpunkte von
Angebot und Nachfrage*

Vollkommener Markt – Vollkommene Konkurrenz
(Theorie = idealtypisch!)

Hier müssten vor allem folgende Voraussetzungen gleichzeitig erfüllt sein:
- *Alle verhalten sich nach dem ökonomischen Prinzip*
- *Offene Märkte: Freier Zugang für alle*
- *Markttransparenz: Vollkommener Überblick über Angebot und Nachfrage*
- *Alle reagieren sofort auf Veränderungen am Markt*
- *Homogenität: Gleichartigkeit und Austauschbarkeit der Güter*
- *Punktmarkt: Preiswettbewerb gleicht Angebot und Nachfrage aus*
- *Keine Präferenzen: Es gibt keine Bevorzugungen, weder sachlich (Produkte sind homogen), zeitlich (wann), räumlich (wo) oder persönlich (mit wem)*

Fehlt eine der Voraussetzungen eines vollkommenen Marktes, handelt es sich um unvollkommene Märkte bzw. um unvollkommene Konkurrenz mit unterschiedlichen Preisen und Qualitäten. Diese kommen in der Praxis vor.

Märkte lassen sich nach unterschiedlichen Gesichtspunkten unterscheiden, wie die folgende Übersicht zeigt.

Übersicht: Märkte	
Unterscheidungsmerkmale	
Organisiert *an Ort und Zeit gebunden,* *z.B. ein- und zweiseitige Handelskäufe*	**Unorganisiert** *nicht an Ort und Zeit gebunden,* *z.B. bürgerliche Käufe*
Offen *keine Marktbeschränkungen für* *Anbieter und Nachfrager*	**Geschlossen** *Marktbeschränkungen,* *z.B. rechtliche, fachliche, finanzielle* *Auflagen für Marktteilnehmer/-innen*
Marktarten: Was wird angeboten und nachgefragt?	
Faktormärkte	*Gütermärkte*

● *Arbeitsmarkt:*
  Handel von Arbeitsleistungen
  gegen Bezahlung
● *Immobilienmarkt:*
  Handel mit Grundstücken,
  Gebäuden, Wohnungen
● *Kapital-, Geld-, Devisenmarkt:*
  Handel mit ausländischem Geld
  (Devisen) bzw. Vermittlung von
  langfristigen (Kapitalmarkt) und
  kurzfristigen (Geldmarkt) Krediten
	● *Konsumgütermärkte:*
	  Handel mit Konsumgütern
	● *Investitionsgütermärkte:*
	  Handel mit Produktionsgütern
	● *Dienstleistungsmärkte:*
	  Handel mit Dienstleistungen für
	  Privathaushalte und Unternehmen

Eine Zuordnung bei den Märkten nach Marktformen richtet sich danach, wie viele Verkäufer/-innen bzw. Käufer/-innen auf dem Markt tätig sind.

Den Ausgangspunkt bei dieser Unterscheidung bilden die griechischen Worte „polein" (verkaufen/kaufen), „monos" (eine/einer), „oligo" (wenige) und „poly" (viele). Werden die Worte kombiniert, ergeben sich Monopole, Oligopole und das Polypol.

Marktformen		
Wie viele Nachfrager/-innen und Anbieter/-innen sind auf dem Markt? *Verkaufen/Kaufen = polein (griechisch)*		
Monopol *eine/r*	**Oligopol** *wenige*	**Polypol** *viele*
• *Nachfragemonopol ein/e Nachfrager/-in* • *Angebotsmonopol ein/e Anbieter/-in* • *Zweiseitiges = bilaterales Monopol ein/e Anbieter/-in und ein/e Nachfrager/-in*	• *Nachfrageoligopol einige Nachfrager/ Nachfragerinnen* • *Angebotsoligopol einige Anbieter* • *Zweiseitiges = bilaterales Oligopol wenige Nachfrager/- innen und wenige Anbieter/-innen*	*viele Anbieter/-innen und Nachfrager/-innen*

In der Praxis werden Beispiele für das Polypol am häufigsten im Einzelhandel oder in Börsen gesehen.

Preistheorie
Die volkswirtschaftliche Preistheorie für den vollkommenen Markt besagt, dass der Preis darüber entscheidet, wie hoch das Angebot und die Nachfrage am Markt sind.

Das Nachfragegesetz der Preistheorie formuliert das Verhalten der Käufer/-innen in Abhängigkeit vom Preis.

Das Angebotsgesetz formuliert das Verhalten der Verkäufer/-innen in Abhängigkeit vom Preis.

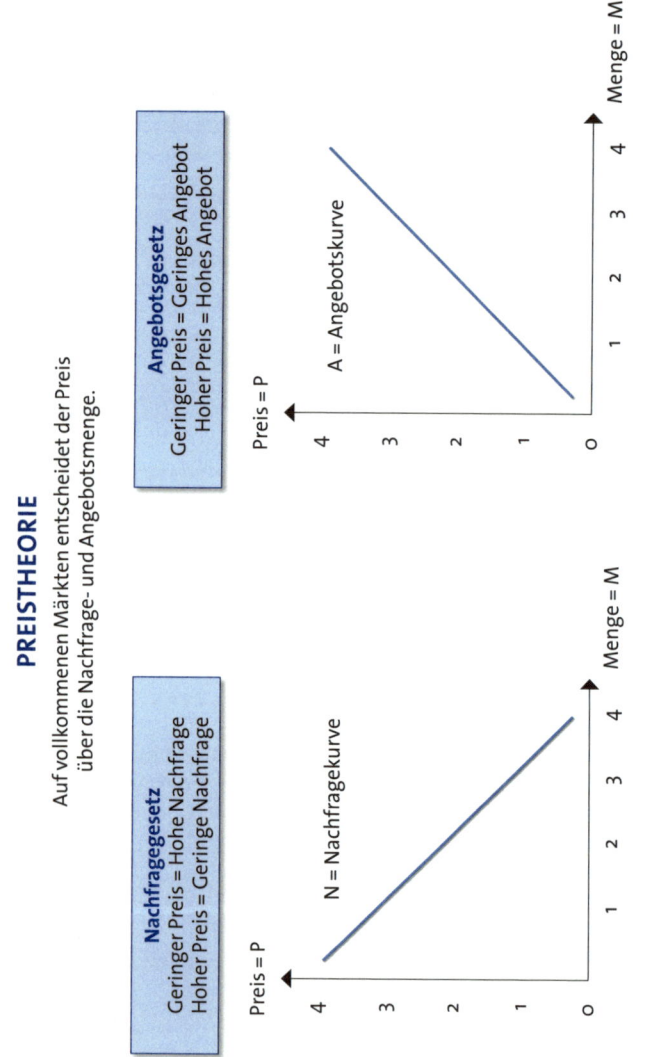

PREISTHEORIE

Auf vollkommenen Märkten entscheidet der Preis
über die Nachfrage- und Angebotsmenge.

Nachfragegesetz
Geringer Preis = Hohe Nachfrage
Hoher Preis = Geringe Nachfrage

Angebotsgesetz
Geringer Preis = Geringes Angebot
Hoher Preis = Hohes Angebot

N = Nachfragekurve

A = Angebotskurve

Übersicht: Preistheorie als Angebots- und Nachfragegesetz

Ausgehend vom Preis verlaufen Nachfrage- und Angebotskurve entgegengesetzt. Nachfrager/-innen haben ein Interesse an möglichst niedrigen Preisen und Anbieter/-innen an möglichst hohen Preisen, da sie hier den größten Gewinn machen können. Angebot und Nachfrage reagieren dabei sofort auf Preisänderungen. Werden beide Kurven in einem Schaubild zusammen dargestellt, lassen sich verschiedene Marktsituationen beschreiben.

Erläuterung des Schaubildes zur Preisbildung

Im Schnittpunkt beider Kurven wird der Markt geräumt, d.h., was angeboten wird, wird auch gekauft (oder umgekehrt). Es besteht ein Marktgleichgewicht zwischen Angebot und Nachfrage. An der Schnittstelle befinden sich der Gleichgewichtspreis und die Gleichgewichtsmenge.

An jedem Punkt oberhalb dieses Schnittpunktes ist das Angebot größer als die Nachfrage (Angebotsüberhang = Käufer/-innenmarkt): Das vorhandene Angebot könnte jederzeit gekauft werden, falls die Käufer/-innen bereit oder in der Lage sind, den verlangten Preis zu bezahlen. An jedem Punkt unterhalb des Schnittpunktes ist die Nachfrage größer als das Angebot (Nachfrageüberhang = Verkäufer/-innenmarkt): Die vorhandene Nachfrage könnte jederzeit bedient werden, falls die Anbieter/-innen bereit oder in der Lage sind, zu diesem Preis zu verkaufen.

Zwischen dem Gleichgewichtspreis und der Nachfragekurve oberhalb des Gleichgewichtspreises besteht die Konsumentenrente. Der Begriff Rente ist hier als gespartes Geld zu verstehen. Das bedeutet, es gäbe durchaus Nachfrager/-innen oberhalb des Gleichgewichtspreises, die bereit wären zu kaufen. Da der derzeitige Marktpreis der Gleichgewichtspreis ist, brauchen sie nur ihn bezahlen, sie sparen Geld.

Zwischen dem Gleichgewichtspreis und der Angebotskurve unterhalb des Gleichgewichtspreises besteht die Produzentenrente. Der Begriff Rente ist hier als Mehreinnahme zu verstehen. Das bedeutet, es gäbe durchaus Anbieter/-innen unterhalb des Gleichgewichtspreises, die bereit wären zu verkaufen. Da der derzeitige Marktpreis der Gleichgewichtspreis ist, werden sie zu diesem Preis verkaufen, sie verdienen somit mehr Geld.

Zur Abbildung 2: Verändern sich am Markt die Angebots- und Nachfragemengen insgesamt, entstehen neue Situationen. Steigt z.B. die Angebots- oder Nachfragemenge, verlagert sich die jeweilige Kurve parallel zur alten Kurve nach rechts. Sinkt die Angebots- oder Nachfragemenge, verlagert sich die jeweilige Kurve parallel zur alten Kurve nach links. In Abb. 2 wurde das Beispiel einer Nachfragesteigerung von N1 nach N2 dargestellt. Dadurch ergeben sich eine neue Gleichgewichtsmenge M2 und ein neuer Gleichgewichtspreis P2.

PREISBILDUNG AM VOLLKOMMENEN MARKT

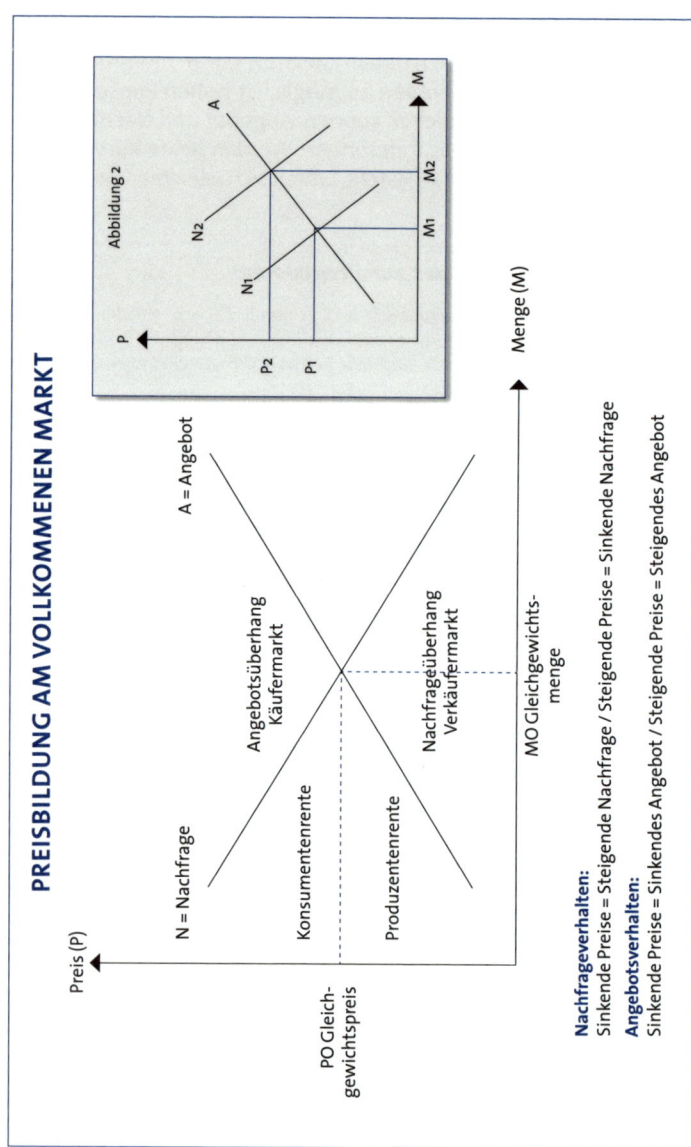

Preis (P)

N = Nachfrage

A = Angebot

Angebotsüberhang
Käufermarkt

Konsumentenrente

Produzentenrente

Nachfrageüberhang
Verkäufermarkt

PO Gleich-
gewichtspreis

MO Gleichgewichts-
menge

Menge (M)

Abbildung 2

Nachfrageverhalten:
Sinkende Preise = Steigende Nachfrage / Steigende Preise = Sinkende Nachfrage

Angebotsverhalten:
Sinkende Preise = Sinkendes Angebot / Steigende Preise = Steigendes Angebot

Übersicht: Preisbildung

Zusammenfassend ergibt sich:

Auf dem vollkommenen Markt beeinflusst entweder der
Preis die Nachfrage und das Angebot, oder die Nachfrage
und das Angebot beeinflussen die Preisbildung.

Anders als auf dem theoretischen vollkommenen Markt sieht es aus, wenn der Staat Einfluss auf die Preise nimmt. In Marktwirtschaften passiert dies in der Regel über indirekte Eingriffe des Staates durch Abgaben und Subventionen. Sie gelten als marktkonforme/marktgerechte Mittel, den Markt zu beeinflussen, ohne aber grundsätzlich die Marktmechanismen aufzuheben. Schreibt der Staat die Preise direkt vor, gilt dies als marktkonträrer massiver Eingriff in den Markt. Hier gibt es grundsätzlich drei Möglichkeiten direkter staatlicher Preisvorgaben.

- Ein Mindestpreis liegt immer über dem Gleichgewichtspreis, da der Gleichgewichtspreis als Marktpreis dem Staat zu niedrig erscheint.
- Ein Höchstpreis liegt immer unter dem Gleichgewichtspreis als Marktpreis, da der Gleichgewichtspreis als Marktpreis dem Staat zu hoch erscheint.
- Ein Festpreis wird unabhängig vom Gleichgewichtspreis aus politischen Gründen festgelegt.

2.9 Zusammenfassung

Volkswirtschaftslehre	*VWL als Makroökonomie beschäftigt sich mit den Wirtschaftssystemen als Wirtschaftsordnungen mit Privathaushalten, Unternehmen, Staat und dem Ausland. VWL als Mikroökonomie untersucht das Verhalten zwischen Anbieter/-innen und Nachfrager/-innen auf Märkten.*
Betriebswirtschaftslehre	*BWL konzentriert sich auf die Unternehmen, auf deren Standort-, Produktions- und Verkaufsbedingungen.*

Bedürfnisse	• Alle Wünsche, bemerkbar durch Mangelgefühl, unbegrenzt und veränderbar • Individual = Einzelbedürfnisse sollen Einzelne befriedigen • Kollektiv = Gemeinschaftsbedürfnisse soll Gemeinschaft/ Staat befriedigen (Infrastruktur) • Nach Dringlichkeit: Existenz-, Kultur-, Luxusbedürfnisse
Bedarf	Bedürfnisse, für die Kaufkraft vorhanden wäre
Nachfrage	Kauf(absicht)
Güter	Nach Verfügbarkeit und Kosten: Freie Güter = unbegrenzt und kostenlos Wirtschaftsgüter = Knappe Güter, müssen bezahlt werden Nach Gegenständlichkeit: Materielle Güter (Mobilien und Immobilien); immaterielle Güter (Dienstleistungen und Rechte) Nach Nutzung: Produktions/Investitionsgüter für Unternehmen zur Produktion; Konsumgüter für Privathaushalte Nach Funktion: Substitutionsgüter gegeneinander austauschbar; sind sie gleichartig, sind sie homogen. Komplementärgüter ergänzen sich logisch, sind voneinander abhängig. Nach Nutzungsdauer: Verbrauchsgüter = einmalige Nutzung Gebrauchsgüter = wiederholte Nutzung Nach Anbieter/innen: Private Güter = Individualgüter; öffentliche Güter = Kollektivgüter
Waren	Im Handel werden Güter Waren genannt.
Ökonomisches Prinzip	Minimalprinzip: Minimaler Aufwand für feststehendes Ziel Maximalprinzip: Maximales Ziel mit feststehendem Aufwand

Volkswirtschaftliche Produktionsfaktoren	*Ursprüngliche:* ● *Arbeit* ● *Boden/Natur (Anbau-, Abbau- und Standortfunktion)* *Abgeleitete:* ● *Kapital (Sach- und Geldkapital), entsteht durch Sparen* ● *Wissen = Know-how = Kompetenzen*
Betriebswirtschaftliche Produktionsfaktoren	*Der volkswirtschaftliche Faktor Arbeit teilt sich hier in dispositive und ausführende Arbeit.* *Dispositiver Faktor = Unternehmensleitung = Management* *Ausführende = Elementarfaktoren* ● *Personell = Beschäftigte* ● *Materiell = Betriebsmittel, für den Betrieb Gebrauchsgüter und Werkstoffe, für den Betrieb Verbrauchsgüter* ● *Immateriell = Rechte*
Volkswirtschaftliche Sektoren	● *Primärer Sektor = Urerzeugung (Land-, Forstwirtschaft, Fischerei, Energie- und Rohstoffgewinnung)* ● *Sekundärer Sektor = Weiterverarbeitung (Industrie und Handwerk)* ● *Tertiärer Sektor = Dienstleistungen* *Horizontale Arbeitsteilung: Zusammenarbeit der Unternehmen in den Sektoren* *Vertikale Arbeitsteilung: Zusammenarbeit der Unternehmen zwischen den Sektoren* *Diagonale Arbeitsteilung: Zusammenarbeit der Unternehmen zwischen den Sektoren ohne logische Verbindung der Unternehmen/Branchen; dient der Risikostreuung*
Betriebe	● *Sachleistungsbetriebe produzieren materielle Güter.* ● *Dienstleistungsbetriebe produzieren immaterielle Güter.* ● *Private = erwerbswirtschaftliche Betriebe, Hauptziel: Gewinnmaximierung* ● *Öffentliche = staatliche Betriebe, orientieren sich an den Bedürfnissen der Gemeinschaft und werden über Abgaben finanziert.*
Wirtschaftskreisläufe	● *Einfacher = statischer Wirtschaftskreislauf: 2-Sektorenmodell mit Unternehmen und Privathaushalten* ● *Erweiterte = dynamische Wirtschaftskreisläufe: 4-Sektorenmodell (Unternehmen, Privathaushalte, Banken, Staat) und über die Volkswirtschaft hinaus mit dem Ausland*

Markt	Treffpunkt von Nachfrage und Angebot
Markttypen	Vollkommener Markt = Vollkommene Konkurrenz als theoretisches Modell: • Rationalverhalten aller Marktteilnehmer/-innen, • offene Märkte, • Markttransparenz, • Punktmarkt, • sofortige Reaktion auf Marktänderungen, • keine Präferenzen (Bevorzugungen: sachlich, zeitlich, räumlich, persönlich). Fehlt eine der Voraussetzungen, handelt es sich um einen unvollkommenen Markt / eine unvollkommene Konkurrenz, wie in der Praxis üblich.
Marktarten	Nach den gehandelten Gütern: • Faktormärkte für Arbeit, Boden, Kapital • Investitions-, Konsumgütermärkte und Dienstleistungsmärkte
Marktunterscheidungen	• Organisierte Märkte: an Ort und Zeit gebunden • Unorganisierte Märkte: nicht an Ort und Zeit gebunden • Offene Märkte: keine Marktbeschränkungen • Geschlossene Märkte: Marktbeschränkungen
Marktformen	Nach Anzahl der Anbieter/-innen und Nachfrager/-innen: Monopol (eine/r); Oligopol (einige/wenige); Polypol (viele)
Preistheorie für vollkommenen Markt	Nachfragegesetz = Nachfragekurve: • Hoher Preis = geringe Nachfrage • Niedriger Preis = hohe Nachfrage Angebotsgesetz = Angebotskurve: • Hoher Preis = hohes Angebot • Niedriger Preis = geringes Angebot Der Gleichgewichtspreis bringt Angebot und Nachfrage zum Ausgleich.
Angebotsüberhang	Das Angebot ist größer als die Nachfrage, es handelt sich um einen Käufer/-innenmarkt, da diese jederzeit kaufen könnten.

Nachfrage-überhang	Nachfrage ist größer als Angebot, es handelt sich um einen Verkäufer/-innenmarkt, da diese die Nachfrage durch Angebote bedienen könnten.
Konsumenten-rente	Käufer/-innen sparen Geld, da der Gleichgewichtspreis unter dem liegt, was sie ausgeben könnten.
Produzenten-rente	Anbieter/-innen machen mehr Gewinn, da der Gleichgewichtspreis über dem liegt, zu dem sie verkaufen könnten.
Mengen-änderungen	• Mengenzunahme = Rechtsverlagerung der Kurve/n • Mengenabnahme = Linksverlagerung der Kurve/n
Staatliche Preisbeein-flussung	Indirekt (marktkonform) über Abgaben/Subventionen Direkt (marktkonträr) als vorgeschriebener: • Mindestpreis über dem Gleichgewichtspreis • Höchstpreis unter dem Gleichgewichtspreis • Festpreis unabhängig vom Gleichgewichtspreis

Aufgaben zur Selbstkontrolle

1. Nennen Sie je ein Beispiel für die Dringlichkeit von Bedürfnissen.

2. Ordnen Sie einige Güter Ihrer Wahl den verschiedenen Güterarten zu!

3. Erläutern Sie anhand je eines Beispiels die beiden (Teil-)Prinzipien des ökonomischen Prinzips!

4. Nennen und beschreiben Sie die volkswirtschaftlichen und betriebswirtschaftlichen Produktionsfaktoren!

5. Nennen Sie die Beteiligten am einfachen und am erweiterten Wirtschaftskreislauf!

6. Unterscheiden Sie in Stichworten zwischen den Marktformen, Markttypen und Marktarten!

3   Wirtschaftsordnungen

3.1   Modelle und Grundbegriffe

Mit der Wirtschaftsordnung werden Entscheidungen über die Wirtschaftssysteme einer Volkswirtschaft und deren Wirtschaftspolitik getroffen:

- Wem gehören die Produktionsfaktoren?
- Wie weit können die einzelnen Wirtschaftssubjekte im Wirtschaftskreislauf (Unternehmen und Haushalte abhängig oder unabhängig vom Staat) Entscheidungen treffen und Verträge abschließen?
- Welche Rolle spielen der Markt und der Staat bei der Versorgung von Kollektiv- und Individualbedürfnissen?

Theoretische Wirtschaftsordnungen		
Wirtschaftssysteme/Wirtschaftsordnungen beruhen auf zwei theoretischen (idealtypischen) Wirtschaftsmodellen		
Reine Marktwirtschaft *Dezentrales System*	*Unterschiede*	*Zentralverwaltungswirtschaft* *Zentrales System*
Innere (Rechtssystem) und äußere Sicherheit (Landesverteidigung); greift nicht in die Wirtschaft ein	*Staat*	*Regelt alles: Sicherheit und Wirtschaft*
Dezentral durch einzelne Haushalte/Unternehmen	*Planung*	*Zentrale staatliche Planungsbehörden*
Individuelle Verantwortung	*Individuum*	*Kollektive Verantwortung*
Privateigentum	*Produktions- mittel*	*Staats-/Gesellschaftseigentum*
Gewinnmaximierung, Wettbewerbsfähigkeit	*Unterneh- mensziele*	*Planerfüllung, Bedarfsdeckung*
Private Unternehmen	*Rechtsformen*	*Öffentliche Unternehmen*
Auf dem Markt durch Angebot und Nachfrage	*Preisbildung*	*Staatliche Planungsbehörden*
Tarifparteien oder Arbeitgeber/-innen und Arbeitnehmer/-innen	*Arbeitseinkom- men, Arbeits- bedingungen*	*Staatliche Planungsbehörden*

Auf diesen hier gegenübergestellten, grundsätzlich verschiedenen Wirtschaftsordnungen der reinen/freien Marktwirtschaft („Kapitalismus") und der Zentralverwaltungswirtschaft („Planwirtschaft", „Sozialismus") basieren letztlich alle Wirtschaftsordnungen.

Beide Systeme haben Vor- und Nachteile. Entweder die Staaten versuchen, sich weitgehend für eines der Systeme zu entscheiden, oder sie kombinieren beide Ansätze miteinander, in der Hoffnung, Vorteile beider Systeme zu nutzen und Nachteile zu vermeiden. In der Praxis entstehen dadurch aus den zwei theoretischen Idealtypen sogenannte Realtypen als Wirtschaftssysteme. Einen Weg der Kombination ist die Bundesrepublik gegangen. Daher wird die deutsche Wirtschaftsordnung als „Dritter Weg" zwischen Marktwirtschaft und Planwirtschaft bezeichnet: die soziale Marktwirtschaft. Sie ist in der Verfassung (Grundgesetz) verankert. Der Staat übernimmt damit verschiedene Verantwortungen.

Soziale Marktwirtschaft

Beeinflussung der Wirtschaft durch verschiedene Politikbereiche

ORDNUNGSPOLITIK *für langfristige Rahmenbedingungen*

Wettbewerbspolitik: Staatliche Beeinflussungen der Wirtschaft, z.B. das Verhalten zwischen Unternehmen durch Gesetz gegen Wettbewerbsbeschränkungen = GWB = Kartellgesetz, das Gesetz gegen den Unlauteren Wettbewerb = UWG und Verbraucher/-innenschutzregelungen z.B. durch das Bürgerliche Gesetzbuch = BGB

Umweltpolitik: Staatliche Verpflichtung zum Schutz der Umwelt durch das Grundgesetz und weitere Vorschriften (z.B. Kreislaufwirtschaftsgesetz)

Sozialpolitik: Unterstützung durch Versicherungs-, Versorgungs- und Fürsorgeprinzip, z.B. durch Sozialgesetzbuch (SGB) und die Infrastruktur durch den Staat

Arbeitsmarktpolitik: Vor allem durch die im Grundgesetz Artikel 9 Absatz 3 GG garantierte Tarifautonomie

Sozialbindung des Eigentums: Das Privateigentum wird im Grundgesetz garantiert (GG Artikel 14). Absatz 2 des Artikels 14 schränkt die Nutzung von Privateigentum allerdings dahingehend ein: „Eigentum verpflichtet. Sein Gebrauch soll zugleich dem Wohle der Allgemeinheit dienen." Es soll nicht zum Nachteil anderer eingesetzt werden.

PROZESSPOLITIK
mit Fiskalpolitik Volkswirtschaftsentwicklungen beeinflussen

Einkommens-, Steuerpolitik (Fiskalpolitik): Abgaben an den Staat (Abgabenordnung regelt Steuern, Gebühren, Beiträge) und staatliche Gegenleistungen (Infrastruktur)

Konjunkturpolitik: Ausgleich von Wirtschaftsschwankungen durch das Stabilitätsgesetz

STRUKTURPOLITIK
um die volkswirtschaftlichen Strukturen zu beeinflussen

Regionen- und Sektorenpolitik, vorgeschrieben durch das Grundgesetz und finanziert über Subventionen und den Länderfinanzausgleich

---

Konjunktur

In Volkswirtschaften kommt es unabhängig von der Wirtschaftsordnung zu Wirtschaftsschwankungen als Auf- und Abwärtsbewegungen. Dies wird Konjunktur genannt. Ein vollständiger Konjunkturverlauf wird Konjunkturzyklus genannt und besteht aus vier Phasen.

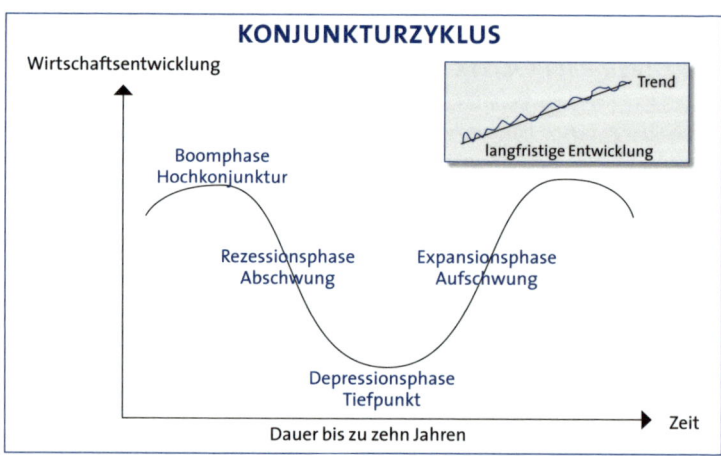

Konjunkturphasen

Die Konjunkturschwankungen bzw. -ausschläge sind unterschiedlich stark. Die Entwicklung über mehrere Jahre und Jahrzehnte hinweg wird als Trend bezeichnet.

Konjunkturphasen und Wirtschaftsauswirkungen				
	Boom	*Rezession*	*Depression*	*Expansion*
Wachstum	Am höchsten	Sinkt	Stagniert	Steigt
Angebot	Am höchsten	Sinkt	Stagniert	Steigt
Investitionen	Am höchsten	Sinken	Stagnieren	Steigen
Einkommen	Am höchsten	Sinken	Am niedrigsten	Steigen
Nachfrage	Am höchsten	Sinkt	Stagniert	Steigt
Preise	Am höchsten	Sinken	Am niedrigsten	Steigen
Beschäftigung	Am höchsten	Sinkt	Am niedrigsten	Steigt
Sparneigung	Niedrig	Steigt	Hoch	Sinkt

Neben Konjunkturschwankungen gibt es in Volkswirtschaften regelmäßige saisonale Schwankungen, die innerhalb eines Jahres in einzelnen Branchen (z.B. Bau, Tourismus) stattfinden. Sie sind abhängig von der Jahreszeit bzw. Saisongütern.

Bei den Konjunkturzyklen soll der Staat den Zyklen entgegenwirken, da sowohl eine Boomphase Nachteile mit sich bringt (die Wirtschaft überhitzt sich einerseits und entkommt dem folgenden Abschwung andererseits doch nicht) als auch eine Depressionsphase (die Wirtschaft stagniert). Ganz vermieden werden können die Ausschläge als Auf- und Abwärtsentwicklungen nicht. Aber sie sollen abgemildert werden. Die staatliche Politik gegen die jeweiligen Zyklen nennt sich antizyklische Politik. Oft wird sie auch Fiskalpolitik (lateinisch Fiskus = Geldtopf) genannt, da der Staat mit Einnahmen und Ausgaben versucht, die Wirtschaft zu beeinflussen. Verschuldet der Staat sich dazu, indem er Kredite aufnimmt, nennt sich dies Kreditfinanzierung (englisch deficit spending). Die Begriffe Inflation (Geldentwertung) und Deflation (Geldaufwertung) beziehen sich auf die Preisentwicklungen in der jeweiligen Konjunkturphase.

Worauf der Staat bei der Konjunkturpolitik besonders achten soll, ist im Stabilitätsgesetz („Gesetz zur Förderung der Stabilität und des Wachstums der Wirtschaft") festgeschrieben. Es sind vier Ziele, siehe Übersicht. Die Prozentsätze zu den Zielen sind Orientierungspunkte (sie stehen nicht im Gesetz). Weitere Ziele – insbesondere Umweltpolitik und eine gerechtere Einkommenspolitik – machen aus dem magischen Viereck ein magisches Sechseck. Ziel der Politik soll es sein, die Ziele zu verfolgen, bei denen der größte Handlungsbedarf gesehen wird.

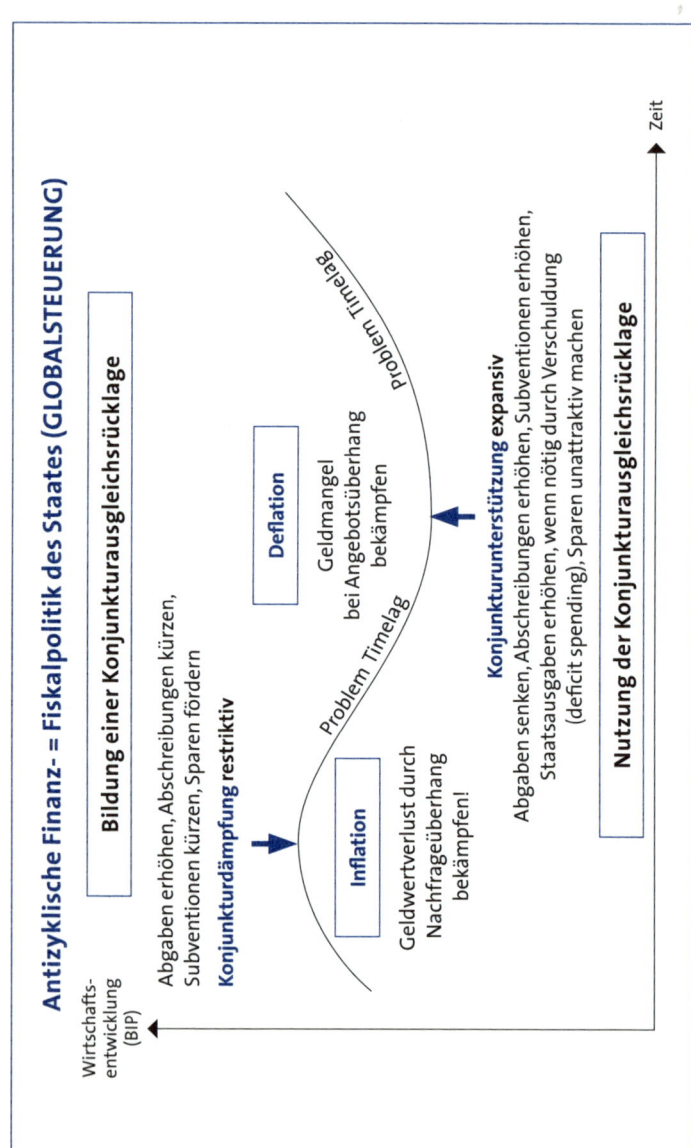

Antizyklische Finanz- = Fiskalpolitik des Staates (GLOBALSTEUERUNG)

Bildung einer Konjunkturausgleichsrücklage

Abgaben erhöhen, Abschreibungen kürzen,
Subventionen kürzen, Sparen fördern

Konjunkturdämpfung restriktiv

Deflation

Geldmangel
bei Angebotsüberhang
bekämpfen

Problem Timelag

Inflation

Geldwertverlust durch
Nachfrageüberhang
bekämpfen!

Problem Timelag

Konjunkturunterstützung expansiv

Abgaben senken, Abschreibungen erhöhen, Subventionen erhöhen,
Staatsausgaben erhöhen, wenn nötig durch Verschuldung
(deficit spending), Sparen unattraktiv machen

Nutzung der Konjunkturausgleichsrücklage

Wirtschafts-
entwicklung
(BIP)

Zeit

Timelag: Maßnahmen brauchen Zeit und können pro- statt antizyklisch wirken

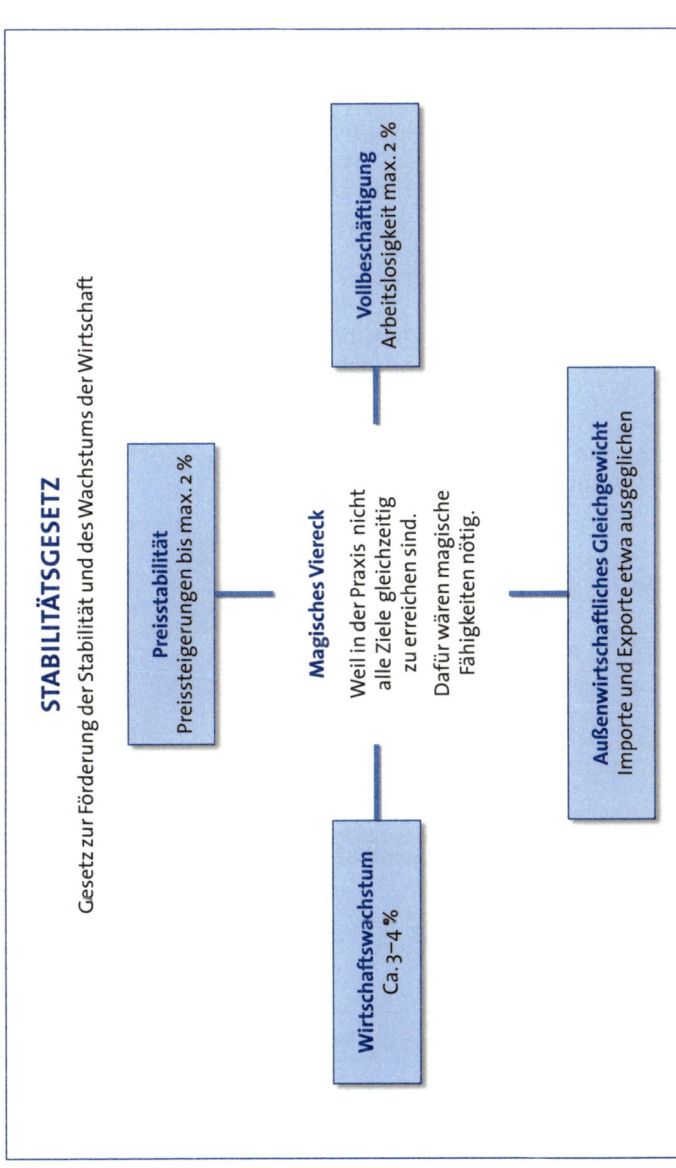

STABILITÄTSGESETZ

Gesetz zur Förderung der Stabilität und des Wachstums der Wirtschaft

Preisstabilität
Preissteigerungen bis max. 2 %

Vollbeschäftigung
Arbeitslosigkeit max. 2 %

Magisches Viereck

Weil in der Praxis nicht alle Ziele gleichzeitig zu erreichen sind.
Dafür wären magische Fähigkeiten nötig.

Wirtschaftswachstum
Ca. 3–4 %

Außenwirtschaftliches Gleichgewicht
Importe und Exporte etwa ausgeglichen

Magisches Viereck – Stabilitätsgesetz

3.2   Ziel Vollbeschäftigung

Dieses Ziel wird politisch stark verfolgt, aber unter dem wirtschaftlichen Blick ist festzuhalten: Es wird seit Jahrzehnten am weitesten verfehlt. Die Gründe sind auch im Zusammenhang mit verschiedenen Arbeitslosigkeitsarten zu sehen.

Arten der Arbeitslosigkeit
- Konjunkturell: aufgrund zyklischer Wirtschaftsschwankungen
- Saisonal: jahreszeitbedingt
- Strukturell: veraltete Wirtschaftsbranchen
- Friktionell: kurze Unterbrechung der Beschäftigung beim Jobwechsel
- Mismatch (englisch: Fehlanpassung oder Ungleichgewicht): offene Stellen und Arbeitssuchende passen aufgrund unterschiedlicher Profile nicht zusammen

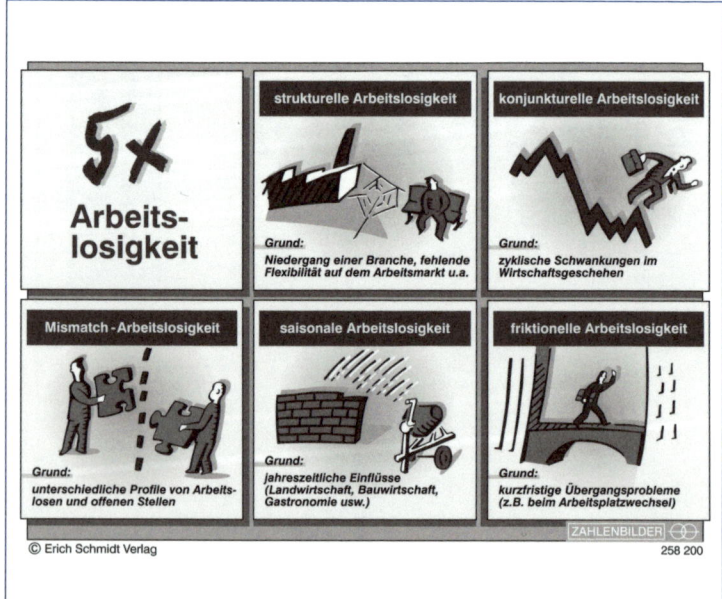

Arten der Arbeitslosigkeit

3.3 Ziel Außenwirtschaftliches Gleichgewicht

Laut Gesetz soll der Saldo als Verhältnis aus Importen (Einfuhren aus dem Ausland) und Exporten (Ausfuhren in das Ausland) etwa ausgeglichen sein. Leicht höhere Exporte seien gut für die eigene Wirtschaft. Deutschland exportiert in der Regel viel mehr („Exportweltmeister"), als es importiert. Ermittelt werden diese Werte von der Bundesbank in der jährlichen Zahlungsbilanz.

AUSSENWIRTSCHAFTLICHES GLEICHGEWICHT

ZAHLUNGSBILANZ

Deutsche Bundesbank erstellt Volkswirtschaftsbilanz zwischen Inland und Ausland

Aktiva		Passiva
Exporte	€ | Importe	€

Die Zahlungsbilanz gliedert sich in folgende Teilbilanzen:

LEISTUNGSBILANZ

Warenhandel, Dienstleistungen, Erwerbs- und Vermögenseinkommen und laufende Übertragungen ohne direkte Gegenleistungen (z.B. Entwicklungshilfe, Beiträge an internationale Organisationen)

KAPITALBILANZ

Investitionen, Kapitalverkehr, Veränderung der Währungsreserven

Exportüberschuss = Bilanzüberschuss = Aktive Bilanz
Importüberschuss – Bilanzdefizit = Passive Leistungsbilanz
Der Saldo zwischen Export und Import heißt Außenbeitrag

Zahlungsbilanz

3.4   Ziel Preisstabilität

Ermittelt wird die Preis- = Geldstabilität von dem Statistischen Bundesamt für verschiedene Wirtschaftsbereiche. Am bekanntesten ist der
Preisindex, der mithilfe eines statistischen Warenkorbs für Privathaushalte ermittelt wird.

Preisindex am Beispiel Warenkorb
Geldwertstabilität/Preisindex *Der Preisindex erfasst die volkswirtschaftliche Preisentwicklung für:* ● *Konsum- und Investitionsgüter* ● *Ausgaben des Staates* ● *Exporte und Importe*
Beispiel: Preisindex für Konsumgüter = **Harmonisierter Verbraucherpreisindex (HVPI)**

| *Der Preisindex für die Lebenshaltungskosten, ermittelt für verschiedene Haushaltstypen, z.B.*
● *Rentner*
● *Familien und*
● *Singlehaushalte in Deutschland.*

Der Gesamtindex beinhaltet u.a. die Preisentwicklung für nebenstehende Güter: | **Der Warenkorb – Gesamtindex**
1. *Nahrungsmittel, alkoholfreie Getränke*
2. *Alkoholische Getränke, Tabakwaren*
3. *Bekleidung und Schuhe*
4. *Wohnung, Wasser, Strom, Gas und andere Brennstoffe*
5. *Einrichtungsgegenstände (Möbel), Geräte, Ausrüstungen sowie deren Instandhaltung*
6. *Gesundheitspflege*
7. *Verkehr*
8. *Nachrichtenübermittlung*
9. *Freizeit, Unterhaltung, Kultur*
10. *Bildungswesen*
11. *Beherbergungs- und Gaststättendienstleistungen*
12. *Andere Waren und Dienstleistungen* |

Der Warenkorb wird dem veränderten Konsumverhalten angepasst, z.B. durch modische, technische oder sonstige neue Entwicklungen.

Die Preise in Deutschland steigen durchschnittlich von Jahr zu Jahr an.
Durch Preisanstiege verliert das Geld an Wert. Dies nennt sich Inflation.
Das Gegenteil, sinkende Preise durch ein zu hohes Angebot, heißt Defla-
tion. Der Preisanstieg in Deutschland liegt häufig unterhalb von 2 %.
Dies nennt sich „schleichende Inflation". Preisentwicklungen mit sehr
viel stärkeren Steigerungen nennen sich „galoppierende Inflation".

Für die Preis- und damit die Währungsstabilität ist im Wesentlichen nicht die Politik, sondern die Europäische Zentralbank (EZB) zuständig. Sie ist unabhängig von politischen Weisungen der Mitgliedstaaten, die den Euro als gemeinsame Währung haben. Wenn das Hauptziel der Währungsstabilität nicht gefährdet ist, soll die EZB als weiteres Ziel versuchen, die Wirtschaftspolitik zu unterstützen. Um die Währung stabil zu halten, muss die EZB die Geldmenge steuern, die im Umlauf ist. Dazu stehen ihr drei Instrumente zur Verfügung.

EZB-Instrumente zur Geldmengensteuerung

Offenmarktgeschäfte
Hauptrefinanzierungsgeschäfte
An- oder Verkauf von Wertpapieren (wöchentlich oder monatlich)

↑ Geldmenge steigt, wenn EZB Wertpapiere von Banken kauft!	↓ Geldmenge sinkt, wenn EZB Wertpapiere an Banken verkauft!
Banken erhalten Geld von EZB.	Banken zahlen Geld an EZB.

Ständige Fazilitäten = Zinsen
Zinssätze für die „Pflichtkonten" der Banken bei der EZB
Spitzenrefinanzierungsfazilität = Sollzinsen bei Kontoüberziehung, z.B. 3 %
Einlagenfazilität = Guthabenzinsen, z.B. 1 %
↕
Zwischen Soll- und Guthabenzins liegt der Leitzins (z.B. 2 %).

↑ Geldmenge steigt, wenn Banken ihr Konto gegen Sollzinsen „überziehen".	↓ Geldmenge sinkt, wenn Banken Geld gegen Zinsen auf den Konten lassen.

Mindestreservepflicht
Banken müssen auf ihren EZB-Konten Mindesteinlagen leisten,
die mit dem Leitzins verzinst werden.

↑ Geldmenge steigt bei einer niedrigen Mindestreservepflicht!	↓ Geldmenge sinkt bei einer hohen Mindestreservepflicht!

3.5   Ziel Wirtschaftswachstum

Das Wachstum wird ermittelt durch die Volkswirtschaftliche Gesamtrechnung (VGR), sozusagen als Bilanz („Buchführung") einer Volkswirtschaft. Erstellt wird sie durch das Statistische Bundesamt als Bruttoinlandsprodukt (BIP).

Bruttoinlandsprodukt

Das Bruttoinlandsprodukt (BIP) gibt den Wert der produzierten Güter und Dienstleistungen in einer Volkswirtschaft pro Jahr an.

Nominales BIP = zu Marktpreisen (beinhaltet noch die Preissteigerungen)	Reales BIP = tatsächliches BIP (nominales BIP minus Preissteigerungen)

Erfasst werden im Bruttoinlandsprodukt nur bezahlte Arbeiten!

Berechnungsarten Bruttoinlandsprodukt

Entstehungsrechnung	Verwendungsrechnung	Verteilungsrechnung
In welchem Sektor wurden die Werte produziert:	In welchem Sektor wurden die Werte verwendet:	Wie verteilt sich das Volkseinkommen:
• Land-, Forstwirtschaft, Fischerei (1. Sektor) • Produzierendes Gewerbe, Bau (2. Sektor) • Handel, Gastgewerbe, Verkehr (3. Sektor) • Finanzierung, Vermietung, Unternehmensdienstleistungen (3. Sektor) • Öffentliche und private Dienstleistungen (3. Sektor)	• Staatsquote = Staatsverbrauch • Investitionsquote = Investitionen von Unternehmen • Konsumquote = privater Verbrauch • Außenbeitrag = Verhältnis von Im- und Exporten	• Vermögens-, Gewinnquote = Gewinne von Unternehmen und Vermögenseinkommen für Privathaushalte wie Mieteinnahmen, Zinsen, Dividenden • Lohnquote = Einkommen aus Erwerbstätigkeit

Das Bruttoinlandsprodukt sagt nichts über die Qualität, sondern über die Quantität (Menge) der produzierten Güter und Dienstleistungen aus. Es sagt etwas über die Wirtschaftskraft einer Volkswirtschaft insgesamt und der einzelnen Sektoren aus, aber nicht darüber, was sich Einzelne wirklich leisten können, oder über Umweltbelastungen, die sich ergeben. Es beinhaltet durchschnittliche Statistikwerte.

3.6   Zusammenfassung

Wirtschafts-ordnungen	*Legen als Wirtschaftssystem fest: Wem gehören Produktionsfaktoren; welche Rolle spielen Markt und Staat?*
Freie Markt-wirtschaft	*Dezentrales System: Staat schützt die Grenzen und die Sicherheit im Land, mischt sich nicht in die Wirtschaft ein.*
Zentral-verwaltungs-wirtschaft	*Zentrales System: Regelung des Marktgeschehens durch den Staat*
Soziale Markt-wirtschaft	*Wirtschaftspolitische Aufgaben des Staates, wenn der Markt zu Benachteiligungen führt. Politik der Global-steuerung*
Konjunktur-zyklus	*Wirtschaftsschwankung mit vier Phasen:* ● *Boom = Hochpunkt* ● *Rezession = Abschwung* ● *Depression = Tiefpunkt* ● *Expansion = Aufschwung*
Antizyklische Konjunktur-politik	*Finanzpolitik: Staatsausgaben und Staatseinnahmen sollen antizyklisch, d.h. gegen die jeweilige Phase eines Konjunkturzyklus eingesetzt werden und wirken.*
Stabilitäts-gesetz	*Ziele staatlicher Wirtschaftspolitik:* ● *Preisstabilität* ● *Vollbeschäftigung* ● *Wirtschaftswachstum* ● *Außenwirtschaftliches Gleichgewicht* *Sie bilden das magische Viereck, da nicht alle Ziele gleichzeitig zu erreichen sind.*
Arten der Arbeits-losigkeit	● *strukturell (volkswirtschaftliche Strukturen sind veraltet)* ● *konjunkturell (abhängig vom Konjunkturverlauf)* ● *Mismatch (Arbeitslose und Stellen passen nicht zueinander)* ● *saisonal (jahreszeitbedingt)* ● *friktionell (kurzfristig beim Übergang von einer Arbeit zur nächsten)*

Außenwirtschaftliches Gleichgewicht	Bundesbank erstellt Zahlungsbilanz des Staates, in der Im- und Exporte aufgeführt werden. Teilbilanzen sind: ● Leistungsbilanz: Handelsbilanz der Waren, Dienstleistungsbilanz, Übertragungsbilanz (ohne direkte Gegenleistungen) ● Kapitalbilanz: Exporte und Importe von Krediten und Wertpapieren ● Devisenbilanz: Saldo von Devisen und Goldreserven
Preis = Währungsstabilität	Wird durch Preisindex als Vergleich der Preisentwicklungen über mehrere Jahre ermittelt. Abweichungen von der Stabilität heißen: ● Inflation = Preissteigerungen und ● Deflation = Preissenkungen. Wichtigste Institution für die Preis- = Währungsstabilität ist die politisch unabhängige Europäische Zentralbank (EZB).
Instrumente der EZB	Zur Geldmengenbeeinflussung = Währungsstabilität: ● Offenmarktgeschäfte: An- und Verkauf von Wertpapieren ● Mindestreservepolitik: Pflichteinlagen der Geschäftsbanken ● Ständige Fazilitäten (Zinspolitik)
Volkswirtschaftliche Gesamtrechnung (VGR)/ Bruttoinlandsprodukt (BIP)	Wert aller in einem (Rechnungs-)Jahr produzierten Güter und Dienstleistungen einer Volkswirtschaft, als Bruttoinlandsprodukt (BIP): ● Nominal einschließlich Preissteigerungen (Bruttoinlandsprodukt zu Marktpreisen) ● Real, ohne Preissteigerungen
Berechnungsarten des Bruttoinlandsproduktes	● Entstehungsrechnung: in welchen Volkswirtschaftssektoren entstehen welche Werte; ● Verwendungsrechnung: wer im Wirtschaftskreislauf nutzt welche Werte; ● Verteilungsrechnung: wie verteilen sich die Werte auf das Volkseinkommen (Lohnquote = Einkünfte aus Erwerbstätigkeiten und Gewinnquote = Gewinneinkünfte von Unternehmen und Privathaushalten).

Aufgaben zur Selbstkontrolle

1. Nennen Sie drei wesentliche Merkmale zu jeder Phase eines Konjunkturzyklus!

2. Nennen Sie die Ziele des Stabilitätsgesetzes und beschreiben Sie anhand eines Beispiels, warum es auch als magisches Viereck bezeichnet wird!

3. Beschreiben Sie die drei Instrumente der EZB zur Geldmengensteuerung (Währungsstabilität)!

4. Was bedeutet Bruttoinlandsprodukt (BIP) und wodurch unterscheiden sich nominelles und reales Bruttoinlandsprodukt?

5. Nennen und beschreiben Sie die drei Berechnungsarten des Sozialprodukts!

4   Wettbewerbspolitik

Die Wettbewerbspolitik hat grundsätzlich zum Ziel, den Wettbewerb zwischen den Unternehmen und zwischen Unternehmen und der Privatkundschaft zu schützen.

4.1   Kooperation und Konzentration

Unternehmen stehen miteinander im Wettbewerb. Viele versuchen rechtlich und wirtschaftlich alleine zu bestehen und sich im Wettbewerb zu behaupten. Andere bleiben rechtlich und wirtschaftlich selbstständig, versuchen aber durch Zusammenarbeit (Kooperation) wettbewerbsfähig zu bleiben oder wettbewerbsfähiger zu werden. Wieder andere gehen den Weg, sich zu neuen Unternehmen zusammenzuschließen (Konzentration), wobei sie ihre bisherige rechtliche und wirtschaftliche Selbstständigkeit durch die Zusammenarbeit oder den Zusammenschluss mit anderen Unternehmen teilweise oder ganz aufgeben. Manche Unternehmen stimmen ihr Vorgehen zur Erhaltung oder Verbesserung der Wettbewerbsfähigkeit aufeinander ab, um gemeinsame Ziele zu erreichen. Tun sie dies zum Nachteil anderer Konkurrenten oder um Mitbewerber vom Markt zu verdrängen, ist dies verboten. Dazu gehören auch die verbotenen Kartelle (französisch cartel = [schriftliche] Vereinbarung; italienisch cartello = Vereinigung/Verband). Die Kartelle befinden sich bildlich gesehen zwischen den Kooperations- und Konzentrationsformen.

Grundsätzlich verboten sind: Unternehmensabsprachen über einheitliche Preise (Preiskartelle); Festlegungen von Produktionsmengen (Mengen/Quotenkartelle) zur Preisbeeinflussung; Absprachen zur Aufteilung des Marktes (Gebietskartelle); Vorschriften der verkaufenden Unternehmen, die Güter nur zu einem von ihnen vorgeschriebenen Preis weiterzuverkaufen (Empfehlungskartell).

Zum Schutz des Wettbewerbes zwischen den Unternehmen gibt es das Kartellgesetz (GWB = Gesetz gegen Wettbewerbsbeschränkungen), kontrolliert durch Kartellbehörden. In den Bundesländern sind Ministerien zuständig, auf der Bundesebene das Bundeskartellamt und innerhalb der Europäischen Union (EU) die Europäische Kommission (Wettbewerbskommissar/-in).

Zusammenarbeit und Zusammenschlüsse

Kooperation Zusammenarbeit von Unternehmen	**Kartelle** Absprachen / Zusammenarbeit von Unternehmen in einem Sektor	**Konzentration** Abhängigkeiten und Zusammenschlüsse zwischen Unternehmen	**Fusion/Trust**
Rechtliche und wirtschaftliche Selbstständigkeit bleibt erhalten	Sind verboten, wenn sie den Wettbewerb negativ beeinflussen	Rechtliche Selbstständigkeit bleibt, wirtschaftliche Abhängigkeit	Rechtlich und wirtschaftlich neues Unternehmen
Verbände Interessenvertretung	Einschränkung der wirtschaftlichen Selbstständigkeit	**Konzerne** Kapitalbeteiligungen von Unternehmen, zumeist in verschiedenen Sektoren:	Unternehmen werden übernommen oder es entsteht durch Zusammenschluss ein neues Unternehmen
Interessengemeinschaft Gemeinsame Ziele	**Verboten sind:** Preis-, Mengen-, Gebiets-, Empfehlungskartelle	• Mutter beherrscht Tochter	Fusionen bei Marktbeherrschung anmeldepflichtig
Sonderformen **Franchising:** Übernahme eines Unternehmenskonzepts gegen Gebühr **Joint Venture:** Teilweise Zusammenarbeit, zur Risikoteilung (Entwicklung, Kosten)		• Schwestern sind gleichberechtigt • Holding verwaltet als Dachgesellschaft Kapitalanteile der beteiligten Unternehmen	

Bundeskartellamt
kontrolliert durch: Missbrauchs-, Kartellaufsicht und Fusionskontrolle

Sonderformen der Kooperation: Franchising		
Franchise (französisch „ganz einfach", englisch „Lizenz/Konzession")		
Franchisegeber/-in	*Konzept, Systemhandbuch, Unterstützung (Know-how), Vorgaben, Gebühr, Vertragspflichten*	**Franchisenehmer/-in**
Geld für Konzept; bestimmt Unternehmens-, Produktpolitik		*Rechtlich und wirtschaftlich selbstständig; übernimmt Konzept*

Die Sonderform eines **Joint Venture** (englisch = vereintes Risiko) zwischen verschiedenen Unternehmen entsteht, um etwas gemeinsam zu entwickeln. Das benötigte Kapital wird als Venture- = Wagniskapital bezeichnet. Rechtlich und wirtschaftlich selbstständige Unternehmen gründen hier gemeinsam ein neues Unternehmen (Gemeinschaftsbzw. Tochterunternehmen), wobei die Kenntnisse und Geldmittel der Beteiligten bei gleichzeitiger Teilung von Gewinn und Risiko zusammengelegt werden.

Konzentration
Bei der Konzentration von Unternehmen als Konzerne bleibt die rechtliche Selbstständigkeit der beteiligten Unternehmen erhalten, sie werden aber wirtschaftlich voneinander abhängig.
   Konzerne sind Unternehmen mit gegenseitigen Kapitalbeteiligungen. Dabei beherrschen Muttergesellschaften die Tochtergesellschaften oder die beteiligten Unternehmen sind als Schwestergesellschaften gleichberechtigt. Siehe Übersicht Konzerne, Holding auf der folgenden Seite.
   Bei der Konzentration von Unternehmen als Zusammenschlüsse wird die rechtliche und wirtschaftliche Selbstständigkeit zugunsten eines neuen Unternehmens aufgegeben bzw. ordnen sich die Unternehmen einer einheitlichen Leitung unter (Fusion/Trust: Verschmelzung). Siehe Übersicht Fusion/Trust auf der übernächsten Seite.

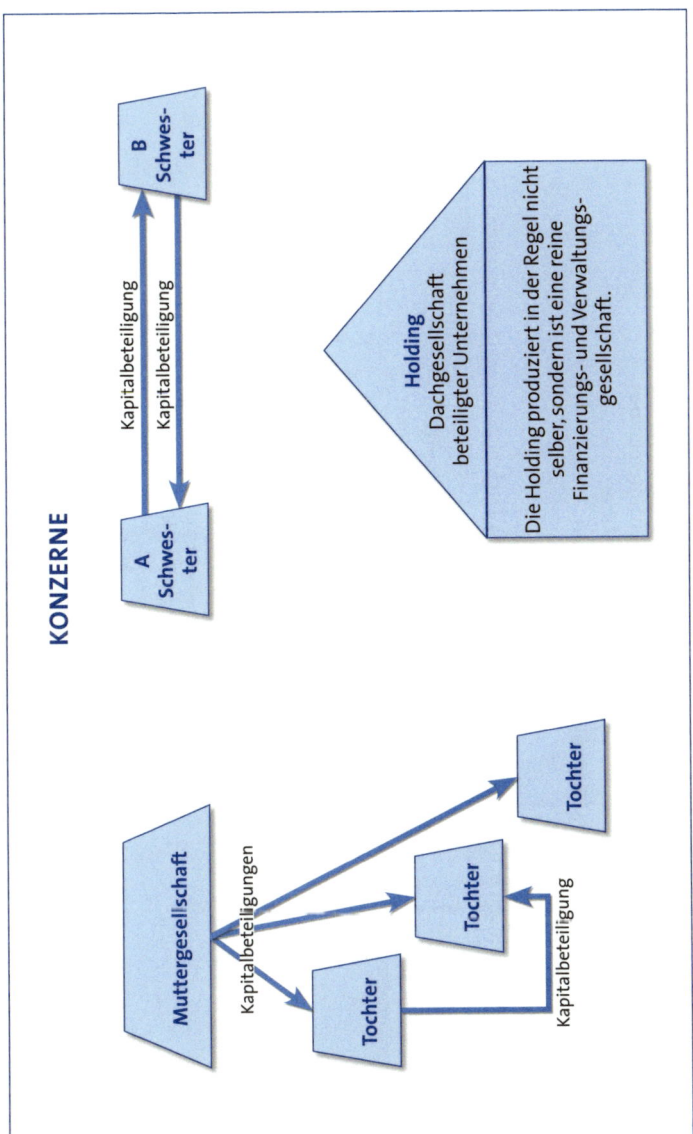

KONZERNE

A Schwes-ter → Kapitalbeteiligung → **B Schwes-ter**
B Schwes-ter → Kapitalbeteiligung → **A Schwes-ter**

Holding
Dachgesellschaft beteiligter Unternehmen

Die Holding produziert in der Regel nicht selber, sondern ist eine reine Finanzierungs- und Verwaltungs-gesellschaft.

Muttergesellschaft
Kapitalbeteiligungen → **Tochter**
→ **Tochter**
→ **Tochter**
Kapitalbeteiligung

Übersicht: Konzerne, Holding

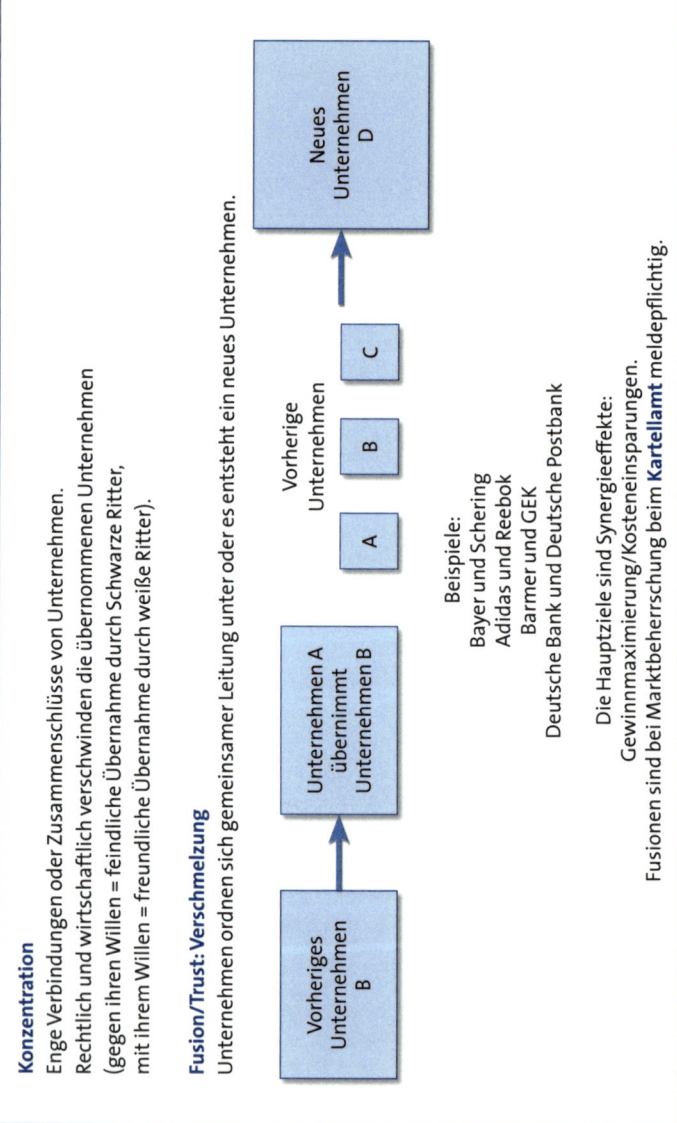

Konzentration

Enge Verbindungen oder Zusammenschlüsse von Unternehmen.
Rechtlich und wirtschaftlich verschwinden die übernommenen Unternehmen
(gegen ihren Willen = feindliche Übernahme durch Schwarze Ritter,
mit ihrem Willen = freundliche Übernahme durch weiße Ritter).

Fusion/Trust: Verschmelzung
Unternehmen ordnen sich gemeinsamer Leitung unter oder es entsteht ein neues Unternehmen.

Vorheriges
Unternehmen
B

Unternehmen A
übernimmt
Unternehmen B

Vorherige
Unternehmen

A　B　C

Neues
Unternehmen
D

Beispiele:
Bayer und Schering
Adidas und Reebok
Barmer und GEK
Deutsche Bank und Deutsche Postbank

Die Hauptziele sind Synergieeffekte:
Gewinnmaximierung/Kosteneinsparungen.
Fusionen sind bei Marktbeherrschung beim **Kartellamt** meldepflichtig.

Übersicht: Fusion/Trust

Das Bundeskartellamt ist eine staatliche Aufsichtsbehörde, die Kooperationen und Konzentrationsprozesse auf dem Markt überprüft. Die Gesetzesgrundlage für die Tätigkeiten des Kartellamtes ist das Kartellgesetz (Gesetz gegen Wettbewerbsbeschränkungen = GWB). Sowohl im Vertrag der Europäischen Gemeinschaften (EG-Vertrag) als auch im GWB gilt der Grundsatz des Verbots von Vereinbarungen zwischen Unternehmen, die den Wettbewerb beschränken. Grundsätzlich müssen die Unternehmen selbst beurteilen, ob ihre Vereinbarungen zulässig sind. Grundsätzlich verboten sind jedoch immer Preisabsprachen (Preiskartell), Mengenabsprachen, um den Preis künstlich zu erhöhen (Mengen- oder auch Quotenkartell genannt) und die Aufteilung des Marktes und Absatzgebietes (Gebietskartell).

Das Bundeskartellamt nutzt drei Instrumente, um die Einhaltung des Wettbewerbsrechts zu kontrollieren:
● Missbrauchsaufsicht: Unternehmen sollen andere Unternehmen nicht benachteiligen.
● Kartellaufsicht über erlaubte und verbotene Kartelle.
● Fusionskontrolle: Unternehmenszusammenschlüsse sollen keine Marktbeherrschung ermöglichen.
Verstöße gegen das Kartellrecht können von den Kartellbehörden mit Geldbußen belegt werden, und benachteiligte Wettbewerber/-innen können zivilrechtlich klagen.

4.2 Unlauterer Wettbewerb

Während sich das Kartellgesetz (GWB) vorrangig auf den Erhalt des Wettbewerbs zwischen Unternehmen konzentriert, geht das Gesetz gegen den unlauteren (unfairen) Wettbewerb (UWG) einen Schritt weiter. Es betrifft verbotenes = unlauteres = unfaires Verhalten zwischen Unternehmen und von Unternehmen gegenüber Privatkunden/-kundinnen.

4.2.1 Vorschriften und Verbote des UWG

Grundsätzlich verboten gegenüber anderen Unternehmen
● Boykottaufrufe: „Kauft nicht bei Unternehmen A, weil ...!"

- Nutzung fremder Firmen- oder Geschäftsbezeichnungen, die zu Verwechslungen bei Produktnamen oder Firmen (Namen von Unternehmen) führen können.
- Bestechung anderer Unternehmensangehöriger und Verrat von Geschäftsgeheimnissen an andere Unternehmen, um den Wettbewerb zu beeinflussen!
- Vergleichende Werbung und Behauptungen, durch die andere Unternehmen, deren Produkte, Dienstleistungen oder Personen herabgesetzt werden, z.B.: „Wir sind besser als A" oder „B ist unfähig".

Grundsätzlich verboten bei der Preispolitik
- Preisspaltung: keine Preisunterschiede für ein Produkt im selben Geschäft
- Dauerhafter Verkauf unter Einstandspreis (Einkaufspreis)
- Irreführende Preishervorhebungen bei Preisangaben
- Unklare Preisbestandteile
- Mondpreise: früher kurzzeitig höhere Preise mit aktuell wieder niedrigeren Preisen vergleichen

Grundsätzlich verboten gegenüber Verbrauchern/ Verbraucherinnen
- Lockvogelangebote: Werbung mit Produkten, die nicht für mindestens zwei Tage ausreichen!
- Irreführung z. B. über Warenherkunft, Herstellungsart, Qualität
- Zusendung unbestellter Ware
- Unerfahrenheit von Kindern und Jugendlichen ausnutzen, z.B. Handys mit Verträgen über lange Laufzeiten
- Bedingungen für Zugaben, Preisnachlässe, Geschenke sowie Teilnahmebedingungen bei Preisausschreiben/Gewinnspielen nicht eindeutig angeben bzw. Gewinnversprechen nicht einhalten!
- Angstwerbung, mit der Druck ausgeübt werden soll: z.B. „Jetzt kaufen wegen Inflation", „gegen AIDS" usw.
- Überraschendes Ansprechen in der Öffentlichkeit, um Verträge abzuschließen
- Unzumutbare Belästigungen durch unerwünschte Werbung durch: Post, Fax, Fon, Mail

Ergänzend zum UWG soll die Preisangabenverordnung die Privatkundschaft vor Benachteiligungen durch die Unternehmen bei der Preisgestaltung schützen.

4.2.2 Preisangabenverordnung

Wir stellen das Wesentliche dazu in einer Übersicht zusammen.

Preisangabenverordnung (PAngV)	
Grundsatz der Preiswahrheit und Preisklarheit	
Der Einzelhandel ist verpflichtet, seine Produkte auszuzeichnen in/im:	● *Verkaufsraum* ● *Schaufenster* ● *Musterbüchern* ● *Katalogen*
In Dienstleistungsbetrieben (z.B. Bistros, Hotels) reichen sichtbare Preislisten. Gaststätten haben Preisverzeichnisse auszulegen bzw. den Gästen vor der Bestellung und auf Verlangen bei Abrechnung vorzulegen.	
Die Preisauszeichnung muss folgende Informationen enthalten:	● *Bruttoverkaufspreis: Verkaufspreis inkl. Umsatzsteuer* ● *Bei losen Waren (z.B. bei Lebensmitteln im Frischebereich) ist der Grundpreis für eine handelsübliche Verkaufseinheit (z.B. Kilo oder Liter) anzugeben.* ● *Gütebezeichnung (z.B. Handelsklassen)* ● *Art/Name der Ware muss angegeben werden, wo es üblich ist (vor allem Lebensmittel).*
Im Kreditgewerbe sind die Gesamtkosten als effektiver Jahreszins anzugeben (jährliche Zinsbelastung einschließlich zusätzlicher Kreditkosten).	
Verstöße können mit Strafen oder Bußgeldern geahndet werden!	
Ausnahmen von der Preisauszeichnungspflicht: *Kunst, Sammelobjekte, Antiquitäten, Werbevorführungen, Dekorationen, Blumen und Pflanzen im Freilandverkauf*	

4.3 Zusammenfassung

Kooperation/ Kartelle/ Konzen- tration	*Verboten: Unfaire Marktbeeinflussung und -beherrschung* *Kooperation: Zusammenarbeit von Unternehmen* *Rechtliche und wirtschaftliche Selbstständigkeit der Beteiligten bleibt erhalten:*

	• *Verbände: Interessenvertretungen für Mitgliedsunternehmen* • *ARGE: Zeitlich begrenzte Arbeitsgemeinschaften* • *Interessengemeinschaft: Zusammenarbeit aufgrund gemeinsamer Ziele* *Kartelle: Unternehmen legen Verhalten bzw. Zusammenarbeit fest.* • *Verboten: Preis-, Mengen-, Gebietskartelle* *Konzentration: Enge Verbindungen oder Zusammenschlüsse von Unternehmen* • *Rechtlich selbstständig, wirtschaftlich abhängig: Konzerne über Kapitalbeteiligungen. Muttergesellschaften beherrschen Tochtergesellschaften. Schwestergesellschaften sind gleichberechtigt. Holding verwaltet als Dachgesellschaft Kapitalanteile der Beteiligten.* • *Rechtlich und wirtschaftlich neues Unternehmen Fusion/Trust: Unternehmen werden von anderen übernommen oder es entsteht ein neues Unternehmen Fusionen sind bei Marktbeherrschung anmeldepflichtig.*
Kartellamt	*Das Bundeskartellamt in Bonn überwacht die Einhaltung des GWB vor allem durch:* • *Missbrauchsaufsicht: Unternehmen und erlaubte Kartelle sollen ihre Position nicht nutzen, um den Wettbewerb zu beeinflussen;* • *Fusionskontrolle: Marktbeherrschung durch Unternehmenszusammenschlüsse soll verhindert werden;* • *Kartellaufsicht (verboten/erlaubt).*
Sonderformen der Kooperation	• *Franchise: Franchisegeber überlässt Franchisenehmer gegen Gebühr ein Unternehmenskonzept.* • *Joint Venture: Rechtlich und wirtschaftlich selbstständige Unternehmen gründen ein neues Unternehmen (Gemeinschafts- bzw. Tochterunternehmen), wobei die Kenntnisse und Geldmittel der Beteiligten bei Teilung von Gewinn und Risiko zusammengelegt werden.*
Gesetz gegen unlauteren Wettbewerb (UWG)	*Verboten zum Schutz von Verbrauchern und Mitbewerbern zwischen Unternehmen sind:* • *Boykottaufrufe, Nutzung fremder Firmen- oder Geschäftsbezeichnungen, Bestechung und Verrat, unwahre oder herabsetzende Behauptungen.*

	Bei der Preispolitik: ● Preisspaltung: keine Preisunterschiede für ein Produkt im selben Geschäft ● Mondpreise: früher kurzzeitig erhöhte Preise mit heute niedrigeren vergleichen ● Dauerhafter Verkauf unter Einstandspreis ● Irreführende Preishervorhebungen ● Unklare Preisbestandteile Gegenüber der Kundschaft: ● Lockvogelangebote: Werbung mit Waren, die nicht für mindestens zwei Tage ausreichen ● Irreführung z.B. über Warenherkunft, Herstellungsart, Qualität ● Angstwerbung ● Zusendung unbestellter Ware und überraschendes Ansprechen in der Öffentlichkeit sowie Unerfahrenheit von Kindern und Jugendlichen ausnutzen ● Belästigungen durch Post, Fax, Fon, Mail
Preisangaben- verordnung	Schreibt gegenüber der Privatkundschaft vor: ● Preisauszeichnung (im Verkaufsraum, in Schaufenstern, Musterbüchern, Katalogen) Preisauszeichnung muss enthalten: ● Art und Bruttoverkaufspreis der Ware; ● Grundpreise für Verkaufseinheit, wenn üblich; ● Gütebezeichnung, wenn üblich; ● effektiven Jahreszins für Kredite.

Aufgaben zur...

1. Welche Kartelle sind warum verboten?

2. Worin besteht das grundsätzliche Ziel des GWB?

3. Nennen Sie fünf Verbote aus dem UWG!

4. Nennen Sie drei Vorschriften aus der Preisangabenverordnung!

5   Rechtsgrundlagen

5.1   Rechtliche Grundlagen unserer Wirtschaftsordnung

In einem modernen demokratischen Staat soll der Bürger die Möglichkeit haben, sein Leben weitestgehend selbst zu gestalten und seine Persönlichkeit zu entfalten, ohne dass der Staat sich in seine Privatangelegenheiten einmischt (Grundsatz der Privatautonomie). Auf der anderen Seite ist es klar, dass das Zusammenleben der Menschen bestimmte Regeln erfordert.

> *Die Summe aller Rechtsvorschriften in unserem*
> *Rechtssystem bezeichnet man als objektives Recht.*

Der einzelne Rechtsanspruch, den der Bürger für sich aus diesen Vorschriften ableitet, wird als subjektives Recht bezeichnet.

Das objektive Recht stellt sich als geschriebenes und als Gewohnheitsrecht dar. Es lässt sich in zwei grundlegende Bereiche, das öffentliche Recht und das Privatrecht unterteilen:

Gliederung des objektiven Rechts	
Geschriebenes Recht *Gewohnheitsrecht* ↙ ↘	
Privatrecht	*öffentliches Recht*

5.2   Geschriebenes Recht und Gewohnheitsrecht

Unter geschriebenem Recht versteht man die Rechtsvorschriften, die durch eine zuständige Institution im Rahmen eines Rechtssetzungsverfahrens erlassen wurden (Gesetze, Verordnungen usw., vgl. 5.5). Darüber hinaus gibt es das ungeschriebene Gewohnheitsrecht, welches sich durch langjährige Ausübung und Akzeptanz in der Gesellschaft bildet und rechtlich genauso „viel wert" ist wie geschriebenes Recht.

> **Beispiel: Gewohnheitsrecht**
>
> *Der Arbeitgeber zahlt freiwillig, ohne aus dem Arbeitsvertrag dazu verpflichtet zu sein, seinen Arbeitnehmern ein Urlaubsgeld. Wenn er diese Gratifikation mehrere Male gezahlt hat, erwächst den Arbeitnehmern daraus ein rechtlicher Anspruch, der unter Umständen vor dem Arbeitsgericht eingeklagt werden kann.*

Ähnlich wie das Gewohnheitsrecht haben sich unter Kaufleuten „Handelsbräuche" gebildet. Diese Gebräuche, die sich regional und in Wirtschaftsbranchen voneinander unterscheiden, gelten neben dem Gesetzesrecht. Beispielsweise gilt auf bäuerlichen Viehmärkten der „Handschlag" als Abschluss des Kaufvertrages.

5.3   Privatrecht

Das Privatrecht (auch bürgerliches Recht, Zivilrecht) regelt die Rechtsbeziehungen der Bürger untereinander.

Wichtige privatrechtliche Vorschriften sind:
- Bürgerliches Gesetzbuch (BGB), es besteht aus fünf „Büchern"
  1. Allgemeiner Teil (allgemeine Rechtsgrundlagen)
  2. Schuldrecht (enthält insbesondere das Vertragsrecht)
  3. Sachenrecht
  4. Familienrecht
  5. Erbrecht
- Handelsgesetzbuch (HGB), es regelt das Sonderrecht der Kaufleute
- GmbH-Gesetz, Aktiengesetz

Im Rahmen der Vertragsfreiheit können Bürger untereinander, insbesondere in Verträgen, Vereinbarungen treffen, die von den Vorgaben des Privatrechts abweichen. Das Privatrecht wird daher als abänderbares (dispositives) Recht bezeichnet. Nur wenn die Beteiligten keine eigenen Regelungen getroffen haben, gelten die „Vorgaben" des Gesetzes. Natürlich gibt es auch im Privatrecht sogenanntes „zwingendes Recht", also Rechtsvorschriften, die durch die Beteiligten nicht abgeändert werden dürfen.

5.4   Öffentliches Recht

*Das öffentliche Recht regelt die rechtlichen Beziehungen
zwischen dem Staat und seinen Bürgern.*

Darüber hinaus werden auch die Rechtsverhältnisse der staatlichen Einrichtungen untereinander geregelt (man spricht dann auch vom „Staatsrecht"). Im Verhältnis der Bürger zum Staat spielt im Gegensatz zum Privatrecht das Vertragsrecht keine Rolle. Der Bürger ist dem Staat untergeordnet und muss sich seinen Regelungsvorgaben fügen. Deshalb handelt es sich beim öffentlichen Recht um zwingendes Recht.

Beispiel: Zwingendes Recht

*Die Festlegung der Steuersätze für die Einkommensteuer, die Höhe eines
Bußgeldes für falsches Parken können nicht zwischen dem Bürger und der
Behörde „ausgehandelt" oder „frei vereinbart" werden.*

Wenn der Bürger mit einer Maßnahme des Staates nicht einverstanden ist, kann er sich gegen diesen Verwaltungsakt mit einem Widerspruch und einer Klage vor dem zuständigen Verwaltungsgericht wehren.

Beispiel: Widerspruch

*Gegen die Versagung einer Baugenehmigung kann der Bauherr innerhalb
einer Frist von einem Monat Widerspruch einlegen. Falls die Behörde den
Widerspruch zurückweist, kann weiterhin Klage vor dem zuständigen
Verwaltungsgericht auf Erteilung einer Baugenehmigung erhoben werden.*

Zum öffentlichen Recht gehören viele Themenbereiche:
- Steuerrecht
- Straßenverkehrsrecht
- Strafrecht
- Schulrecht usw.

In bestimmten Fällen ist der Staat gezwungen, sich „wie ein Bürger" oder ein Unternehmen zu verhalten. Dann gilt auch im Verhältnis Staat und Bürger Privatrecht. Ein Beispiel ist der Einkauf von Büromaterial durch eine Behörde.

5.5 Rechtsquellen

Im Rechtssystem der Bundesrepublik Deutschland gibt es verschiedene „Typen" von Rechtsvorschriften, die von verschiedenen Institutionen erlassen werden. Die wichtigsten Regelungen sind Gesetze, Verordnungen, Verwaltungsvorschriften und Satzungen.

Zu beachten ist auch die föderative Struktur der Bundesrepublik Deutschland („der Bund" und 16 Bundesländer). Der Bund mit seinen Bundesorganen ist berechtigt, im Rahmen seines Zuständigkeitsbereiches Rechtsvorschriften zu erlassen, ebenso können dies die einzelnen Bundesländer im Rahmen ihrer Regelungskompetenz.

Verfassungsrecht
Die grundlegenden Gesetze, die den Rahmen unserer Rechtsordnung bilden, sind das Grundgesetz, die Verfassung der Bundesrepublik Deutschland und die Länderverfassungen der einzelnen Bundesländer. Sie beinhalten neben den Grundrechten Regelungen, die man als eine „Betriebsanweisung" für den Staat verstehen kann. Enthalten sind z.B. Regelungen über die Staatsorgane, Gesetzgebungskompetenzen und Zuständigkeiten.

Gesetze
Gesetzgebungsorgane sind der Bundestag (ggf. in Zusammenarbeit mit dem Bundesrat) für die Bundesgesetze und die Länderparlamente für Gesetze, die sie im Rahmen ihrer Kompetenz verabschieden.

Verordnungen
Oft sind Gesetze allgemein formuliert, sodass sie ergänzender Ausführungsbestimmungen bedürfen. Solche Bestimmungen werden in Verordnungen geregelt.

Verordnungen werden nicht von den Parlamenten verabschiedet, sondern von Behörden, die in dem betreffenden Gesetz ausdrücklich zum Erlass solcher Verordnungen ermächtigt werden.

Beispiel: Unfallverhütungsvorschriften

Aufgrund des § 15 SGB VII als Ermächtigungsgrundlage erlassen die Träger der gesetzlichen Unfallversicherung (insbesondere die Berufsgenossenschaften) Unfallverhütungsvorschriften für ihre gewerblichen Bereiche.

Verwaltungsvorschriften

Verwaltungsvorschriften sind Anweisungen, mit denen der Arbeitsablauf innerhalb einer Verwaltungsbehörde geregelt wird. Es kann sich z.B. um Richtlinien handeln, die die Sachbearbeiter anwenden müssen, wenn Anträge auf Leistungen bearbeitet werden.

Satzungen

Körperschaften des öffentlichen Rechts und Anstalten des öffentlichen Rechts (vgl. 5.6.1) geben sich Satzungen, mit denen sie ihre Struktur, ihre Aufgaben und Rechtsverhältnisse regeln.

> *Beispiel: Gemeindesatzung*
>
> *Eine Gemeinde regelt ihre autonomen Angelegenheiten (Streupflicht, Anschlusszwang usw.) im Rahmen ihrer Gemeindesatzung.*

5.6 Rechtsbegriffe

5.6.1 Rechtssubjekte

Rechtssubjekte sind die Personen, die im Rechtsleben handeln. Nur sie besitzen Rechtsfähigkeit. Man unterscheidet zwischen natürlichen Personen (Menschen) und juristischen Personen (Institutionen).

Rechtsfähigkeit

Sie ist die Fähigkeit, Träger von Rechten und Pflichten zu sein. Sie steht allen Menschen zu, also den „natürlichen Personen", sie beginnt mit der Vollendung der Geburt und endet mit dem Tod (§ 1 BGB).

> *Beispiel: Rechtsfähigkeit*
>
> *Ein Baby hat Rechte, es hat Anspruch auf Ernährung und Unterhalt durch seine Eltern. Es kann aber auch ein Grundstück erben, somit Eigentümer sein. Es kann auch schon Pflichten haben: Wenn es ein Unternehmen erbt, kann es Steuerschuldner sein oder „seinen" Arbeitnehmern aus dem Arbeitsvertrag zur Zahlung des Gehalts verpflichtet sein. Hingegen kann ein Hund kein Eigentümer eines Grundstücks sein, eine Katze kann nicht erben, weil Tiere nicht rechtsfähig im Sinne des Privatrechts sind.*

Juristische Personen

Neben den natürlichen Personen gibt es „Gebilde", denen der Gesetzgeber ebenfalls Rechtsfähigkeit zugeordnet hat. Es handelt sich um Zusammenschlüsse von Personen oder Vermögensmassen, die im Rechtsleben die Möglichkeit haben sollen, Rechte und Pflichten in Anspruch zu nehmen (§§ 21 ff. BGB). Eine Aktiengesellschaft kann Verträge abschließen, eine Stiftung kann Eigentümerin eines Grundstücks sein.

> *Juristische Personen können als abstrakte Gebilde nicht selbst handeln, sie haben daher einen gesetzlichen Vertreter (Vorstand, Geschäftsführer), der für sie handelt.*

Juristische Personen des öffentlichen Rechts werden durch den Staat eingerichtet. Ihre Rechtsfähigkeit entsteht aufgrund eines staatlichen Hoheitsaktes bzw. durch Gesetz.

Juristische Personen des Privatrechts entstehen durch Rechtsgeschäft (vgl. 5.7). Ihre Rechtsfähigkeit entsteht durch Eintragung in ein Register (Handelsregister, Vereinsregister) und endet mit der Löschung aus dem Register.

Übersicht über juristische Personen	
... des Privatrechts	*... des öffentlichen Rechts*
● *Kapitalgesellschaften* *Gesellschaft mit beschränkter Haftung (GmbH)* *Aktiengesellschaft (AG)* *Kommanditgesellschaft auf Aktien (KGaA)* ● *Versicherungsverein auf Gegenseitigkeit (VVaG)* ● *Eingetragene Genossenschaft (e.G.)* ● *Eingetragener Verein (e.V.)* ● *Privatrechtliche Stiftung*	● *Körperschaften* *Bund, Länder, Gemeinden;* *Kirchen;* *Industrie- und Handelskammern/ Handwerkskammern;* *Allgemeine Ortskrankenkassen;* *Bundesagentur für Arbeit;* *Deutsche Rentenversicherung u. a.* ● *Anstalten* *Rundfunk- und Fernsehanstalten;* *Sparkassen;* *Universitäten;* *Öffentlich-rechtliche Stiftungen u. a.*

5.6.2 Rechtsobjekte

Rechtsobjekte sind die „Dinge", mit denen die Rechtssubjekte im rechtlichen Verkehr handeln, sie werden in Sachen und Rechte eingeteilt.
Sachen (§§ 90 ff. BGB) sind körperliche Gegenstände. Man unterteilt sie in

- bewegliche Sachen (Auto, Tisch, Buch, „Mobilien") und in
- unbewegliche Sachen (Grundstücke, „Immobilien").

Tiere sind keine Sachen (§ 90 a BGB). Sie werden durch besondere Gesetze (Tierschutz, Artenschutz) geschützt. Sie werden rechtlich aber wie Sachen behandelt.

Sachen werden weiterhin in

- vertretbare (austauschbare Sachen oder auch Gattungssachen, z.B. industrielle Massenprodukte) und in
- nicht vertretbare Sachen (Speziessachen, „Einzelstücke") unterteilt.

Diese Unterscheidung spielt im Gewährleistungsrecht (vgl. 7.8) eine wichtige Rolle.

Rechte sind Forderungen, Patente, Lizenzen, Urheberrechte, Markenrechte usw.

- Absolute Rechte wirken gegenüber jedermann, z.B. Eigentum, Urheberrecht.
- Relative Rechte bestehen zwischen bestimmten Personen, z.B. Ansprüche aus einem Mietvertrag nur zwischen dem Mieter und dem Vermieter.

5.6.3 Eigentum und Besitz

Diese Begriffe werden in der Umgangssprache gern ungenau verwendet. Als juristische Begriffe haben sie eine genaue Bedeutung.

Eigentum (§ 903 BGB) bedeutet die rechtliche Verfügungsgewalt über eine Sache. Der Eigentümer kann mit der Sache „nach Belieben verfahren und andere von jeder Einwirkung ausschließen". Er kann die Sache verkaufen, zerstören, verschenken, „sie gehört ihm". Eigentümer wird man üblicherweise durch Rechtsgeschäft, nämlich der Einigung und der Übergabe. Veräußerer und Erwerber müssen sich einig sein, dass das Eigentum von dem einen auf den anderen übergeht und die Sache muss übergeben werden (§ 929 BGB).

Besitz (§ 854 BGB) bedeutet die tatsächliche Herrschaft über eine Sache. Eigentum und Besitz liegen oft in einer Person, können aber auch oft auseinanderfallen.

Beispiele: Eigentum und Besitz

*Wenn der Eigentümer sein Auto selbst nutzt, ist er Eigentümer und
gleichzeitig Besitzer.*
Wenn er es seinem Freund für eine Reise leiht, ist dieser Besitzer.
*Der Vermieter einer Wohnung ist der Eigentümer, der Mieter ist der
Besitzer.*
Auch der Dieb ist (unrechtmäßiger) Besitzer.

5.7 Rechtsgeschäfte

5.7.1 Geschäftsfähigkeit (§§ 104–113 BGB)

Um Rechtsgeschäfte abschließen zu können, muss eine Person hin-
reichend Urteilsvermögen und Entscheidungsfähigkeit besitzen.

*Geschäftsfähigkeit ist die Fähigkeit, sich selbstständig rechts-
geschäftlich zu verpflichten, also die Fähigkeit, einseitige und
mehrseitige Rechtsgeschäfte abzuschließen (vgl. 5.7.2).*

Je nach Alter und aufgrund der Beeinträchtigung des geistigen Vermö-
gens wird zwischen verschiedenen Stufen der Geschäftsfähigkeit unterschieden.

Geschäftsunfähigkeit (§ 104 BGB)

Kinder unter sieben Jahren und dauernd geisteskranke Personen sind
geschäftsunfähig. Obwohl sie rechtsfähig sind, können sie selbst keine
Rechtsgeschäfte abschließen. Für sie handeln die gesetzlichen Vertreter (Eltern, Vormund, Betreuer).

Beispiele: Geschenk

*Rechtlich gesehen kann der Onkel seinem fünfjährigen Neffen zum
Geburtstag keinen Teddybären schenken. Dieser darf das Rechtsgeschäft
nicht selbst ausführen. Der Schenkungsvertrag muss für das Kind von den
Eltern als dessen gesetzliche Vertreter abgeschlossen werden (ohne
Zustimmung der Eltern kein Geschenk!).*

Beschränkte Geschäftsfähigkeit (§ 106 BGB)

Personen, die das siebte Lebensjahr vollendet haben, das 18. Lebensjahr aber noch nicht erreicht haben, sind beschränkt geschäftsfähig (Kinder, Jugendliche). Sie dürfen Rechtsgeschäfte nur mit Zustimmung des gesetzlichen Vertreters abschließen (§§ 107, 108 BGB).

> ### Beispiel: Kauf durch 15-Jährigen
>
> *Ein 15-jähriger Schüler, der sich eine Videokonsole kaufen will, benötigt dazu die vorherige Einwilligung bzw. die nachträgliche Genehmigung des Kaufvertrages durch seine Eltern.*

In bestimmten Ausnahmefällen können beschränkt Geschäftsfähige auch ohne Zustimmung des gesetzlichen Vertreters selbstständig Rechtsgeschäfte abschließen:

- wenn der beschränkt Geschäftsfähige durch das Rechtsgeschäft nur einen rechtlichen Vorteil erlangt (§ 107 BGB). Dies trifft auf die Schenkung zu;
- wenn Rechtsgeschäfte mit dem Taschengeld beglichen werden (§ 110 BGB). Taschengeld ist aber nur Taschengeld, wenn die gesetzlichen Vertreter es zum Taschengeld bestimmen.

> ### Beispiele: 7- bis 18-Jährige
>
> *a) Angenommen, der Neffe im obigen Beispiel wäre bereits zehn Jahre alt: Die Schenkung wäre (ohne Einbeziehung der Eltern) wirksam, weil rechtlich vorteilhaft.*
> *b) Der 15-jährige Schüler kauft sich von seinem Taschengeld eine Spielkonsole, er geht ins Kino, er kauft sich Bücher usw.*
> *c) Wenn der Onkel seinem 15-jährigen Neffen 1.000 Euro schenkt, ist dies kein Taschengeld, sondern erst, wenn die Eltern es dazu „erklären".*

Bei einem Ratenkauf- oder Dienstvertrag (Handyvertrag) müssen die Eltern immer zustimmen, auch wenn das Kind die Raten von seinem Taschengeld bezahlen kann.

- Wenn ein beschränkt Geschäftsfähiger das Rechtsgeschäft im Rahmen eines von dem gesetzlichen Vertreter genehmigten Arbeitsverhältnisses ausübt (§ 113 BGB), kann er dies ohne Zustimmung tun. Beispielsweise kann ein 17-jähriger Arbeitnehmer alle Rechtsgeschäfte, die etwas mit seiner Tätigkeit „zu tun haben", selbstständig abschließen. Er kann sich z.B. Fachbücher, Arbeitsmaterialien, Fahrkarten usw. kaufen. § 113 BGB ist aber nicht auf die Beendigung von Berufsausbildungsverhältnissen anwendbar.

Unbeschränkte Geschäftsfähigkeit

Mit der Vollendung des 18. Lebensjahres tritt Volljährigkeit (§ 2 BGB) und somit die unbeschränkte Geschäftsfähigkeit ein. Soweit keine Geisteskrankheit vorliegt, ist jede Person berechtigt, Rechtsgeschäfte selbstständig abzuschließen.

5.7.2 Willenserklärungen und Rechtsgeschäfte

Wir schließen täglich Rechtsgeschäfte ab, sie sind Bestandteile unseres gesellschaftlichen Lebens: Wenn wir einkaufen gehen, schließen wir Kaufverträge ab, unsere Wohnung haben wir mit einem Mietvertrag gemietet. Wir haben Arbeitsverträge, Darlehensverträge, Mietverträge usw. abgeschlossen.

Rechtsgeschäfte sind Erklärungen einer oder mehrerer Personen, die darauf abzielen, eine Rechtsfolge herbeizuführen.

Rechtsgeschäfte müssen vom Willen des Erklärenden getragen sein, d.h., es reicht nicht aus, wenn jemand eine Reflexbewegung macht oder einem anderen lediglich zuwinkt, um ein verbindliches Rechtsgeschäft abzuschließen. Er muss auch „wissen, was er tut", er muss eine Willenserklärung abgeben.

Willenserklärungen sind vom Willen getragene Äußerungen, die mit der Absicht vorgenommen werden, eine rechtliche Wirkung herbeizuführen. Knapp zusammengefasst:

Rechtsgeschäfte kommen durch Willenserklärungen zustande.

Je nachdem, ob eine oder mehrere Willenserklärungen abgegeben werden, handelt es sich um ein- oder mehrseitige Rechtsgeschäfte.

- Einseitig empfangsbedürftige Rechtsgeschäfte müssen dem Empfänger zugehen, d.h., er muss die Möglichkeit zur Kenntnisnahme erhalten. Ein Beispiel: Wenn der Arbeitgeber den Arbeitnehmer

kündigt, muss dieser natürlich auch das Kündigungsschreiben ausgehändigt bekommen, damit er überhaupt von der Kündigung
erfährt.

- Einseitig nicht empfangsbedürftige Rechtsgeschäfte sind wirksam,
wenn die entsprechende Willenserklärung abgegeben ist, ohne
dass sie dem Empfänger zugegangen sein muss. Zum Beispiel: Ein
Testament ist wirksam, sobald es vom Erklärenden verfasst wurde.
Der zukünftige Erbe muss nicht über das Testament informiert sein.
- Bei den mehrseitigen Rechtsgeschäften unterscheidet man
  - einseitig verpflichtende und
  - mehrseitig verpflichtende Rechtsgeschäfte.

Beispiele: Schenkung und Kauf

*Aus einem Schenkungsvertrag ist nur der Schenker verpflichtet, eine
Leistung zu erbringen, nämlich die geschenkte Sache dem Beschenkten zu
übereignen. Aus einem Kaufvertrag sind sowohl vom Verkäufer als auch
vom Käufer Leistungen zu erbringen, nämlich Übereignung der Sache
gegen Zahlung des Kaufpreises.*

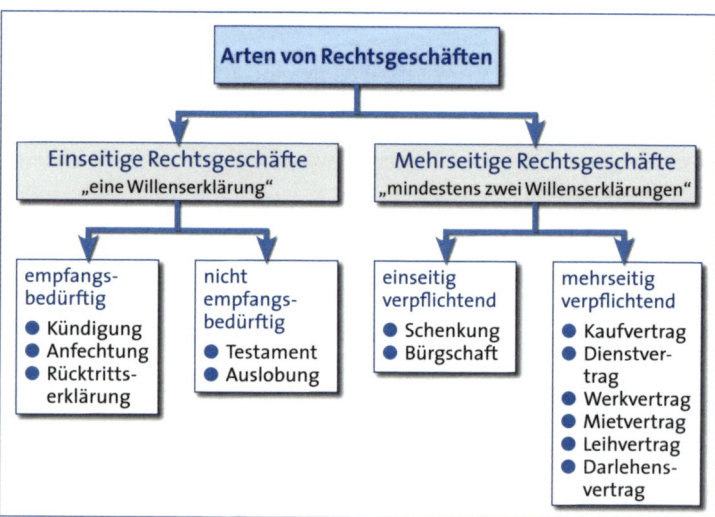

Überblick: Arten von Rechtsgeschäften

5.7.3 Form von Rechtsgeschäften

Rechtsgeschäfte können grundsätzlich formfrei abgeschlossen werden, d.h.,

- mündlich,
- schriftlich,
- durch schlüssiges Handeln (konkludent).

Beispielsweise wird durch das Einwerfen des Geldes in einen Warenautomaten oder durch das Tanken an der Zapfsäule konkludent ein Kaufvertrag abgeschlossen.

In einigen Fällen schreibt das Gesetz allerdings eine bestimmte Form des Rechtsgeschäfts vor. Sollte diese nicht eingehalten werden, ist das Rechtsgeschäft unwirksam. Es besteht also Formzwang. Bestimmte Rechtsgeschäfte unterliegen daher der gesetzlichen Schriftform. Aber auch bei Rechtsgeschäften, für die keine bestimmte Form vorgeschrieben ist, können die Beteiligten eine bestimmte Form vereinbaren.

Zum Beispiel bei einem an sich formfreien Kaufvertrag über ein Auto vereinbaren die Parteien die Schriftform, weil sie aus Beweisgründen den Inhalt ihrer Vereinbarungen lieber aufschreiben wollen.

In diesem Fall spricht man von der gewillkürten (vereinbarten) Schriftform (vgl. § 127 BGB).

5.7.4 Gesetzliche Schriftform

Im BGB sind verschiedene Grade der Schriftform geregelt, die bei bestimmten Rechtsgeschäften eingehalten werden müssen:

Schriftform (§ 126 BGB)
Die rechtsgeschäftliche Erklärung wird niedergeschrieben (handschriftlich, Computerausdruck) und muss von den Beteiligten eigenhändig unterzeichnet werden.

Öffentliche Beglaubigung (§ 129 BGB)
Wenn die öffentliche Beglaubigung eines Rechtsgeschäfts vorgeschrieben ist, muss die Erklärung schriftlich abgefasst werden und müssen die Unterschriften der Beteiligten von einem Notar beglaubigt werden, d.h., er bestätigt die Echtheit der Unterschrift, allerdings nicht den Inhalt.

Notarielle Beurkundung (§ 128 BGB)

Bei der notariellen Beurkundung als der Beurkundungsform mit der höchsten Beweiswirkung wird der gesamte Rechtsvorgang, also auch der Text der Erklärung, vom Notar protokolliert und den Erklärenden vorgelesen. Der Notar vergewissert sich, dass die Erklärenden den Text auch verstanden haben und bestätigt dies, nachdem die Beteiligten unterschrieben haben, durch seine Unterschrift unter der Urkunde.

Beispiele für die Schriftform

a) *Bürgschaftsversprechen (§ 766 BGB), Mietvertrag über Wohnraum, der auf längere Zeit als ein Jahr abgeschlossen wird (§ 550 BGB), werden schriftlich gefasst.*

b) *Öffentliche Beglaubigungen sind z.B. erforderlich, wenn Anmeldungen zum Handelsregister (§ 12 HGB) oder Eintragungen ins Vereinsregister (§ 77 BGB) vorgenommen werden.*

c) *Notariell beurkundet werden z.B. der Grundstücksverkaufsvertrag (§ 311 b BGB), der Erbvertrag (§ 2276 BGB), der GmbH-Gründungsvertrag (§ 2 GmbHG).*

Weitere Arten der Schriftform

Durch die neuen Kommunikationsformen wie Telefax, Internet, elektronischer Briefverkehr usw. bestand die Notwendigkeit, weitere „Schriftformen" zu schaffen, die den Anforderungen und Möglichkeiten dieser Medien gerecht werden:

Elektronische Schriftform (§ 126 a BGB)

Durch spezielle technische Sicherheitsvorkehrungen kann ein Dokument, versehen mit einer „elektronischen Signatur", auf elektronischem Wege so versandt werden, dass der Absender verifiziert werden kann und sichergestellt ist, dass das Dokument auf dem Versendungsweg (online) nicht verändert werden kann. Diese Art der Versendung ist gemäß § 126 a Abs. 1 BGB der Schriftform nach § 126 BGB gleichzusetzen (also genauso viel wert wie ein handschriftlich unterschriebenes Dokument, „die elektronische Schriftform ersetzt die handschriftliche Form").

Textform (§ 126 b BGB)

In bestimmten Vorschriften (vgl. z.B. § 355 Abs. 1 BGB) genügt es, wenn das versandte Dokument lediglich den Anforderungen der „Textform" genügt, d.h.: Die Erklärung muss in einer Urkunde oder auf eine zur dauerhaften Wiedergabe in Schriftform geeignete Weise abgegeben werden (z.B. Datei, die ausgedruckt werden kann), die Person des Erklärenden muss genannt werden und der Abschluss der Erklärung durch Nachbildung der Namensunterschrift oder anders erkennbar gemacht werden. Auf diese Art können also Erklärungen, die in Textform versandt werden dürfen, rechtswirksam z.B. per Telefax oder per E-Mail abgegeben werden.

Beispiel: Gemäß § 355 Abs. 1 BGB kann der Widerruf eines Verbraucher-vertrages auf diese Art und Weise erklärt werden.

5.7.5 Der Grundsatz der Vertragsfreiheit und seine Grenzen

Ein wichtiger Bestandteil unserer Rechtsordnung ist der Grundsatz der Vertragsfreiheit. Jeder Bürger hat das Recht, sich, so wie er will, vertraglich zu verpflichten.

Es besteht
- Abschlussfreiheit (die Freiheit, darüber zu entscheiden, ob und mit wem ein Vertrag abgeschlossen wird),
- Inhaltsfreiheit (die Freiheit, den Inhalt eines Vertrages im Einverständnis mit dem Vertragspartner festzulegen),
- Formfreiheit (mündlich, schriftlich, konkludent).

Es liegt auf der Hand, dass unsere Rechtsordnung nicht alle Verträge, zu denen man sich verpflichten könnte, billigt. Ein Kaufvertrag über Rauschgift oder ein Arbeitsvertrag, der täglich 18 Stunden Arbeit vorsieht, ist unwirksam, auch wenn beide Parteien einverstanden sind. Ebenso muss es die Möglichkeit geben, Verträge, mit denen ein Vertragspartner betrogen oder übervorteilt wurde, rückgängig zu machen. Es gibt daher zwingende Regelungen, die die Vertragsfreiheit einschränken. Hier greifen die Vorschriften über die Nichtigkeit und die Anfechtbarkeit von Rechtsgeschäften.

5.7.6   Nichtigkeit von Rechtsgeschäften

„Ein nichtiges Rechtsgeschäft ist von Anfang an
unwirksam."

Diese Rechtsgeschäfte sind nichtig

1. *Rechtsgeschäfte, die gegen ein gesetzliches Verbot verstoßen (§ 134 BGB)*
2. *Rechtsgeschäfte, die gegen die guten Sitten verstoßen (§ 138 BGB)*
3. *Rechtsgeschäfte, die gegen gesetzliche Formvorschriften verstoßen (§ 125 BGB)*
4. *Rechtsgeschäfte von Geschäftsunfähigen (§ 105 Abs. 1 BGB)*
5. *Rechtsgeschäfte Minderjähriger, die diese ohne Zustimmung ihrer gesetzlichen Vertreter abschließen und die nicht lediglich rechtlich vorteilhaft für sie sind (§ 107 BGB)*
6. *Rechtsgeschäfte, die im Zustand der Bewusstlosigkeit oder vorübergehender Störung der Geistestätigkeit abgegeben werden (§ 105 Abs. 2 BGB)*
7. *Willenserklärungen, die zum Schein abgegeben wurden – „Scheingeschäfte" –, die ein anderes Rechtsgeschäft verdecken sollen (§ 117 BGB)*
8. *Offensichtlich nicht ernst gemeinte Willenserklärungen, Scherzgeschäfte (§ 118 BGB)*

Wenn ein nichtiges Rechtsgeschäft dennoch vollzogen wurde, muss es „rückabgewickelt" werden (§§ 812 ff. BGB).

Einfaches Beispiel: Ein Geschäftsunfähiger verschenkt seine kostbare Armbanduhr. Der „Beschenkte" muss die Uhr zurückgeben.

5.7.7   Anfechtbarkeit von Rechtsgeschäften

„Ein anfechtbares Rechtsgeschäft ist von Anfang an wirksam. Es kann aber durch die Anfechtungserklärung des Anfechtungsberechtigten ‚rückwirkend' unwirksam (also nichtig) gemacht werden (vgl. § 142 Abs. 1 BGB)."

Eine Anfechtung ist nur in gesetzlich geregelten Fällen möglich, sie sind in der folgenden Übersicht zusammengestellt.

Gesetzliche Anfechtungsgründe

Anfechtung wegen Irrtums (§§ 119, 120 BGB)

Erklärungsirrtum: Der Erklärende verspricht oder verschreibt sich.	Beispiel: Bei der schriftlichen Bestellung schreibt der Kaufmann eine „Null" zu viel und bestellt 1.000 statt wie gewollt 100 Artikel.
Inhaltsirrtum: Der Erklärende irrt sich über den Inhalt seiner Willenserklärung.	Beispiel: Ein Kunsthändler hält das Bild, welches er verkauft, irrtümlicherweise für eine Kopie.
Übermittlungsirrtum: Hier irrt sich nicht der Erklärende, sondern die Person, die für ihn die Willenserklärung übermittelt, bzw. die technische Apparatur, die zur Vermittlung benutzt wird, arbeitet fehlerhaft.	Beispiel: Im oberen Beispiel (Erklärungsirrtum) verschreibt sich die Sekretärin, die von ihrem Chef mit der Vornahme der Bestellung beauftragt wurde.
Irrtum über die verkehrswesentliche Eigenschaft einer Person oder einer Sache.	Beispiel: Ein Geldtransportunternehmen stellt einen vorbestraften Bankräuber ein.

Die Anfechtung muss unverzüglich, nämlich sobald der Anfechtungsberechtigte Kenntnis vom Anfechtungsgrund erlangt hat, ausgesprochen werden (§ 121 Abs. 1 Satz 1 BGB). Der Schaden (Vertrauensschaden), der dem Anfechtungsgegner durch die Ausübung des Anfechtungsrechts entsteht, ist vom Anfechtenden zu ersetzen (§ 122 Abs. 1 BGB).

Anfechtung wegen arglistiger Täuschung oder widerrechtlicher Drohung (§ 123 BGB)

Beispiel arglistige Täuschung: Ein Autohändler verkauft wider besseres Wissen einen Unfallwagen und sichert dem Käufer auf dessen Nachfrage zu, dass das Fahrzeug unfallfrei ist. Beispiel widerrechtliche Drohung: Schuricke droht Fräulein Lieblich, ihren Pudel zu vergiften, wenn sie ihm nicht ihre Briefmarkensammlung schenkt.

Die Anfechtung in diesen Fällen muss innerhalb eines Jahres nach Kenntniserlangung der Täuschung erfolgen bzw. nach Wegfall der durch die Drohung entstandenen Zwangslage (§ 124 BGB).

Motivirrtum:	*Beispiel: Ein Bankkunde kauft Aktien*
Ein Sonderfall des Inhaltsirrtums ist der sogenannte Motivirrtum, ein Irrtum, der aufgrund der falschen Einschätzung eines Beweggrundes, der zum Abschluss eines Rechtsgeschäfts führt, entsteht.	*in der Hoffnung, der Kurs werde steigen. Tatsächlich sinkt der Kurswert der Aktien nach dem Kauf. Er kann den Kaufvertrag nicht mit dem Argument anfechten, dass seine Erwartungen enttäuscht wurden.*

Aufgrund eines solchen Motivirrtums kann ein Rechtsgeschäft nicht angefochten werden.

5.7.8 Vertragsarten im Überblick

Dienstvertrag (§§ 611 ff. BGB)
Im Rahmen des Dienstvertrages verpflichtet sich der eine Vertragspartner zur Leistung von Diensten, der andere zur Zahlung der vereinbarten Vergütung. Vergütet wird die Tätigkeit als solche, nicht der Erfolg.

Ein Sonderfall des Dienstvertrags ist der Arbeitsvertrag zwischen Arbeitgeber und Arbeitnehmer.

Werkvertrag (§§ 631 ff. BGB)
Anders als beim Dienstvertrag wird beim Werkvertrag ein Erfolg geschuldet. Der Unternehmer verpflichtet sich gegenüber dem Besteller zur entgeltlichen Herstellung eines Werkes.

Mietvertrag (§§ 535 ff. BGB)
Durch einen Mietvertrag überlässt der Vermieter dem Mieter für einen vereinbarten Zeitraum eine bewegliche oder unbewegliche Sache zum Gebrauch gegen Entgelt.

Pachtvertrag (§§ 581 ff. BGB)
Beim Pachtvertrag wird die Sache dem Pächter nicht nur, wie bei der Miete, zum Gebrauch überlassen, sondern er kann auch den erwirtschafteten Ertrag für sich behalten.

Leihvertrag (§§ 598 ff. BGB)
Anders als beim Mietvertrag erfolgt die Gebrauchsüberlassung unentgeltlich.

Darlehensvertrag (§§ 488 ff. BGB, §§ 607 ff. BGB)

Beim Sachdarlehen (§ 607 BGB) überlässt der Darlehensgeber dem Darlehensnehmer eine vertretbare Sache. Dieser verpflichtet sich, eine Sache gleicher Art und Güte „zurück"zugeben.

Beim Gelddarlehen (§ 488 BGB) geht es um einen Geldbetrag, der nach Ablauf der vereinbarten Zeit oder in entsprechenden Raten gezahlt werden muss.

	Beispiele für Verträge
Dienstvertrag	*Behandlungsvertrag zwischen Arzt und Patient: Der Arzt erhält seine Vergütung unabhängig vom Behandlungserfolg. Vertrag zwischen Rechtsanwalt und Mandant: Der Anwalt erhält sein Honorar auch, wenn der Prozess verloren wird.*
Werkvertrag	*Reparatur eines Kraftfahrzeugs. Renovieren einer Wohnung. Ein Maler malt ein Bild. Der Bauunternehmer baut ein Haus.*
Mietvertrag	*Wohnungsmietvertrag, Mietvertrag für Pkw*
Pachtvertrag	*Verpachtung einer Gaststätte (der Pächter kann damit „wirtschaften"), Verpachtung einer Kiesgrube (der Pächter kann Kies abbauen und verkaufen).*
Leihvertrag	*Ferdinand leiht seinem Bruder Benjamin seinen Motorroller.*

Im 2. Buch des Bürgerlichen Gesetzbuches werden weitere Vertragsarten beschrieben und geregelt.

5.8   Zusammenfassung

Objektives Recht / subjektives Recht	*Alle Rechtsvorschriften des Rechtssystems „Bundesrepublik Deutschland" ergeben das objektive Recht, aus dem der Einzelne seine individuelle Rechtsposition, das subjektive Recht, ableitet.*
Privatrecht / öffentliches Recht	*Das Privatrecht regelt die Rechtsbeziehungen der Bürger untereinander, das öffentliche Recht die Rechtsbeziehungen der Bürger zum Staat.*

Rechtsquellen	Die wichtigsten Rechtsquellen sind: ● Gesetze ● Verordnungen ● Verwaltungsvorschriften ● Satzungen
Rechts-subjekte	Rechtssubjekte sind „natürliche Personen" (alle Menschen) und „juristische Personen" (Kapitalgesellschaften, Vereine usw.), die rechtsfähig sind.
Rechtsobjekte	Rechtsobjekte sind Sachen („Gattungssachen" und „Speziessachen") und Rechte („absolute" und „relative" Rechte).
Eigentum/ Besitz	Während man unter Eigentum die „rechtliche Herrschaft" über eine Sache versteht, handelt es sich beim Besitz um die „tatsächliche Sachherrschaft".
Rechts-geschäfte	Rechtsgeschäfte werden durch Willenserklärungen herbeigeführt, sie bewirken einen Rechtserfolg. Man unterscheidet zwischen einseitigen und mehrseitigen Rechts-geschäften.
Form von Rechts-geschäften	Bestimmte Rechtsgeschäfte sind nur wirksam, wenn eine bestimmte Form eingehalten wird („gesetzliche Schrift-form"). Die Parteien können aber auch eine bestimmte Form vereinbaren („gewillkürte Schriftform"). Arten der Formvorschriften sind: ● Schriftform ● öffentliche Beglaubigung ● notarielle Beglaubigung
Vertrags-freiheit	Der Grundsatz der Vertragsfreiheit lautet, dass sich jeder vertraglich binden kann, wie er will (allerdings im Rahmen von Recht und Gesetz).
Nichtigkeit von Rechts-geschäften	Bestimmte Rechtsgeschäfte sind von Anfang an unwirksam (nichtig), z.B. Rechtsgeschäfte eines Geschäftsunfähigen, Rechtsgeschäfte, die gegen die guten Sitten verstoßen.
Anfechtbarkeit von Rechts-geschäften	Bestimmte Rechtsgeschäfte sind zwar gültig, können aber durch eine Anfechtungserklärung im Nachhinein unwirk-sam (nichtig) gemacht werden (Anfechtung wegen Irrtums, arglistiger Täuschung, widerrechtlicher Drohung).

1. Ordnen Sie folgende Situationen dem Privatrecht bzw. dem öffentlichen Recht zu:
   a) Ferdi fährt mit seinem Motorroller in der „30 km/h"-Zone 47 km/h. Er erhält einen Bußgeldbescheid.
   b) Marion ist mit ihrem Beitrag für ihr Fitnessstudio im Rückstand. Sie erhält einen Mahnbescheid.
   c) Mike ist mit der Höhe seiner Einkommensteuer nicht einverstanden. Er legt gegen den Steuerbescheid des Finanzamtes Einspruch ein.
   d) Die Firma Krahl liefert die bestellten Bücher nicht und wird gemahnt.

2. Die Schlemmer GmbH kauft, um eine Halle für eine neue Produktionsanlage zu bauen, ein Grundstück. Kann die GmbH Eigentümerin eines Grundstücks werden? Begründen Sie Ihre Ansicht.

3. Witwe Bolte vermacht in ihrem Testament ihrem Hund Fluffy ihr gesamtes Vermögen. Ist das möglich?

4. Welche der folgenden Rechtsgeschäfte sind
   nichtig (n),
   anfechtbar (a),
   weder noch (w)?

   a) Fräulein Säumig, Sekretärin bei der Firma Schlemmer, gibt bei der Bestellung von Kopierpapier statt „5 Packungen" „50 Packungen" an.
   b) Der fünfjährige Fritz tauscht mit der siebenjährigen Silvia seinen Gameboy gegen ein Buch.
   c) Kunstmaler Semmel malt einen „Picasso" und verkauft ihn als echt an Kunstsammler G.
   d) Briefmarkensammler Fröhlich hat von Händler Hummel eine Briefmarke für 15.000,00 Euro gekauft in der Hoffnung, sie seinem Konkurrenten Scharf für 20.000,00 Euro verkaufen zu können. Als Scharf nicht zugreift, möchte Fröhlich den Kauf rückgängig machen.
   e) Der völlig betrunkene Gustav schenkt seinem Freund Paul nachts in der „Lila Eule" seine Armbanduhr.

6 Zahlungsverkehr

6.1 Funktionen und grundlegende Formen

Welche Funktionen hat das Geld in einer Volkswirtschaft?

- Tausch- und Zahlungsmittel: gegen Güter oder Devisen (ausländische Währungen)
- Wertmaßstab und Recheneinheit: Güterwerte werden durch Geldangaben verglichen (Wertmaßstab) und erfasst (Recheneinheit), z.B. in einer Bilanz.
- Wertaufbewahrungsmittel: durch Sparen
- Wertübertragungsmittel: durch Verschenken oder Vererben
- Kreditmittel: für Unternehmen, Privathaushalte und Staat

> *Es gibt drei Zahlungsarten: Barzahlungen, halbbare Zahlungen und bargeldlose Zahlungen mit je verschiedenen Zahlungsmitteln.*

Barzahlungen

Keine Seite muss über ein Konto verfügen. Möglich sind Barzahlungen persönlich, direkt von Hand zu Hand oder durch Boten (z.B. durch die Post AG). Durch das BGB (Bürgerliches Gesetzbuch) besteht ein Rechtsanspruch auf einen Zahlungsbeleg (Quittung/Kassenbon), um die Zahlung beweisen zu können.

Halbbare Zahlungen

Hier muss eine Seite (Zahlende/r oder Zahlungsempfänger/-in) über ein Konto verfügen. Möglich sind halbbare Zahlungen durch:

- Zahlschein, oft mit dem Überweisungsformular kombiniert. Die Empfänger/-innen müssen über ein Konto verfügen. Zahlende zahlen bar ein und erhalten einen Beleg.
- Nachnahme: Eine Lieferung wird gegen Barzahlung ausgehändigt. Das Geld wird dem/der Lieferanten/-in gutgeschrieben oder per Scheck zugesandt.
- Barscheck: Die Aussteller/-innen brauchen ein Konto. Die Zahlungsempfänger/-innen lassen sich den Scheck bei der Bank der Aussteller/-innen bar auszahlen.

Bargeldlose/unbare Zahlungen

Alle Beteiligten müssen über Konten verfügen, über die die Zahlungen abgewickelt werden. Geld wird hier nicht bewegt, sondern der Zahlungsverkehr als Geldkreislauf (Giralgeld = Kreislauf, daher auch Girokonto) erfolgt über Buchungen (Buchgeld) zwischen den Konten:

Mit der Einführung von SEPA (Single Euro Payments Area = Einheitlicher Euro-Zahlungsverkehrsraum, mit 33 Ländern: EU-Staaten und Island, Liechtenstein, Norwegen, Monaco, Schweiz) wird die Nutzung von Kontonummer und Bankleitzahl abgelöst durch die IBAN (und zeitlich befristet den BIC).

- IBAN (International Bank Account Number = Internationale Bankkontonummer): 22-stelliger Code, in Deutschland bestehend aus einem „DE", einer zweistelligen Prüfziffer, gefolgt von der bisherigen Bankleitzahl und Kontonummer.
- BIC (Business Identifier Code = Internationale Bankleitzahl): Ab 2016 kann allein mit der IBAN in Europa überwiesen werden. Bis dahin bedarf es noch eines zusätzlichen Buchstaben-Zahlencodes in Form des BIC mit bis zu elf Stellen (4 Stellen = Bankbezeichnung, z.B. MARK für Deutsche Bundesbank; 2 Stellen = Ländercode, z.B. DE für Deutschland; 2 Stellen = Ort-/Regionalangabe, z.B. FF für Frankfurt, und wahlweise 4 Stellen für die Filialbezeichnung).

Für die bargeldlosen Zahlungen gibt es mit der SEPA-Lastschrift zwei Verfahren, die SEPA-Basislastschrift für Privatkunden und die SEPA-Firmenlastschrift für Unternehmen. Jede Lastschrift erhält eine Mandatsnummer (Gläubiger-ID), die bei Erst- und Folgelastschriften angegeben werden muss.

- Die SEPA-Basislastschrift (SEPA Core Direct Debit) für Privatkunden: Eine Rückbuchung ist innerhalb von acht Wochen ab der Abbuchung möglich. Bei unrechtmäßigen Kontobelastungen (unautorisierte Lastschrift) kann eine Rückbuchung innerhalb von dreizehn Monaten erfolgen, wenn unverzüglich bei fehlerhaften und unbefugten Abbuchungen auf den Buchungsfehler hingewiesen wurde.
- Die SEPA-Firmenlastschrift (SEPA Business to Business Direct Debit), die ausschließlich für Geschäftskunden vorgesehen ist: Die SEPA-Firmenlastschrift kann nicht zurückgegeben werden, da die Zahlstelle verpflichtet ist, schon vor der Belastung die Mandatsdaten mit der vorliegenden Zahlung zu überprüfen.

6.2 Der Scheck

Ein Scheck kann zur halbbaren (Barscheck) und bargeldlosen Zahlung (Verrechnungsscheck) genutzt werden. Das Scheckgesetz schreibt gesetzliche Bestandteile eines Scheckformulars vor:

- Bezeichnung „Scheck": „Zahlen Sie gegen diesen Scheck";
- unbedingte Anweisung („Zahlen Sie"), Geldsumme in Worten auszuschreiben);
- Name des Bezogenen (Bank der Scheckaussteller/-innen, z.B. Sparkasse);
- Zahlungsort (Geschäftssitz der Bank, z.B. Sparkasse Berlin);
- Ausstellungsort und Datum;
- Unterschrift der Aussteller/-innen.

Die übrigen Scheckinhalte sind „kaufmännische Bestandteile". Die Banken haben sie eingeführt, um sich die Arbeit zu erleichtern. Dazu gehören:

- IBAN (International Bank Account Number = Internationale Bankkontonummer),
- Betrag in Ziffern und
- Überbringerklausel.

Die ersten drei kaufmännischen Bestandteile befinden sich unten im maschinell lesbaren Teil des Scheckformulars. Der Betrag in Ziffern und die Überbringer/-innenklausel („Zahlen Sie gegen diesen Scheck ... an ... oder Überbringer") stehen im Scheckformular.

Weicht in einem Scheck der gesetzlich als Wort anzugebende Geldbetrag von dem kaufmännischen Betrag in Ziffern ab, gilt das Wort.

Durch die „Überbringerklausel" können die Banken den Scheck an diejenigen auszahlen, die ihn vorlegen. Der Scheck wird dadurch zu einem „Inhaberpapier". Eine Streichung der Überbringerklausel wird von Banken nicht akzeptiert. Auf jedem Scheck steht der Hinweis: „Der vorgegebene Schecktext darf nicht geändert oder gestrichen werden".

Schecks sind „Sichtpapiere". Jeder Scheck ist grundsätzlich bei Sicht zahlbar. Bei Vorlage wird die Bank auszahlen oder gutschreiben, auch wenn ein späteres Datum von den Aussteller/-innen eingetragen wurde. Auf jedem Scheck befindet sich der Hinweis: „Die Angabe einer Zahlungsfrist auf dem Scheck gilt als nicht geschrieben."

Wird ein vorgelegter Scheck nicht eingelöst, weil kein Guthaben auf dem Konto ist, handelt es sich um einen ungedeckten Scheck. Rechtlich ist dies Scheckbetrug. Die Nichteinlösung des Schecks wird durch die Bank mit dem Vermerk „vorgelegt und nicht eingelöst" bestätigt. Dadurch haben die Scheckinhaber/-innen einen Rechtstitel, um gegen die Aussteller/-innen vorgehen zu können. Verweigern die Schuldner/-innen die Zahlung, kann Zahlungsklage eingereicht werden.

Während Vordatierungen nicht gültig sind, gelten gesetzliche Vorlagefristen. Sie legen fest, wann ein Scheck vorgelegt werden soll. Danach können die Banken Schecks noch akzeptieren, müssen es aber nicht:
- im Inland ausgestellte Schecks: 8 Tage;
- im selben Erdteil (europäisches Ausland und Mittelmeeranrainerländer) ausgestellte Schecks: 20 Tage;
- in sonstigen außereuropäischen Ländern ausgestellte Schecks: 70 Tage.

Neben den Barschecks als halbbares Zahlungsmittel gibt es Verrechnungsschecks als bargeldloses Zahlungsmittel. Beim Verrechnungsscheck wird der Scheckbetrag dem Konto der Einreichenden gutgeschrieben und kann nicht bar ausgezahlt werden.

Ein Verrechnungsscheck entsteht durch den Vermerk „nur zur Verrechnung" auf der Vorderseite des Schecks. Dies kann ein fertiges Scheckformular von der Bank sein, oder der Hinweis wird durch die Scheckaussteller-/innen selbst eingetragen. Eine Streichung dieses Vermerks ist nicht möglich.

Jeder Barscheck kann zu einem Verrechnungsscheck gemacht werden, aber ein Verrechnungsscheck niemals zu einem Barscheck.

6.3 Electronic-Cash-Bankkarten und Kreditkarten

Electronic Cash (E-Cash) ist die Bezeichnung für die Nutzung von Geldkarten im umfassenden Sinn. Bankkarten mit Magnetstreifen und/oder Chip werden von einer Bank ausgegeben.

Sie ermöglichen:
- bargeldlos zu zahlen;
- Geld vom Konto abzuheben:
  - am Geldautomaten in Verbindung mit einer PIN (Personal Iden-
    tification Number = Geheimzahl) oder
  - am Schalter der eigenen Bank mit PIN, Ausweis oder Unter-
    schrift.
- Nutzung als Geldkarte, wenn ein Geldchip vorhanden ist, d.h., es
  wurde vom Konto ein Guthaben auf die Karte geladen. In Unternehmen oder an Automaten, bei denen die Zahlung mit der Geldkarte möglich ist, wird der zu zahlende Betrag von dem Chip abge-
  zogen. Die Eingabe einer PIN oder das Unterschreiben entfällt.

Bei der Zahlung mit der Bankkarte werden den Zahlungsempfängern
Gebühren von unter 1 % (Disagio) von der zu zahlenden Summe berechnet.

Kreditkarten werden von Kreditkartenorganisationen, z.B. VISA,
American Express, herausgegeben. Die Abbuchungen vom Konto erfolgen hier oft einmal pro Monat. Bis dahin wird den Karteninhabern ein
Kredit eingeräumt (daher Kredit-, nicht Debitkarten). Mittlerweile
hängt es von den Vertragsinhalten ab, wann abgebucht wird (häufig
auch hier innerhalb weniger Tage).

Wenn Banken ihrer Kundschaft neben der üblichen Bankkarte eine
Kreditkarte anbieten, sind sie nur Vermittlerinnen der Kreditkartenor-
ganisation. Bei der Herausgabe der Karten behalten sich die Banken
und die Kreditkartenorganisationen eine Bonitätsprüfung vor. Sie können zur Beurteilung der Kreditwürdigkeit die Einkommens- oder Ver-
mögensverhältnisse überprüfen und es davon abhängig machen, ob
eine Karte herausgegeben wird oder nicht.

Bei der Nutzung von Kreditkarten können oft höhere Summen bezahlt bzw. abgehoben werden als mit den Debitkarten der Banken. Die
Kreditkartenorganisationen garantieren für die Zahlung. Im Laufe der
Zeit haben sich die Nutzungsmöglichkeiten der Bank- und Kreditkarten
weitgehend angeglichen. Beide sind häufig weltweit an Automaten,
bei Banken und für Zahlungen bei Unternehmen nutzbar. Waren die
Kreditkarten früher als Zahlungsmittel mittels Unterschrift gedacht,
können sie heute auch zur Zahlung mittels PIN genutzt werden.

6.4 Directbanking

Hierunter fallen die Zahlungsmöglichkeiten, die Banken ihren Kunden per Telefon (Phonebanking) bzw. Internet (Onlinebanking) anbieten. Viele Banken bieten dies als zusätzliche Leistung neben ihren Geschäftsstellen an.

Andere Banken besitzen keine Geschäftsstellen (Direktbanken) und bieten ausschließlich diese Möglichkeiten an.

Man unterscheidet je nach Kommunikationsmedium zwei Formen des Directbanking:

- Phonebanking: Die Kundschaft kann jederzeit Bankgeschäfte am Telefon ausführen. Hierzu benötigt sie ihre Kontonummer, ihre Geheimnummer (PIN) und je nach Verfahren auch sogenannte Transaktionsnummern (Erläuterung gleich am Internetbanking).

- Internetbanking: Die Bankkunden/-kundinnen können per Internet Bankgeschäfte ausführen. Benötigt werden Kontonummer, PIN und für jeden Vorgang eine Transaktionsnummer (TAN). Weitere Sicherheitsstandards können zusätzliche Übertragungsmodalitäten vorsehen.

6.5 Zusammenfassung

Funktionen des Geldes	<ul><li>Wertmaßstab/Recheneinheit zur Bewertung</li><li>Zahlungs-/Tauschmittel: Ware gegen Geld oder Tausch von Devisen</li><li>Wertübertragungsmittel, z.B. durch Schenkung oder Erbschaft</li><li>Wertaufbewahrungsmittel durch Sparen</li><li>Kreditmittel für Unternehmen und Haushalte</li></ul>

Zahlungs-arten	• *Barzahlung: kein Konto nötig (persönlich oder Bote)* • *Halbbare Zahlung: ein Konto nötig (Postnachnahme, Barscheck, Zahlschein)* • *Bargeldlose Zahlung als Buch-/Giralgeld über Gironetze: Alle brauchen ein Konto.* *Möglich als Überweisung, Dauerauftrag, Lastschriftverfahren (Abbuchungsauftrag und Einzugsermächtigung), Verrechnungsscheck, Geld-, Kreditkarten, Directbanking*
Überweisung	*Auftrag an ein Geldinstitut, vom Konto der Zahlenden einen bestimmten Betrag auf das Konto der Zahlungsempfänger/-innen zu überweisen.* *Bei Auslandsüberweisungen müssen internationale Kontonummern (IBAN) und Bankcodes (BIC) verwendet werden.*
Dauerauftrag	*Gleichbleibende Empfänger/-innen, gleich hohe Beträge, regelmäßige Termine. Zahlende beauftragen ihre Bank damit (z.B. Miete).*
Lastschrift-verfahren	• *SEPA-Basislastschrift für Privatkunden: Eine Rückbuchung ist innerhalb von acht Wochen ab der Abbuchung möglich.* • *SEPA-Firmenlastschrift für Geschäftskunden kann nicht zurückgegeben werden.*
Scheck	*Barscheck als halbbares und Verrechnungsscheck als bargeldloses Zahlungsmittel.* *Gesetzliche Scheckbestandteile:* • *die Bezeichnung „Scheck"* • *die Zahlungsanweisung „Zahlen Sie"* • *Bezogene und Zahlungsort (Name und Sitz des Geldinstituts)* • *Ort und Tag der Ausstellung* • *Unterschrift der Aussteller/-innen* *Kaufmännische Bestandteile: Schecknummer, IBAN, Betrag in Ziffern und die Überbringerklausel* *Gesetzliche Vorlegungsfristen:* • *8 Tage in der Bundesrepublik* • *20 Tage, wenn Zahlungsort und Ausstellungsort sich in demselben Erdteil befinden* • *70 Tage bei Zahlungs- und Ausstellungsort in verschiedenen Erdteilen*

Bankkarten	Bankkarten mit Magnetstreifen und/oder Chip, werden von einer Bank ausgegeben. Sie ermöglichen, bargeldlos zu zahlen sowie Geld vom Konto abzuheben; manchmal auch die direkte Zahlung mittels Geldchip. Bei Zahlung wird den Zahlungsempfängern unter 1% Disagio/Gebühr von der zu zahlenden Summe berechnet.
Kreditkarten	Von Kreditkartenorganisationen herausgegeben. Sie ziehen vom Gesamtbetrag der getätigten Umsätze mehrere Prozent ab (Disagio), da sie die Zahlung garantieren.
Directbanking	• *Phonebanking:* Benötigt werden Kontonummer und PIN (Persönliche Identifizierungsnummer). • *Internetbanking:* Die Bankkunden/-kundinnen können per Internet Bankgeschäfte ausführen. Benötigt werden Kontonummer, PIN und für jeden Vorgang eine Transaktionsnummer (TAN).

Aufgaben zur...

1. Unterscheiden Sie die Zahlungsarten und nennen Sie zu jeder Zahlungsart zwei dazugehörige Zahlungsmittel!

2. Nennen und erläutern Sie drei Geldfunktionen!

3. Wodurch unterscheiden sich Bar- und Verrechnungsschecks?

7 Kaufvertrag

7.1 Der Kaufvertrag als Beispiel für Rechtsgeschäfte

Im Rahmen des Kaufvertrags verpflichtet sich der Verkäufer, dem Käufer die Sache zu übergeben und ihm Eigentum an der Sache zu verschaffen. Der Käufer verpflichtet sich, die Sache abzunehmen und den Kaufpreis zu zahlen (vgl. § 433 BGB).

> *Der Kaufvertrag ist das typische Rechtsgeschäft des „Kaufmanns" und die Vertragsart, die in seinem Tätigkeitsbereich die häufigste ist.*

Darüber hinaus ist das Verständnis des Kaufvertrags auch der Schlüssel für den Einstieg und das Kennenlernen der anderen Rechtsgeschäfte, die in diesem Buch nicht ausführlich behandelt werden können.

7.2 Das Zustandekommen des Kaufvertrags

Voraussetzung für das Zustandekommen des Kaufvertrags sind zwei übereinstimmende Willenserklärungen, der Antrag und die Annahme (§§ 145 ff. BGB).

Der Antrag (also die erste Willenserklärung) muss so vollständig gefasst sein, dass die Annahme (die zweite Willenserklärung) nur noch die Bestätigung des Antrags (also ein „Ja") zu sein braucht.

Diese Situation kann natürlich unter Umständen das Ergebnis langer Vertragsverhandlungen sein, in deren Verlauf sich die Vertragspartner üblicherweise über folgende Inhalte geeinigt haben müssen:
- Art, Güte und Beschaffenheit der Ware
- Kaufpreis
- Lieferungsbedingungen
- Zahlungsbedingungen

Mit der Annahme durch den Vertragspartner kommt der Kaufvertrag zustande.

> ### Beispiel: Unzureichendes Angebot
>
> *Der Verkäufer bietet dem Käufer einen MP3-Player mit den Worten „Willst du dieses Gerät kaufen?" an. Der Käufer sagt „Ja". Dennoch ist kein Kaufvertrag zustande gekommen, da die Parteien keine Einigung über den Kaufpreis erzielt haben.*

Je nachdem, ob der Käufer oder der Verkäufer die erste Willenserklärung abgibt, werden diese verschiedenartig bezeichnet:

Reihenfolge der Willenserklärungen	
Angebot und Bestellung *Der Verkäufer gibt die erste Willenserklärung ab (Antrag), man spricht von einem Angebot. Die darauf folgende Willenserklärung des Käufers (Annahme) wird als Bestellung bezeichnet. Der Verkäufer könnte die Bestellung durch eine Bestellungsannahme, die eigentlich nicht mehr notwendig ist, bestätigen.*	**Beispiel:** *Ein Kaufmann bietet einem Kunden schriftlich den Kauf einer Partie Textilien zu einem Preis von 3.000,00 Euro an. Der Kunde gibt die entsprechende Bestellung ab.*
Bestellung und Bestellungsannahme *Der Käufer gibt die erste Willenserklärung (Antrag) ab, in diesem Fall die Bestellung. Der Verkäufer nimmt die zweite Willenserklärung (Annahme) vor, die als Bestellungsannahme bezeichnet wird.*	**Beispiel:** *Aufgrund einer Zeitungsannonce, in der vom Verkäufer Elektrogeräte angepriesen werden, bestellt ein Kunde einen Fernseher. Der Verkäufer bestätigt die Bestellung und schickt den Fernseher.*

7.3   Der Kaufvertrag als Verpflichtungsgeschäft

Durch den Abschluss des Kaufvertrages haben sich Verkäufer und Käufer erst zur Erbringung der Leistungen gemäß dem Kaufvertrag verpflichtet, diese sind noch nicht erfolgt (vgl. die Formulierung des § 433 BGB). Der Eigentumswechsel der Kaufsache (ebenso des Kaufpreises) wird durch ein zweites Rechtsgeschäft, das Erfüllungsgeschäft, bewirkt, welches aus zwei Bestandteilen besteht: nämlich der körperlichen Übergabe der Sache und der Einigung, dass das Eigentum vom Verkäufer auf den Käufer übergehen soll (§§ 929 ff. BGB).

Bei den Geschäften des täglichen Lebens fallen diese beiden Rechtsgeschäfte, Verpflichtungs- und Erfüllungsgeschäft, üblicherweise in einer Handlungseinheit zusammen. Anders ist es aber, wenn ein Kaufmann einen größeren Kaufvertrag abwickelt oder ein Privatmann sich ein neues Auto kauft. Dann sieht man die Bestandteile, aus denen ein Kaufvertrag besteht, deutlich:

Beispiele zur Erfüllung

a) Beim Einkaufen im Supermarkt legt der Käufer die Ware auf das Förderband (Angebot). Durch das Einscannen und die Rückgabe der Ware kommt der Kaufvertrag nebst Eigentumswechsel (Annahme, Einigung und Übergabe) zustande, alles in einer Handlungseinheit.

b) Der Käufer geht zum Autohändler und „bestellt" ein Auto. Der schriftliche Kaufvertrag wird von beiden Vertragspartnern unterzeichnet, der Vertrag ist zustande gekommen. Wenn der Verkäufer dem Käufer, nachdem das Fahrzeug vom Hersteller geliefert wurde, die Papiere, die Schlüssel und das Fahrzeug übergibt, findet die Übereignung statt.

Mit dem Bewirken der Leistungen tritt die Erfüllung des Kaufvertrags ein, d.h., das Rechtsgeschäft ist abgeschlossen (§ 362 BGB).

Besonderheiten beim Abschluss des Kaufvertrages

Veränderung des Inhalts des Antrags in der Annahme
Zum Beispiel: Anton bietet Berta ein Buch zum Kaufpreis von 30 Euro an. Berta antwortet: „Ja, ich kaufe das Buch für 25 Euro." Wird ein Antrag angenommen, dieser aber durch den Annehmenden abgeändert, gilt dies als Ablehnung des Antrags, verbunden mit einem neuen Antrag, der seinerseits durch den ursprünglich Anbietenden angenommen werden muss (§ 150 Abs. 2 BGB). Anton müsste also jetzt den Preis von 25 Euro bestätigen, damit der Kauf zustande kommt.

Verspätete Annahme des Antrags
Zum Beispiel: Anton bietet Berta seinen gebrauchten Motorroller zum Kaufpreis von 400 Euro an. Er sagt: „Überleg's dir und entscheide dich

bis zum 15. des Monats." Am 20. des Monats meldet sich Berta und sagt: „Ich nehme dein Angebot an und kaufe den Roller." Die verspätete Annahme eines Antrags gilt als neuer Antrag, der seinerseits von dem ursprünglich Antragenden angenommen werden muss (§ 150 Abs. 1 BGB).

Freizeichnungsklauseln

Kaufleute verwenden Freizeichnungsklauseln, wenn sie die Bindung an ein Angebot, welches sie anderen Kaufleuten unterbreiten, einschränken wollen.

Ausgewählte Freizeichnungsklauseln	
„freibleibend", „unverbindlich", „ohne Obligo"	= das ganze Angebot ist unverbindlich
„Preisänderungen vorbehalten"	= der Preis ist unverbindlich
„solange der Vorrat reicht"	= die Menge ist unverbindlich

7.4 Der Inhalt des Kaufvertrags

Im Rahmen der Vertragsfreiheit haben Verkäufer und Käufer die Möglichkeit, den Inhalt des Kaufvertrages weitestgehend festzulegen. Sie können Regelungen über die Art, Anzahl, Güte usw. des Kaufgegenstandes ebenso treffen wie über Lieferungs- und Zahlungsbedingungen. Oft werden Vertragsinhalte durch allgemeine Geschäftsbedingungen (AGB) geregelt, die vom „stärkeren" Vertragspartner (Unternehmer gegenüber dem Verbraucher) vorgeschrieben oder unter Kaufleuten vereinbart werden.

Damit der Vertragspartner seine mächtige Position nicht ausnutzt und dem anderen ihn benachteiligende Klauseln aufzwingt, regelt das Recht der Allgemeinen Geschäftsbedingungen (§§ 305 ff. BGB) die Benutzung solcher Klauseln.

7.4.1 Allgemeine Geschäftsbedingungen

Unter allgemeinen Geschäftsbedingungen versteht man „alle für eine Vielzahl von Verträgen vorformulierten Vertragsbedingungen, die eine Vertragspartei der anderen Vertragspartei bei Abschluss des Vertrages stellt" (§ 305 BGB).

Damit die Geschäftsbedingungen Bestandteil des betreffenden Kaufvertrags werden, muss für den anderen Vertragspartner die Möglichkeit ihrer Kenntnisnahme bestehen. Dies kann geschehen

- durch Aushang der AGB im Geschäftslokal bzw. durch einen Hinweis, dass und wo sie in zumutbarer Weise zur Kenntnis genommen werden können (z.B. Parkhäuser, Banken, Bräunungsstudios),
- durch Abdruck auf der Rückseite des Vertragsformulares bei schriftlichen Verträgen („das Kleingedruckte").

Darüber hinaus muss der andere Vertragspartner (Käufer) mit der Geltung der allgemeinen Geschäftsbedingungen einverstanden sein. Die Vertragsparteien haben aber immer die Möglichkeit, im Rahmen einer individuellen Vertragsabrede die allgemeinen Regelungen der AGB abzuändern oder Teile davon außer Kraft zu setzen (§ 305 b BGB).

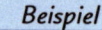

Beispiel

In den allgemeinen Geschäftsbedingungen eines Großhändlers steht die Klausel, dass die Lieferung der Ware innerhalb von vier Wochen nach Abschluss des Kaufvertrages erfolgt. Käufer und Verkäufer können durchaus eine individuelle Vereinbarung über eine kürzere Lieferfrist treffen.

Inhaltskontrolle von allgemeinen Geschäftsbedingungen

Weil allgemeine Geschäftsbedingungen unter Umständen sehr umfangreich sein können und auch schwer verständlich, werden sie oft bei Abschluss des Vertrages nicht durchgelesen. Trotzdem werden sie, wenn der andere Vertragspartner sein Einverständnis erklärt, Bestandteil des Vertrages. Es besteht also die Gefahr, dass bestimmte Klauseln sehr nachteilig für diesen Vertragspartner sind und ihn übervorteilen. Daher müssen allgemeine Geschäftsbedingungen so formuliert sein, dass sie den Vertragspartner des Verwenders nicht entgegen den Geboten von Treu und Glauben unangemessen benachteiligen (§ 307 Abs. 1 BGB). Insbesondere sind folgende Bestimmungen in AGB unwirksam:

- überraschende Klauseln (§ 305 c BGB), mit denen der Käufer nicht zu rechnen braucht,
- mehrdeutige Klauseln (§ 305 c BGB),
- kurzfristige Preiserhöhungen innerhalb von vier Monaten nach Abschluss des Kaufvertrages (§ 309 Ziff. 1 BGB),
- Kürzung der gesetzlichen Gewährleistungsfrist (§ 309 Nr. 8 b BGB).

7.4.2 Widerrufsrecht bei Verbrauchergeschäften

Im Rechtsverkehr ist der Verbraucher, also eine natürliche Person, „die ein Rechtsgeschäft zu einem Zwecke abschließt, der weder ihrer gewerblichen noch ihrer selbstständigen beruflichen Tätigkeit zugerechnet werden kann (§ 13 BGB)", gegenüber dem mächtigeren Unternehmer (§ 14 BGB) schutzwürdig.

Deshalb steht dem Verbraucher bei bestimmten Rechtsgeschäften, nämlich bei Haustürgeschäften, Fernabsatzverträgen und Verbraucherdarlehensverträgen, das Recht zu, diese Verträge innerhalb von zwei Wochen zu widerrufen.

Widerrufs- (und Rückgaberecht) bei Verbraucherverträgen (§§ 355, 356 BGB)

- *Der Widerruf ist innerhalb von zwei Wochen gegenüber dem Unternehmer in Textform oder durch Rücksendung der Ware zu erklären. Er muss nicht begründet werden.*

- *Die Zweiwochenfrist beginnt erst zu laufen, nachdem dem Verbraucher eine deutlich gestaltete Belehrung über sein Widerrufsrecht, die auch den Namen und die Anschrift des Unternehmers enthalten muss, mitgeteilt wurde.*

- *Das Widerrufsrecht erlischt spätestens sechs Monate nach Vertragsschluss.*

- *Das Widerrufsrecht kann beim Vertragsabschluss aufgrund eines Verkaufsprospektes (Katalogs) durch ein uneingeschränktes Rückgaberecht (so beim Versandhauskauf) innerhalb von zwei Wochen ersetzt werden. Es müssen folgende Voraussetzungen gegeben sein:*
  Im Verkaufsprospekt muss eine deutlich gestaltete Belehrung über das Rückgaberecht enthalten sein.
  Der Verbraucher konnte den Verkaufsprospekt in Abwesenheit des Unternehmers eingehend zur Kenntnis nehmen.
  Dem Verbraucher wird das Rückgaberecht in Textform mitgeteilt.

Haustürgeschäfte sind Rechtsgeschäfte, die
- durch mündliche Verhandlungen am Arbeitsplatz oder in der Privatwohnung (Vertreterbesuch),
- auf einer von einem Unternehmer durchgeführten Freizeitveranstaltung („Kaffeefahrt"),
- in öffentlichen Verkehrsmitteln oder auf Straßen

zustande kommen.

Fernabsatzverträge sind Verträge, die zwischen einem Verbraucher und einem Unternehmer ausschließlich über Fernkommunikationsmittel abgewickelt werden. Beispiele sind: Online-Shopping, E-Mails, Briefe, Kataloge, Rundfunk, Tele- und Mediendienste.

Verbraucherdarlehensverträge sind Darlehensverträge zwischen einem Unternehmer (Bank, Sparkasse) als Darlehensgeber und einem Verbraucher.

7.5   Besondere Arten des Kaufvertrages

Nach Notwendigkeit und Interesse der Beteiligten unterscheiden sich Kaufverträge nach
- Art und Beschaffenheit der Ware,
- Vertragspartnern,
- Zahlungszeitpunkt,
- Lieferzeit der Ware.

7.5.1   Unterscheidung der Kaufverträge nach Art und Beschaffenheit der Ware

Folgende Übersicht beschreibt die wesentlichen Arten:

Kaufverträge nach Art und Beschaffenheit der Ware	
Arten	**Beispiele**
Bei einem Stückkauf handelt es sich um den Kauf eines einzelnen, individualisierten („nicht vertretbaren") Stücks, an dem der Käufer ein spezielles Interesse hat und welches nicht austauschbar ist.	Ein alter Biedermeier-schrank, ein Bild von Rembrandt, ein gebrauch-tes Auto
Ein Gattungskauf bezieht sich auf Waren, die nach Gattungsmerkmalen (Art, Farbe, Material, Gewicht) bestimmt werden können. Der Käufer hat kein Interesse an einem bestimmten einzelnen Stück. Die meisten Artikel des täglichen Bedarfs sind Gattungs-stücke.	Fernseher, Waschmaschine im Kaufhaus, ein Kilo Zucker

Bei einem Kauf zur Probe erwirbt der Käufer erst eine kleinere Menge Ware und gibt dem Verkäufer unverbindlich zu erkennen, dass er bei Gefallen weitere Bestellungen tätigt.	Ein Kunde kauft ein paar Flaschen Wein, um sie zu „testen", und bei Gefallen eine größere Menge.
Im Rahmen eines Kaufs auf Probe (§ 454 BGB) wird dem Käufer das Recht eingeräumt, die Ware auszuprobieren und bis zu einem bestimmten, vereinbarten Zeitpunkt zurückzugeben. Ist der Käufer einverstanden, behält er die Ware und der Kaufvertrag kommt zu diesem Zeitpunkt zustande.	Der Kunde kauft ein Klavier, er will es ausgiebig ausprobieren. Wenn er es innerhalb von drei Wochen nicht zurückgibt, ist der Kaufvertrag zustande gekommen.
Bei einem Kauf nach Probe wählt der Käufer anhand von Mustern, die ihm vom Verkäufer vorgelegt werden, die Ware aus, die er dann bestellt.	Eine Familie wählt anhand eines Musterbuchs im Baumarkt die Tapete für ihr Einfamilienhaus aus.
Im Rahmen eines Spezifikationskaufs bzw. Bestimmungskaufs (§ 375 HGB) bestellt der Käufer nur eine Warenart und die Gesamtmenge. Innerhalb einer bestimmten Frist darf er dann die Ware nach Maß, Form, Farbe usw. weiter festlegen. Versäumt der Käufer diese Frist, kann der Verkäufer die Bestimmung vornehmen.	Zu Beginn der Saison kauft die Boutique-Inhaberin 300 Mäntel, die nicht sofort geliefert werden. In der Folgezeit nimmt sie die Bestimmung nach Farbe und Größe vor und lässt sich die Mäntel liefern.
Beim Ramschkauf erwirbt der Käufer Ware „in Bausch und Bogen" oder „en bloc", ohne den Zustand der Stücke im Einzelnen zu prüfen.	Jemand kauft die gesamte Ladung eines verunglückten Lkw zum Pauschalpreis.

7.5.2 Unterscheidung der Kaufverträge nach den Vertragspartnern

Bei den drei Arten greifen verschiedene Rechtsvorschriften.

Arten von Kaufverträgen nach Vertragspartner	
Arten	**Beispiele**
Zweiseitiger Handelskauf (gem. §§ 343 ff. HGB): Beide Vertragspartner sind Kaufleute im Sinne des Handelsgesetzbuchs, die im Rahmen ihres Handelsgewerbes einen Kaufvertrag abschließen.	Der Inhaber eines Feinkosteinzelhandelsgeschäfts kauft Lebensmittel beim Großhändler.

Einseitiger Handelskauf (§ 345 HGB): Ein Vertragspartner handelt als Kaufmann, für ihn ist das Geschäft ein Handelsgeschäft. *Es gelten also die Regelungen des Handelsgesetzbuchs über den Handelskauf. Typischerweise ist der andere Vertragspartner ein Verbraucher, sodass die Sonderregeln des Verbraucherrechts Anwendung finden.*	*Ein Junggeselle kauft im Kaufhaus eine Waschmaschine.*
Bürgerlicher Kauf (Privatkauf) (§ 433 BGB): Beide Vertragspartner sind Nichtkaufleute, also Privatleute, es gelten die Regelungen des Bürgerlichen Gesetzbuches.	*Frau Schoemer verkauft ihr gebrauchtes Auto an ihre Arbeitskollegin Frau Fröhlich.*

7.5.3   Unterscheidung der Kaufverträge nach dem Zahlungszeitpunkt

Hier gibt es drei Möglichkeiten:

- Zahlung vor Lieferung: Der gesamte Kaufpreis oder Teilbeträge werden vor Lieferung der Ware entrichtet.
- Zahlung bei Lieferung: Lieferung der Ware und Zahlung des Kaufpreises erfolgen „Zug um Zug". Dies ist der gesetzlich vorgeschriebene Normalfall (typisch für „Geschäfte des täglichen Lebens").
- Zahlung nach Lieferung: Der Käufer bezahlt den Kaufpreis erst nach Erhalt der Ware. Er muss den Betrag innerhalb einer bestimmten Frist begleichen (Zielkauf), oder er entrichtet vereinbarte Teilbeträge (Ratenkauf).

7.5.4   Unterscheidung der Kaufverträge nach der Lieferzeit

Die Lieferung kann sofort oder terminbezogen erfolgen:

- Sofortkauf (Tageskauf): Der Verkäufer hat die Ware sofort, nach Abschluss des Kaufvertrages zu liefern.
- Terminkauf: Die Lieferung der Ware hat innerhalb einer bestimmten Frist zu erfolgen.
- Fixkauf: Die Lieferung hat zu einem genau bestimmten Zeitpunkt zu erfolgen. Das Geschäft „steht und fällt" mit der Einhaltung dieses Termins und dessen Einhaltung wird zum Hauptbestandteil des Vertrages. Beispiel: Die Hochzeitstorte muss pünktlich zur Feier am Sonntag um 16 Uhr geliefert werden, alle anderen Zeitpunkte würden dem Sinn des Kaufvertrages widersprechen.

● **Kauf auf Abruf:** Der Käufer kann innerhalb einer vereinbarten Frist den Lieferzeitpunkt selbst bestimmen und die Ware „abrufen".

7.6 Weitere Regelungen zur individuellen Gestaltung von Kaufverträgen

7.6.1 Ware, Preis und Lieferung

Zur näheren Bestimmung der Pflichten aus dem Kaufvertrag sind oft weitere detaillierte Vereinbarungen notwendig, die sich sowohl auf die nähere Bezeichnung der Ware an sich beziehen als auch auf Umstände, unter denen der Kaufvertrag abgewickelt werden soll.

Nähere Bezeichnung der Ware
Die Ware wird durch ihre handelsübliche Bezeichnung gekennzeichnet. Nähere Bezeichnungen können insbesondere durch Güteklassen, Handelsklassen und Typen erfolgen.

Qualitätsstandards werden insbesondere durch Marken und Gütezeichen gekennzeichnet.

Preis der Ware
Der Preis der Ware bezieht sich auf eine bestimmte Mengeneinheit zuzüglich der gesetzlichen Mehrwertsteuer.

Die Festlegungen können sich auf die verschiedensten Kriterien, wie gesetzliche Maßeinheiten (m, m², m³, kg), Stückzahlen (Stück, Dutzend), handelsübliche Bezeichnungen (Kiste, Sack, Palette), beziehen.

Lieferungsbedingungen
Bei den Lieferungsbedingungen spielen insbesondere die Übernahme der Beförderungskosten und der Verpackungskosten eine Rolle.

Beförderungskosten
Warenschulden sind grundsätzlich Holschulden. Deshalb hat der Käufer die Transportkosten zu zahlen. Versendet der Verkäufer die Ware an einen Käufer am gleichen Ort (Platzkauf), so trägt der Käufer alle Beförderungskosten. Ist die Ware zum Käufer an einen anderen Ort zu liefern (Versendungskauf), trägt der Verkäufer die Kosten bis zur Versandstation (Bahnhof, Flughafen usw.), der Käufer hat alle weiteren Kosten zu tragen (§ 448 BGB).

Von diesen gesetzlichen Regelungen können die Vertragspartner im Rahmen des Kaufvertrages abweichende individuelle Regelungen treffen. Ihre Bezeichnungen nach Handelsbrauch:

Beförderungskosten/Beförderungsklauseln		
Beförderungs-bedingungen	*Verkäufer am Versandort trägt:*	*Käufer am Empfangsort trägt:*
„ab Lager" „ab Werk"	–	*die gesamten Beförde-rungskosten*
„unfrei" „ab hier" „ab Berlin" (gesetzliche Regelung)	*Rollgeld (Kosten für die Beförderung vom Werk oder Lager bis zur Versandstation)*	*Verladekosten, Frachtkos-ten, Entladekosten und Rollgeld bis zum Empfänger*
„frei Waggon"	*Rollgeld und Verlade-kosten*	*Frachtkosten, Entlade-kosten und Rollgeld*
„frei dort" „frachtfrei" „frei Bahnhof dort"	*Rollgeld, Verladekosten und Fracht*	*Entladekosten und Rollgeld*
„frei Werk" „frei Lager" „frei Haus"	*die gesamten Beförde-rungskosten*	–

Verpackungskosten

Die Kosten der Versandverpackung werden grundsätzlich vom Käufer getragen (§ 448 Abs. 1 BGB).

Auch hier können die Vertragsparteien im Rahmen des Kaufvertrages detaillierte Regelungen treffen:

● „Preis einschließlich Transportverpackung" (es erfolgt keine beson-dere Berechnung der Verpackungskosten).

● Zusätzliche Berechnung der Verpackungskosten. Der Verkäufer stellt zum Warenpreis den Verpackungspreis zusätzlich in Rech-nung. Wenn die Möglichkeit besteht, die Verpackung zurückzuge-ben, werden die Kosten ganz oder teilweise erstattet.

● Es fallen keine Verpackungskosten an, da der Käufer die Transport-verpackung selbst stellt.

Zahlungsbedingungen

Im Rahmen der zu vereinbarenden Zahlungsbedingungen (vgl. oben) besteht die Möglichkeit, dass der Verkäufer dem Käufer Preisnachlässe anbietet.

Preisnachlässe
Skonto ist ein Preisnachlass dafür, dass der Käufer ein ihm eingeräumtes Zahlungsziel (Zielkauf) nicht in Anspruch nimmt.
Bonus wird dem Käufer als nachträgliche Vergütung auf einen erzielten Umsatz (bestimmte Höhe) gewährt (z.B. am Jahresende).

Rabatt ist ein Preisnachlass, der dem Käufer aus verschiedenen Gründen gewährt wird.

- *Barzahlungsrabatt, bei sofortiger Bezahlung des Kaufpreises*

- *Mengenrabatt, je nach dem Umfang einer Bestellung*

- *Naturalrabatte werden als spezielle Form des Mengenrabatts gewährt. Der Käufer bezahlt die ursprünglich bestellte Menge, erhält aber als Rabatt weitere Stücke der Ware kostenlos dazu geliefert.*

- *Sonderrabatte bei Einführung neuer Artikel, Geschäftsjubiläum usw.*

Eigentumsvorbehalt

Sowohl beim Zielkauf als auch beim Ratenkauf wird üblicherweise zwischen dem Verkäufer und dem Käufer ein Eigentumsvorbehalt vereinbart. Der Verkäufer bleibt so lange Eigentümer der gelieferten Ware, bis der Kaufpreis vollständig bezahlt ist. Das heißt also, dass der Verkäufer Eigentümer, der Käufer aber Besitzer der Ware ist (vgl. § 449 BGB).

7.6.2 Erfüllungsort

Am Erfüllungsort werden die Leistungen aus dem Kaufvertrag erbracht, der Verkäufer nimmt die Übergabe der Ware vor, der Käufer zahlt den Kaufpreis. Eine wichtige Rolle spielt der Erfüllungsort für den Gefahrenübergang, also den Moment, wo die Gefahr des Verlustes, der Beschädigung, des Verderbs oder des Untergangs der Ware von dem Verkäufer auf den Käufer übergeht. Dasselbe gilt für die Übergabe des Geldes vom Käufer an den Verkäufer.

Herr Bauer kauft sich im Kaufhaus einen Fernseher. Auf dem Heimweg hat er einen Unfall, das Gerät geht kaputt. Er kann deswegen vom Verkäufer weder den Kaufpreis zurückverlangen noch einen neuen Fernseher.

Der gesetzliche Erfüllungsort

Nach der gesetzlichen Regelung ist der Erfüllungsort dort, wo der Schuldner seinen Wohnsitz oder gewerblichen Sitz hat (§ 269 BGB). Das bedeutet,

● der Erfüllungsort für die Warenlieferung ist der Wohn- bzw. Geschäftssitz des Verkäufers,
● der Erfüllungsort für die Zahlung ist der Wohn- bzw. Geschäftssitz des Käufers.

Je nachdem, um welche Leistung aus dem Kaufvertrag es geht, haben wir es also mit verschiedenen Erfüllungsorten zu tun.

Der vertraglich vereinbarte Erfüllungsort

Im Rahmen des Kaufvertrags haben die Vertragspartner die Möglichkeit, einen bestimmten Ort als Erfüllungsort zu vereinbaren. Bei den „Geschäften des täglichen Lebens" ist üblicherweise der Geschäftssitz des Verkäufers der Erfüllungsort für beide Leistungen.

Gefahrenübergang

Mit der Übergabe der Ware an den Käufer am Erfüllungsort geht auch die Gefahr des Verlustes, der Beschädigung, des Verderbs oder des Untergangs der Ware auf den Käufer über. Üblicherweise, aber nicht in allen Fällen liegt der Erfüllungsort beim Verkäufer, vielmehr wird unterschieden zwischen Holschuld, Bringschuld und Schickschuld.

Holschuld

„Warenschulden sind Holschulden", d.h., der Käufer hat die Ware beim Verkäufer abzuholen. Oft wird dem Käufer die Ware aber durch Lieferanten oder Spediteure geliefert. In diesem Fall trägt der Käufer jedoch das Transportrisiko (denn der Verkäufer hat ja bereits am Erfüllungsort seine Leistung aus dem Kaufvertrag erbracht), die Gefahr ist auf den Käufer übergegangen. Wenn jetzt auf dem Transportweg die Ware beschädigt wird oder verdirbt, haftet der Verkäufer dafür nicht und der

Käufer muss trotzdem den Kaufpreis zahlen. Natürlich hat der Käufer unter Umständen entsprechende Ansprüche gegen den Transporteur.

Wenn der Verkäufer allerdings einen eigenen Lieferwagen benutzt und ihn bei der Entstehung des Schadens ein Verschulden trifft, haftet er dem Käufer für diesen Schaden.

Bringschuld
In bestimmten Fällen ergibt sich aus dem Umstand des Kaufvertrags, dass die Ware erst beim Käufer übergeben werden kann, es handelt sich dann um eine Bringschuld. Typische Beispiele sind die Lieferung von Heizöl oder Lieferung einer Ladung Sand.

In diesen Fällen ist der Erfüllungsort auch am Wohn- bzw. Geschäftssitz des Käufers und die Gefahr geht auch erst zu diesem Zeitpunkt auf den Käufer über.

Die Geldschuld als Schickschuld
Für die Zahlungsschuld des Käufers gilt eine Besonderheit. Der Erfüllungsort ist zwar beim Wohn- bzw. Geschäftssitz des Käufers. Dieser ist aber verpflichtet, den Geldbetrag auf seine Gefahr an den Wohn- bzw. Geschäftssitz des Verkäufers zu übermitteln, es handelt sich um eine Schickschuld (§ 270 BGB). Das bedeutet einerseits, dass der Käufer die Übermittlung des Geldes (meistens eine Banküberweisung) von seinem Wohn- bzw. Geschäftssitz veranlassen kann, er trägt andererseits aber das Übermittlungsrisiko für den Fall, dass das Geld nicht beim Verkäufer ankommt. Im Falle der Banküberweisung trägt der Käufer also das Risiko bis zum Zeitpunkt des Eingangs des Geldes bei der Bank des Verkäufers.

7.6.3   Gerichtsstand
Der Gerichtsstand ist der Ort, an dem die Parteien Rechtsstreitigkeiten über den Kaufvertrag (Nichtlieferung, mangelhafte Lieferung, nicht erfolgte Zahlung usw.) vor den dafür zuständigen Gerichten austragen können.

● Gesetzlicher Gerichtsstand: Bei Streitigkeiten über die Ware ist der gesetzliche Gerichtsstand am Wohn- bzw. Geschäftssitz des Verkäufers, bei Streitigkeiten über den Kaufpreis entsprechend beim Käufer.

- Vertraglicher Gerichtsstand: Kaufleute können im Rahmen eines zweiseitigen Handelskaufs auch im Rahmen von allgemeinen Geschäftsbedingungen einen Gerichtsstand vereinbaren.

Eine entsprechende Vereinbarung zwischen einem Kaufmann und einer Privatperson bzw. einem Verbraucher ist unzulässig. Die „schwächere" Privatperson soll geschützt werden.

7.7 Störungen beim Kaufvertrag

Im Rahmen des Kaufvertrags (§ 433 BGB) verpflichten sich die Parteien zur Erbringung der vertragsgemäßen Leistungen:
- Der Verkäufer ist verpflichtet, die Sache rechtzeitig und mangelfrei zu liefern, sonst gerät er in Lieferungsverzug bzw. unterliegt der Sachmängelhaftung.
- Der Käufer verpflichtet sich zur Annahme der Ware und zur Zahlung des Kaufpreises, ansonsten gerät er in Annahmeverzug bzw. in Zahlungsverzug.

Verstößt ein Vertragspartner gegen diese Verpflichtungen, entstehen für den anderen Schadensersatzansprüche.

7.7.1 Lieferungsverzug (Schuldnerverzug)

Zu den Pflichten des Verkäufers (Schuldners) gehört es, die vereinbarte Ware rechtzeitig zu liefern. Wird die Lieferung nicht oder nicht rechtzeitig vorgenommen, gerät er in Lieferungsverzug.

Voraussetzung für den Lieferungsverzug sind Fälligkeit der Leistung, Mahnung und Verschulden des Verkäufers.

Fälligkeit der Leistung

Wenn die Parteien einen Fälligkeitszeitpunkt vereinbart haben, tritt die Verpflichtung des Verkäufers, die Lieferung vorzunehmen, zu diesem Zeitpunkt ein (z.B. im Kaufvertrag: „Lieferung der Ware erfolgt bis zum 15. April 20...“). Wurde keine Vereinbarung getroffen, tritt die Fälligkeit sofort ein (§ 271 BGB).

Mahnung

Trotz Fälligkeit muss der Käufer den Verkäufer mahnen, damit klarge-
stellt wird, dass die Lieferung jetzt auch ernsthaft erfolgen soll (§ 286
Abs. 1 BGB). In bestimmten gesetzlich geregelten Fällen ist eine Mahnung jedoch nicht nötig (§ 286 Abs. 2 BGB):

● wenn die Lieferung kalendermäßig bestimmt ist (vgl. oben) oder
● wenn die Lieferung kalendermäßig bestimmbar ist, also von einem
  Ereignis abgeleitet werden kann (z.B. wird im Kaufvertrag „Lieferung erfolgt innerhalb von zwei Wochen nach Zahlung des Kaufpreises" vereinbart), oder
● wenn der Verkäufer die Leistung ernsthaft und endgültig verweigert.

Im letzten Fall spielt der Grund keine Rolle, sondern nur der Tatbestand,
z.B. teilt der Verkäufer dem Käufer mit: „Aufgrund eines Wasserscha-
dens in meinem Lager kann ich nicht liefern."

Verschulden

Der Verkäufer muss die Nichtlieferung der Waren zu vertreten haben,
d.h., verschuldet haben. Verschulden liegt vor, wenn der Verkäufer vor-
sätzlich oder fahrlässig gehandelt hat. Fahrlässig handelt, „wer die im
Verkehr erforderliche Sorgfalt außer Acht lässt" (§ 276 Abs. 2 BGB).
Einem Unternehmer wird das Verschulden seiner Mitarbeiter, seiner
Erfüllungsgehilfen, zugerechnet (§ 278 BGB).

Nicht zu vertreten ist z.B. die Nichtlieferung aufgrund von Natur-
katastrophen, Streiks usw.

Beispiele für Verschulden

*a) Der Lieferant verursacht aufgrund zu hoher Geschwindigkeit einen
Verkehrsunfall, die Ware kann nicht geliefert werden.*

b) Der Unfall wird durch einen Mitarbeiter des Lieferanten verursacht.

Nachholbarkeit der Lieferung

Die Lieferung muss zu einem späteren Zeitpunkt noch möglich sein
(Verzögerung).

Rechte des Käufers beim Lieferungsverzug
Grundsätzlich hat der Käufer Anspruch auf Schadensersatz wegen
Pflichtverletzung (§§ 280 ff. BGB).

Ist dadurch, dass sich die Lieferung verzögert, dem Käufer ein Schaden
entstanden (Verzögerungsschaden), muss dieser vom Verkäufer wegen
seiner Pflichtverletzung getragen werden. Ein einfaches Beispiel: Der
Käufer hätte die Sache zwischenzeitlich mit Gewinn verkaufen können.
Dieser Verlust ist vom Verkäufer zu tragen. Darüber hinaus gilt: Schadensersatz statt der Leistung! Wenn der Verkäufer nicht liefert, hat der
Käufer die Möglichkeit, nachdem er dem Verkäufer eine angemessene
Frist zur Lieferung gesetzt hat, entsprechenden Schadensersatz dafür
zu verlangen, dass die Lieferung nicht erfolgte. Wenn der Käufer Schadensersatz statt der Leistung verlangt, kann er die Lieferung der Ware
nicht mehr verlangen.

> ### Beispiel für Schadensersatz
>
> *Der Käufer musste sich, um seinerseits nicht vertragsbrüchig zu werden,*
> *bei einem anderen Händler eindecken (Deckungskauf), allerdings zu einem*
> *teureren Einkaufspreis. Wieder kann der Käufer die entsprechende*
> *Differenz als Schadensersatz statt Leistung verlangen.*

Eine Alternative zum Schadensersatz besteht im Rücktritt vom Kaufvertrag (§ 323 Abs. 1 BGB). Unter der Voraussetzung, dass der Käufer dem
Verkäufer erfolglos eine angemessene Nachfrist zur Lieferung gesetzt
hat, kann er auch vom Kaufvertrag zurücktreten.

> ### Beispiel für Rücktritt
>
> *Der Käufer kauft die Ware bei einem anderen Händler zum gleichen Preis*
> *oder sogar günstiger. Der Käufer will nur noch aus dem Vertrag „raus"*
> *(wie gesagt: aber nur nach Setzen einer angemessenen Nachfrist).*

7.7.2   Annahmeverzug (Gläubigerverzug)

Wenn der Käufer die ihm angebotene Ware nicht abnimmt, verletzt er
auch die Pflichten aus dem Kaufvertrag, weil er ja zur Abnahme verpflichtet ist. Man spricht in diesem Fall vom Annahmeverzug oder auch

Gläubigerverzug, weil der Käufer in seiner Position als Gläubiger seiner Abnahmepflicht nicht nachkommt (§ 293 BGB).

Voraussetzungen des Annahmeverzugs sind die Fälligkeit der Leistung, das Angebot der Leistung und die Nichtannahme der Leistung.

Fälligkeit der Leistung und Angebot der Leistung

Die Lieferung der Ware muss fällig sein. Wenn die Lieferung nicht zu einem festgelegten Zeitpunkt vereinbart ist, muss sie vorher angekündigt werden. Die Lieferung muss dem Käufer

- zur richtigen Zeit und
- am richtigen Ort sowie
- in der richtigen Art und Weise (mangelfrei) angeboten werden.

Nichtannahme der Leistung durch den Gläubiger

Hier spielt es keine Rolle, ob der Käufer die Annahme verweigert („passt mir gerade nicht rein") oder ob die Lieferung nicht möglich ist, z.B. weil das Ladenlokal des Käufers geschlossen ist und der Verkäufer seine Ware nicht „loswird".

Die Rechte des Verkäufers beim Annahmeverzug

Durch den Annahmeverzug können für den Verkäufer, der ja seine Ware „nicht loswird", Probleme und Kosten entstehen. Zum Beispiel: Der Verkäufer muss die verderbliche Ware in einem Kühlhaus einlagern. Daher stehen dem Verkäufer folgende Möglichkeiten zur Verfügung:

- **Bestehen auf Annahme der Ware:** Der Verkäufer kann nach wie vor auf die Annahme der Ware gegenüber dem Käufer bestehen. Gegebenenfalls kann er ihn gerichtlich verklagen.
- **Hinterlegung:** Zwischenzeitlich kann der Verkäufer die Ware auf Kosten des Käufers in einem „öffentlichen Lagerhaus" oder „in sonst sicherer Weise" untergebracht haben.
  Beim Handelskauf (vgl. 7.5.2) kann jede Art von Ware hinterlegt werden (§ 373 HGB), beim bürgerlichen Kauf (vgl. 7.5.2) können nur Geld, Urkunden und andere Wertpapiere hinterlegt werden, „hinterlegungsfähige Waren" (§ 372 BGB).
- **Selbsthilfeverkauf:** Der Verkäufer hat darüber hinaus auch die Möglichkeit, die Ware im Wege des Selbsthilfeverkaufs zu veräußern (§ 373 HGB, §§ 383, 385 BGB), siehe folgende Seite.
- **Kostenerstattung:** Alle Kosten, die durch Hinterlegung bzw. Verkauf der Ware entstehen, sind vom Käufer zu tragen (§ 304 BGB).

Bedingungen beim Selbsthilfeverkauf

Beim Handelskauf kann jede Ware veräußert werden, beim bürgerlichen Kauf nur Waren, die sich nicht zur Hinterlegung eignen (vgl. Voriges).

Der Selbsthilfeverkauf muss dem Käufer angedroht (also mitgeteilt) werden. Diese Pflicht entfällt, wenn es sich um leicht verderbliche Waren (Fisch, Obst, Gemüse) handelt (Notverkauf).

Der Selbsthilfeverkauf kann nicht „in eigener Regie" durch den Verkäufer vorgenommen werden, vielmehr muss die Ware durch einen Gerichtsvollzieher oder eine andere dazu befugte Person öffentlich versteigert werden. Ort und Zeitpunkt der Versteigerung müssen dem Käufer mitgeteilt werden, er kann auch mitbieten. Ein etwaiger Mehrerlös steht dem Käufer zu.

Waren mit einem Markt- oder Börsenpreis müssen nicht versteigert werden, sondern können durch einen öffentlich bestellten Handelsmakler „freihändig verkauft" werden.

Haftungssituation des Verkäufers während des Annahmeverzugs

Während des Annahmeverzugs ist der Verkäufer ja immer noch mit einer Ware belastet, die er eigentlich schon dem Käufer übergeben haben müsste. Es wäre unbillig, ihn mit dem gesamten Haftungsrisiko für diese Ware zu belasten.

Daher gibt es spezielle Regelungen, die die Haftung des Verkäufers während des Annahmeverzugs einschränken.

- Der Verkäufer hat nur Vorsatz und grobe Fahrlässigkeit zu vertreten (§ 300 Abs. 1 BGB), und
- wenn es sich um eine Gattungssache handelt, geht die Gefahr für den zufälligen Untergang oder die zufällige Verschlechterung der Ware auf den Käufer über (§ 300 Abs. 2 BGB).

Beispiele zur Verkäuferhaftung

a) Nachdem der Lieferant das Geschäftslokal des Käufers verschlossen vorgefunden hatte (Gläubigerverzug ist eingetreten), stolpert er auf dem Rückweg zu seinem Fahrzeug (leicht fahrlässig) mit der Ware auf dem Arm, die kaputt geht. Der Verkäufer braucht nicht eine neue Ware zu liefern, er kann trotzdem die Zahlung des Kaufpreises verlangen.

b) Nachdem Gläubigerverzug eingetreten ist, schlägt ein Blitz in das abgestellte Fahrzeug mit der Gattungsware ein, die verbrennt. Der Verkäufer

braucht nicht etwa eine neue Ware (was ja leicht möglich wäre) zu be-
schaffen, der Käufer muss trotzdem den Kaufpreis bezahlen. Für Spezies-
sachen ergibt sich dies aus den Vorschriften der §§ 243 Abs. 2, 275 BGB.

7.7.3 Zahlungsverzug

Erfüllt der Käufer seine Zahlungspflicht aus dem Kaufvertrag nicht, tritt Zahlungsverzug ein. Es handelt sich, da der Käufer die Zahlung des Kaufpreises schuldet, um einen Sonderfall des Schuldnerverzugs. Die Voraussetzungen sind ähnlich wie beim Lieferverzug (vgl. 7.7.1). Allerdings tritt Verzug auch ohne Verschulden des Käufers ein, da es sich bei der Zahlungspflicht des Käufers um eine sogenannte Wertverschaffungspflicht handelt, für die der Schuldner immer einzustehen hat („Geld muss man immer haben").

Voraussetzungen des Zahlungsverzugs (§ 286 BGB) sind

- die Fälligkeit des Kaufpreises und
- die Mahnung.

Mahnung

Sie ist wie beim Lieferungsverzug entbehrlich, wenn der Zahlungszeitpunkt kalendermäßig bestimmt oder bestimmbar ist oder wenn der Käufer die Zahlung ernsthaft und endgültig verweigert (§ 286 Abs. 2 BGB, vgl. S. 137).

Darüber hinaus tritt bei einer Geldschuld nach Ablauf von 30 Tagen nach Erhalt einer Rechnung oder einer „gleichwertigen Zahlungsaufstellung" automatisch Zahlungsverzug ein.

Wenn der Schuldner allerdings Verbraucher ist, tritt Zahlungsverzug automatisch nur ein, wenn auf die Folgen in der Rechnung oder der Zahlungsaufstellung hingewiesen wird. (§ 286 Abs. 3)

Rechtsfolgen des Zahlungsverzugs

Durch den Zahlungsverzug entstehen aufseiten des Verkäufers Schadensersatzansprüche. Der Schaden liegt darin, dass der Verkäufer nicht, wie im Rahmen des Kaufvertrags vereinbart, über das Geld verfügen kann.

Der Verkäufer kann Schadensersatz wegen Pflichtverletzung geltend machen (§ 280 BGB), im Einzelnen:

Verzugszinsen

Ab dem Zeitpunkt des Verzugs kann der Verkäufer Verzugszinsen in Höhe von fünf Prozentpunkten über dem Basiszins verlangen (§ 288 Abs. 1 BGB). Die Höhe des Basiszinssatzes wird jeweils zum 1. Januar und zum 1. Juli eines Jahres neu festgelegt. Er errechnet sich aus den Zinssätzen, die die Europäische Zentralbank für ihre Hauptrefinanzierungsoperationen festlegt (§ 247 BGB).

Wenn es sich um Rechtsgeschäfte handelt, an denen ein Verbraucher nicht beteiligt ist (z.B. unter Kaufleuten), beträgt der Zinssatz acht Prozentpunkte über dem Basiszinssatz (§ 288 Abs. 2 BGB).

Verzugsschaden

Wenn der Verkäufer einen Kredit aufnehmen musste (auch sein Konto überziehen musste), kann er die höheren Zinsen ebenfalls als Schadensersatz geltend machen, ebenso die Mahnkosten und die Kosten der Rechtsverfolgung (Kosten für Inkassounternehmen und Beauftragung eines Rechtsanwalts).

Schadensersatz statt der Leistung

Wenn der Verkäufer dem Käufer eine angemessene Frist zur Zahlung gesetzt hat, kann er „Schadensersatz statt der Leistung verlangen" (§ 281 BGB). Diese Möglichkeit wählt der Verkäufer, wenn er die Ware anderweitig, allerdings zu einem geringeren Preis, verkaufen kann. Die Differenz zum ursprünglichen Kaufpreis kann der Verkäufer als Schadensersatz vom Käufer verlangen.

Rücktritt vom Kaufvertrag

Nach der Setzung einer angemessenen Nachfrist zur Zahlung kann der Verkäufer vom Kaufvertrag zurücktreten (§ 323 Abs. 1 BGB). Diese Möglichkeit kann für den Verkäufer die sinnvollste sein, wenn er erfährt, dass der Käufer zahlungsunfähig ist. So erhält er wenigstens die Ware zurück, die er unter Umständen schon geliefert hatte.

Entbehrlichkeit der Nachfristsetzung

Die Setzung der Nachfrist im Zusammenhang mit der Geltendmachung des „Schadensersatzes" und des „Rücktritts vom Kaufvertrag" ist nicht notwendig, wenn

- der Käufer die Zahlung endgültig verweigert oder
- es sich um einen Fixhandelskauf handelt (§ 376 HGB, vgl. 7.5.4).

7.8 Gewährleistungsansprüche bei Lieferung mangelhafter Ware

Der Verkäufer ist verpflichtet, die verkaufte Sache frei von Sach- und Rechtsmängeln zu übereignen (§ 433 Abs. 1 BGB). Wenn die Ware mangelhaft ist, stehen dem Käufer Ansprüche auf Beseitigung des Mangels und Schadensersatzansprüche zu.

Es gibt verschiedene Arten von Mängeln (§§ 434, 435 BGB), dazu folgende Übersicht:

Arten von Mängeln	
Art	*Beispiel*
Fehlen der vereinbarten Beschaffenheit. Die Vertragsparteien haben im Kaufvertrag eine Beschaffenheit der Ware vereinbart. Wenn diese fehlt, liegt ein Mangel im Sinne des Gesetzes vor.	*Im Kaufvertrag wird dem Käufer zugesichert, dass der Campingschlafsack bei einer Kälte bis zu minus 15 Grad benutzt werden kann.*
Die Sache eignet sich nicht für die nach Vertrag vorausgesetzte Verwendung.	*Für einen Hausbau müssen die einzubauenden Türen und Fenster eine bestimmte Größe haben.*
Die Sache eignet sich nicht für die gewöhnliche Verwendung, die bei Sachen gleicher Art üblich ist und die der Käufer nach der Art der Sache erwarten kann.	*Ein Bücherregal ist zu schwach gebaut, sodass darin keine Bücher aufbewahrt werden können.* *Eine gekaufte Waschmaschine ist defekt und funktioniert nicht.*

In der Werbung des Verkäufers oder des Herstellers werden Zusicherungen gemacht oder bestimmte Eigenschaften der Ware mitgeteilt oder angepriesen. Bei Fehlen dieser Eigenschaften liegt ein Mangel vor, es sei denn, es handelt sich um übertriebene Werbeanpreisungen.	Ein Kaufhaus wirbt in Zeitungen mit den Daten seiner PCs (Größe von Festplatte, Arbeitsspeicher). Treffen diese Angaben nicht zu, liegt ein Mangel im Sinne des Gewährleistungsrechts vor, selbst wenn der Computer einwandfrei funktioniert.
Eine vom Verkäufer vorgenommene unsachgemäße Montage der verkauften Sache. Als Mangel gilt auch: Die Montageanleitung ist fehlerhaft, sodass der Zusammenbau der Sache nicht gelingt.	Die vom Möbelhaus gelieferte Küche ist zwar in Ordnung, wird aber durch den Verkäufer derart montiert, dass sie nicht funktioniert.
Eine andere Sache oder eine zu geringe Menge wird geliefert.	
Ein Rechtsmangel (§ 435 BGB) liegt vor, wenn andere („Dritte") in Bezug auf die Sache gegenüber dem Käufer Rechte geltend machen könnten. Rechtsmängel werden rechtlich genauso behandelt wie Sachmängel.	Ein Verkäufer verkauft Raubkopien von CDs. Ein Dieb verkauft das gestohlene Notebook.

Rechte des Käufers bei Vorliegen eines Mangels
Wenn ein Sach- oder ein Rechtsmangel vorliegt, stehen dem Käufer folgende Rechte zu (§ 437 BGB):
● Der Käufer kann Nacherfüllung verlangen,
● vom Vertrag zurücktreten oder den Kaufpreis mindern,
● Schadensersatz oder Ersatz vergeblicher Aufwendungen verlangen.

Um diese Rechte geltend zu machen, muss der Käufer die gesetzlichen Rügefristen einhalten und es darf kein Gewährleistungsausschluss vorliegen (vgl. Abschnitt 7.9).

Nacherfüllung

Bei Vorliegen eines Mangels kann der Käufer nach seiner Wahl die Beseitigung des Mangels (Nachbesserung, Reparatur) oder Lieferung einer mangelfreien Sache (Ersatz) verlangen (§ 439 Abs. 1 BGB). Allerdings hat der Käufer kein Wahlrecht, wenn eine Variante unverhältnismäßig hohe Kosten erfordert.

Wenn die Nacherfüllung scheitert, weil die Reparatur oder der Umtausch nicht möglich ist, kann der Käufer nach erfolglosem Setzen einer angemessenen Nachfrist
- vom Kaufvertrag zurücktreten („Geld zurück – Ware zurück") oder
- Minderung des Kaufpreises verlangen.

Beispiel: Geld zurück oder Ware zurück

Der Käufer wird im Falle eines nicht funktionierenden Fernsehers den gezahlten Kaufpreis zurückverlangen. Wenn der Fernseher lediglich einen „Kratzer" hat, wird er den Kaufpreis mindern, weil er den Fernseher, auch wenn er nicht so schön aussieht, ja durchaus nutzen kann.

Darüber hinaus kann der Käufer weitere Rechte geltend machen, nämlich Schadensersatz oder Ersatz der vergeblichen Aufwendungen. Der Schaden, der durch die mangelhafte Sache verursacht wurde, kann vom Verkäufer verlangt werden (wenn z.B. durch die defekte Waschmaschine die Wäsche des Käufers zerrissen wurde). Wenn der Käufer im Vertrauen auf die Lieferung der mangelfreien Sache Aufwendungen hatte, kann er diese Kosten vom Verkäufer verlangen.

7.9 Rügefristen bei Mängelansprüchen

Gewährleistungsansprüche können nur innerhalb bestimmter Zeiträume gegenüber dem Verkäufer geltend gemacht werden. Je nach Art des Rechtsgeschäfts und nach Art der Beteiligten gelten verschiedene Fristen. Darüber hinaus können die Vertragspartner im Rahmen des Kaufvertrags individuelle Regelungen treffen oder einen Gewährleistungsausschluss vereinbaren.

Verjährungsfristen von Mängelansprüchen	
Die wichtigsten Rügefristen (§ 438 BGB)	
Verbrauchsgüterkäufe	2 Jahre
Verbrauchsgüterkäufe über gebrauchte Sachen	(mind.) 1 Jahr
Mängel, die vom Verkäufer arglistig verschwiegen werden	3 Jahre
bei Bauwerken und bei Sachen, die für ein Bauwerk verwendet worden sind	5 Jahre

Innerhalb dieser Fristen muss der Käufer die Mängel gegenüber dem Verkäufer rügen.

Wenn diese Fristen nicht eingehalten werden, verliert der Käufer seine Gewährleistungsansprüche.

7.9.1 Rügefristen nach Art der beteiligten Personen

Verbrauchsgüterkauf (§§ 474 ff. BGB)
Wenn ein Verbraucher bei einem Unternehmer eine bewegliche Sache kauft, handelt es sich um einen Verbrauchsgüterkauf. Für diese Rechtsgeschäfte gelten Sonderregelungen, die den Verbraucher schützen sollen. Es gilt die Gewährleistungsfrist von zwei Jahren, die weder durch AGB noch durch individuelle Vereinbarungen im Kaufvertrag unterschritten werden darf. Das bedeutet, dass bei den allgemeinen Kaufverträgen (Fernseher, Möbel, Auto usw.) immer diese Mindestrügefrist von zwei Jahren gegeben sein muss.

Während der ersten sechs Monate nach dem Kauf gilt bezüglich der zweijährigen Verjährungsfrist die sogenannte Beweislastumkehr, d.h., entgegen den üblichen Beweisregeln, wonach der Käufer beweisen muss, dass die Sache beim Kauf mangelhaft war, müsste der Verkäufer beweisen, dass die Sache beim Kauf mangelfrei war, was naturgemäß schwierig sein dürfte. Der Verbraucher ist also in einer guten Situation bei der Darlegung des Schadens. In den restlichen 18 Monaten der Rügefrist muss der Käufer beweisen, dass die Sache beim Kauf nicht in Ordnung war (§ 476 BGB).

Bei einem Verbrauchsgüterkauf über gebrauchte Sachen muss mindestens eine Rügefrist von einem Jahr gewährt werden (§ 475 Abs. 2 BGB).

Bürgerlicher Kauf
Bei einem Kaufvertrag zwischen Privatleuten gilt grundsätzlich auch die gesetzliche zweijährige Gewährleistungsfrist. Im Rahmen des Kaufvertrages können Käufer und Verkäufer aber auch andere Regelungen treffen, insbesondere auch jegliche Gewährleistung ausschließen (z.B. die Klausel „gekauft wie besichtigt" beim privaten Verkauf eines Fahrrads, von Spielzeug usw.).

Handelskauf (§ 377 HGB)
Bei einem beiderseitigen Handelsgeschäft, also wenn beide Parteien Kaufleute sind, hat der Käufer die Ware bei Lieferung unverzüglich zu untersuchen und etwaige offene Mängel zu rügen. Kommt er dieser Pflicht nicht nach, gilt die Lieferung als genehmigt und er kann sie später nicht mehr beanstanden.
- Bei einem Platzkauf (Käufer und Verkäufer wohnen am selben Ort) hat der Käufer die Möglichkeit, die Annahme zu verweigern. Zur Wahrung seiner Rechte genügt es, wenn er die Mängelrüge rechtzeitig dem Verkäufer mitteilt.
- Bei einem Distanzkauf (Käufer und Verkäufer wohnen an unterschiedlichen Orten) muss der Käufer die Ware für den Verkäufer bis zur Abholung aufbewahren (§ 379 HGB).

Bei einem nicht erkennbaren Mangel muss die Rüge unverzüglich nach seiner Entdeckung, allerdings innerhalb der zweijährigen Rügefrist erfolgen. Mängel, die vom Verkäufer arglistig verschwiegen werden, verjähren nach Ablauf von drei Jahren.

7.9.2　Gewährleistungsausschluss und Garantieversprechen
Außer im Fall der zwingenden Regelungen beim Verbrauchsgüterkauf können die Parteien im Rahmen eines Kaufvertrages durchaus andere Gewährleistungsfristen vereinbaren als die gesetzlichen Vorgaben. Sie können sowohl Gewährleistungsansprüche ausschließen wie auch andere Fristen festlegen. Die gesetzliche Regelung würde nur für den Fall herangezogen werden, dass die Partner keine Regelungen getroffen hätten. Verkäufer oder auch Hersteller können für die Beschaffenheit

einer Sache oder Teile einer Sache über den Rahmen der gesetzlichen Vorschriften hinaus eine Garantie für einen bestimmten Zeitraum übernehmen (§ 443 BGB). Ein typisches Beispiel: Ein Autohersteller übernimmt gegen das Durchrosten der Karosserie seiner Fahrzeuge eine Garantie für einen Zeitraum von sieben Jahren.

7.10 Die außergerichtliche und die gerichtliche Geltendmachung von Forderungen

Wenn der Käufer seiner Zahlungsverpflichtung aus dem Kaufvertrag nicht nachkommt oder wenn der Verkäufer die Ware nicht liefert, muss sich der jeweilige Gläubiger bemühen, den Schuldner zur Leistung zu bewegen. Er wird zunächst im Rahmen des außergerichtlichen Mahnverfahrens (kaufmännischen Mahnverfahrens) den anderen Teil zur Leistung auffordern. Sollten die außergerichtlichen Bemühungen zu keinem Erfolg führen, kann der Verkäufer den Kaufpreis mit gerichtlicher Hilfe, und zwar mit dem gerichtlichen Mahnverfahren oder mit dem Klageverfahren geltend machen. Der Käufer hat lediglich die Möglichkeit des Klageverfahrens, um die Lieferung der gekauften Ware gerichtlich durchzusetzen.

Ziel dieser gerichtlichen Verfahren ist es, dass der Gläubiger in den Besitz eines „Titels" (Urteils oder Vollstreckungsbescheides) gelangt, einer Urkunde, mit der der Gläubiger die Zwangsvollstreckung gegen den Schuldner betreiben kann.

7.10.1 Das außergerichtliche Mahnverfahren

Im Rahmen des außergerichtlichen Mahnverfahrens, für das es keinerlei gesetzliche Regelungen gibt, bemüht sich der Gläubiger üblicherweise in mehreren Stufen, den Schuldner zur Zahlung bzw. Lieferung der Ware aufzufordern. Dabei besteht Formfreiheit. Der Gläubiger wird aber aus Beweisgründen die Schriftform wählen. Anfangs wird der Gläubiger verbindliche Formulierungen wählen, da ja nicht auszuschließen ist, dass der Schuldner den Zahlungszeitpunkt tatsächlich nur versäumt hat und der Gläubiger die Geschäftsbeziehungen zu seinem Kunden nicht durch übermäßig scharfe Formulierungen gefährden will. Innerhalb der einzelnen Mahnstufen wird er den Ton der Zahlungsaufforderungen verschärfen.

Die einzelnen Mahnstufen	
1. Stufe = Erinnerungs- schreiben	Die erste Zahlungsaufforderung gilt noch nicht als Mah- nung, sondern als Zahlungserinnerung. Oft wird eine Kopie der Rechnung übersandt, mit der kurzen Bitte um Ausgleich.
2. Stufe = 1. Mahnung	Im Rahmen dieser 1. Mahnung wird der Schuldner darauf hingewiesen, dass der Rechnungsbetrag noch nicht bezahlt ist, und zur Zahlung des Betrages innerhalb einer bestimm- ten Frist aufgefordert.
3. Stufe = 2. Mahnung	Der Schuldner wird darauf hingewiesen, dass die erste Mahnung ohne Erfolg war, dass weitere Kosten entstehen werden, und noch einmal zur Zahlung innerhalb einer bestimmten Frist aufgefordert. Unter Umständen werden gerichtliche Maßnahmen angedroht oder die Einschaltung eines Inkassounternehmens.
4. Stufe = 3. Mahnung	Es wird unter Hinweis auf die bisherigen erfolglosen Bemühungen eine letzte Zahlungsfrist gesetzt, mit dem Hinweis, dass nach deren Ablauf ohne weitere Mahnungen gerichtliche Schritte eingeleitet werden.

Unter Umständen beauftragt der Gläubiger nach der zweiten oder dritten Mahnung ein Inkassounternehmen mit der weiteren Einziehung
der Forderung. Dabei handelt es sich um Unternehmen, die gewerbs-
mäßig Forderungen für andere einziehen. Der Vorteil für den Gläubiger
in dieser Möglichkeit liegt darin, dass er arbeits- und kostenmäßig entlastet wird und dass die Einziehung professionell bearbeitet wird.

7.10.2 Das gerichtliche Mahnverfahren (§§ 688–703 d ZPO)
Wenn der Gläubiger mithilfe des außergerichtlichen Mahnverfahrens
kcinen Erfolg hat, kann er gegen den Schuldner im Wege des Klageuer-
fahrens vorgehen, wahlweise hat er auch die Möglichkeit, das gerichtliche Mahnverfahren durchzuführen.

Das gerichtliche Mahnverfahren ist gegenüber dem Klageverfahren
schneller und kostengünstiger, da es sich um ein schriftliches Verfahren
(ohne Gerichtsverhandlung), welches mit EDV bearbeitet wird, handelt. Darüber hinaus besteht auch bei größeren Forderungen die Möglichkeit, das gerichtliche Mahnverfahren selbst durchzuführen, da die
Beauftragung eines Anwalts nicht notwendig ist.

Im Verlauf des gerichtlichen Mahnverfahrens wird dem Schuldner ein Mahnbescheid zugestellt, in dem er durch das Gericht zur Zahlung aufgefordert wird. Reagiert er auf diesen Bescheid nicht, leistet er insbesondere keine Zahlung, kann der Gläubiger nach Ablauf einer Frist von zwei Wochen beim Gericht einen Vollstreckungsbescheid beantragen. Der Vollstreckungsbescheid ist, wie ein Gerichtsurteil, ein vollstreckbarer Titel, mit dem der Gläubiger die Zwangsvollstreckung gegen den Schuldner durchführen kann.

Beantragung des Mahnbescheides

Der Gläubiger (im Mahnverfahren wird er als Antragsteller bezeichnet) muss ein amtliches Formular – „Antrag auf Erlass eines Mahnbescheids" –, welches im Schreibwarenhandel zu kaufen ist, ausfüllen. Es besteht auch die Möglichkeit, das Formular aus dem Internet herunterzuladen bzw. den Mahnantrag online zu stellen. Die Seite „www.online-mahnantrag.de" enthält genaue Informationen über die Voraussetzungen und die Möglichkeiten, ein Mahnverfahren zu betreiben.

Er muss mindestens folgende Angaben machen:
- Name und Anschrift des Antragstellers und des Antragsgegners
- Bezeichnung des Anspruchs (Grund und Höhe der Forderung), etwaige Zinsen und Mahnkosten
- Angabe des Gerichts, bei dem im Falle des Widerspruchs das streitige Verfahren durchgeführt werden soll
- die Erklärung, dass die Gegenleistung (z.B. Warenlieferung) schon erbracht ist
- Unterschrift des Antragstellers

Der Antrag muss beim zuständigen Mahngericht, das ist das Amtsgericht, in dessen Bezirk der Antragsteller seinen Wohn- oder Geschäftssitz hat, eingereicht werden. Die Gerichtskosten für dieses Verfahren werden im Rahmen der Kostenaufstellung des Mahnbescheids dem Antragsgegner in Rechnung gestellt.

Der Ablauf eines Mahnverfahrens ist im Schaubild auf der nächsten Seite dargestellt.

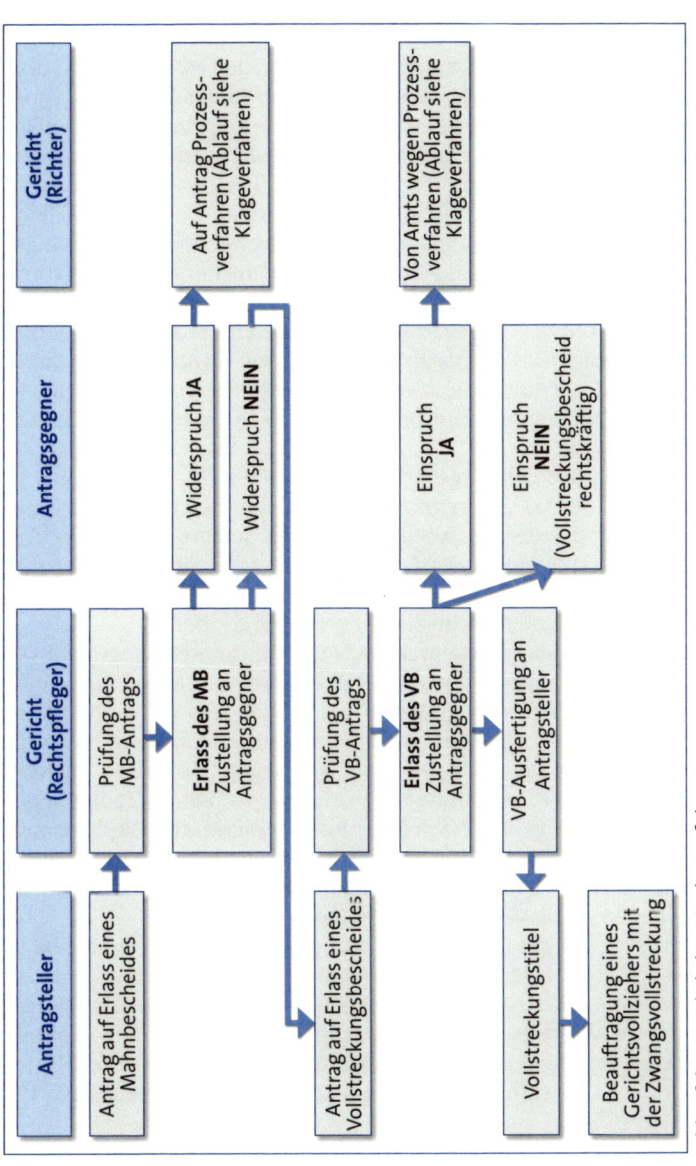

Ablauf des gerichtlichen Mahnverfahrens

Klageverfahren

Durch die Einlegung des Widerspruchs gegen den Mahnbescheid bzw. Einspruch gegen den Vollstreckungsbescheid kann der Antragsgegner erreichen, dass im Rahmen eines gerichtlichen Klageverfahrens die Einwendungen des Antragsgegners geprüft werden und das Gericht nach einer mündlichen Verhandlung durch Urteil über den Rechtsstreit entscheidet.

Diese Möglichkeit des Klageverfahrens besteht für den Gläubiger grundsätzlich, er kann also zwischen gerichtlichem Mahnverfahren und Klageverfahren wählen. Zweckmäßigerweise wird der Gläubiger die Möglichkeit des Klageverfahrens (auch wenn es kostspieliger und zeitaufwendiger ist) dann wählen, wenn er von vornherein annehmen muss, dass der Schuldner sich gegen die Forderung wehren wird und es durch den Widerspruch/Einspruch in jedem Fall zum Klageverfahren kommen würde.

Zuständig für das Klageverfahren ist bei einem Streitwert bis zu 5.000,00 Euro das Amtsgericht, bei einem höheren Streitwert das Landgericht des Bezirks, wo der Schuldner seinen Wohn- bzw. Geschäftssitz hat. Bei einem Verfahren vor dem Landgericht müssen Kläger und Beklagter (so heißen in diesem Verfahren Gläubiger und Schuldner) von einem Rechtsanwalt vertreten werden.

Die Klageerhebung erfolgt durch Einreichung einer Klageschrift, die dem Beklagten zugestellt wird. Der Beklagte hat Gelegenheit, schriftlich Stellung zu nehmen. Im Termin zur mündlichen Verhandlung versucht das Gericht, gegebenenfalls eine gütliche Einigung herbeizuführen. Gelingt dies nicht, wird die Angelegenheit streitig erörtert, eventuell werden im Rahmen einer Beweisaufnahme Zeugen oder Sachverständige gehört. Nach Abschluss der mündlichen Verhandlung entscheidet das Gericht durch Urteil.

Erscheint eine Partei im Termin zur mündlichen Verhandlung nicht, kann gegen sie ein Versäumnisurteil ergehen.

Im Laufe der gesamten Verhandlung haben die Parteien die Möglichkeit, sich gütlich zu einigen und einen Prozessvergleich zu schließen.

Wenn die unterlegene Partei mit dem Urteil nicht einverstanden ist, hat sie die Möglichkeit, mit dem Rechtsmittel der Berufung in einem weiteren Verfahren diese Entscheidung überprüfen zu lassen. Unter bestimmten Umständen ist noch eine zweite Rechtsmittelinstanz, die Revision, möglich.

7.10.3 Zwangsvollstreckung

Mit einem Titel (Vollstreckungsbescheid, Urteil) kann der Gläubiger mit staatlicher Hilfe (Gericht, Gerichtsvollzieher) die Zwangsvollstreckung gegen den Schuldner betreiben.

Die Zwangsvollstreckung kann sich gegen folgende Vermögenswerte des Schuldners richten:

- Zwangsvollstreckung in das bewegliche Vermögen: Der Gerichtsvollzieher wird beauftragt, den Schuldner in seiner Wohnung oder in seinen Geschäftsräumen aufzusuchen und körperliche Sachen zu pfänden. Geld, Wertpapiere, Schmuck nimmt der Gerichtsvollzieher mit. Andere Sachen (Möbel, größere Gegenstände) werden mit einem Pfandsiegel versehen und später abgeholt. Die Gegenstände, die der Schuldner mindestens zum Leben benötigt, wie Bett, Schrank, Kleidung, Haushaltsgeräte, und die Sachen, die er zur Berufsausübung benötigt, dürfen nicht gepfändet werden. Die gepfändeten Sachen werden durch den Gerichtsvollzieher öffentlich versteigert, von dem Erlös wird die Forderung des Gläubigers bezahlt.
- Zwangsvollstreckung in Forderungen: Auf einen Antrag des Gläubigers beim Vollstreckungsgericht wird ein Pfändungs- und Überweisungsbeschluss erlassen, der es dem Gläubiger ermöglicht, Arbeitseinkommen, Bankkonto, Lebensversicherung usw. des Schuldners zu pfänden. Das gepfändete Geld darf nicht an den Schuldner ausgezahlt werden, sondern wird dem Gläubiger überwiesen. Vom Arbeitseinkommen muss dem Schuldner aber so viel belassen werden (ca. 1.000,00 Euro pro Monat), dass er seinen dringendsten Lebensbedarf bestreiten kann.
- Zwangsvollstreckung in unbewegliches Vermögen: Hat der Schuldner ein Grundstück oder eine Eigentumswohnung, kann der Gläubiger die Zwangsversteigerung des Grundstücks beim Vollstreckungsgericht beantragen. Wenn das Grundstück Erträge abwirft, z. B. Mieten oder Pacht, kann die Zwangsverwaltung angeordnet werden. Die Erträge werden an den Gläubiger abgeführt.

Die Vermögensauskunft des Schuldners

Wenn die Zwangsvollstreckung in das bewegliche Vermögen erfolglos bleibt, will der Gläubiger in Erfahrung bringen, ob nicht noch andere Vermögenswerte vorhanden sind, die eventuell gepfändet werden können. Aus diesem Grund kann der Gläubiger vom Schuldner verlangen, ein Vermögensverzeichnis anzufertigen und an Eides statt zu versichern, dass die Angaben wahr und vollständig sind. Die Abgabe der Vermögensauskunft sowie die Angaben des Vermögensverzeichnisses werden in dem zentralen Schuldnerverzeichnis, welches von den zentralen Vollstreckungsgerichten, die es für jedes Bundesland gibt, geführt wird, eingetragen. Hier können sich andere Gläubiger oder auch potenzielle Geschäftspartner informieren und das Vermögensverzeichnis einsehen.

Vor Ablauf von zwei Jahren kann eine erneute Vermögensauskunft nicht verlangt werden.

Wenn der Schuldner zum Termin zur Abgabe der Vermögensauskunft nicht erscheint oder sich weigert, die Versicherung abzugeben, kann der Gläubiger beim Vollstreckungsgericht einen Haftbefehl beantragen. Der Schuldner kann bis zu einem halben Jahr in die Haftanstalt eingeliefert werden, um die Abgabe der Vermögensauskunft zu erzwingen. Gibt der Schuldner die eidesstattliche Versicherung ab, wird er freigelassen.

Wenn der Gläubiger mit seinen Zwangsvollstreckungsmaßnahmen keinen Erfolg hat, kann er sich in Abständen mit erneuten Zwangsvollstreckungsmaßnahmen bemühen, um seine Forderung zu realisieren. Gerichtsurteile und Vollstreckungsbescheide verjähren erst nach Ablauf von 30 Jahren.

7.11   Verjährung

Ansprüche auf Zahlung und andere Leistungen verjähren nach Ablauf bestimmter Fristen. Das bedeutet, dass der Schuldner einerseits die Leistung mit Hinweis auf den Eintritt der Verjährung verweigern kann („Einrede der Verjährung"). Andererseits kann der Schuldner, der in Unkenntnis der Verjährung eine Leistung erbringt, diese mit Hinweis auf den Eintritt der Verjährung nicht zurückverlangen.

Die Vorschriften über die Verjährung haben den Sinn, dafür zu sorgen, dass irgendwann einmal „Rechtsfrieden" herrschen soll und dass nach Jahren nicht plötzlich Schuldner oder deren Erben mit „uralten" Ansprüchen konfrontiert werden.

Beginn der Verjährungsfristen

Grundsätzlich beginnen die Verjährungsfristen mit dem Entstehen des
Anspruchs (§ 200 BGB).

Verjährungsfristen		
Verjährungsfrist	Anspruchsart	Beispiele
3 Jahre	regelmäßige Verjäh-rungsfrist (§ 195 BGB)	Rechtsgeschäfte des täglichen Lebens (Kaufvertrag, Dienst-vertrag usw.)
2 Jahre	Verbrauchsgüterkäufe (§ 475 BGB)	Mängelgewährleistungs-ansprüche
5 Jahre	Bauwerke und Sachen, die für ein Bauwerk verwendet worden sind (§ 438 BGB)	Baumängel an Gebäuden
10 Jahre	Rechte an Grund-stücken (§ 196 BGB)	Kaufpreisforderung aus Grundstückskauf
30 Jahre	Ansprüche aus rechtskräftigen und vollstreckbaren Titeln (§ 197 BGB)	● Gerichtsurteile ● Vollstreckungsbescheide ● notarielle Schuldanerkennt-nisse

Eine Besonderheit gilt für die regelmäßige Verjährungsfrist von drei
Jahren gemäß § 195 BGB. Sie beginnt mit dem Schluss des Jahres, in dem
der Anspruch entstanden ist (§ 199 Abs. 1 BGB).

Beispiele Verjährungsbeginn

a) *Normalfall: Die zweijährige Mängelgewährleistungsfrist (§ 438 Abs. 1
BGB) beim Kaufvertrag beginnt mit der Übergabe der gekauften
Sache.*

b) *Sonderfall dreijährige Frist: Ferdi kauft am 1. August einen Motorroller.
Die dreijährige Verjährungsfrist bezüglich des Kaufpreisanspruchs
beginnt erst mit Ablauf des 31. Dezembers (§ 199 Abs. 1 BGB).*

Hemmung der Verjährung
Der Lauf der Verjährungsfrist kann durch bestimmte „Ereignisse" gehemmt werden, sodass sie nicht weiterläuft und erst nach Beseitigung dieses Ereignisses fortläuft. Das bedeutet, dass der Zeitraum, während dessen die Verjährung gehemmt ist, in die Verjährungsfrist nicht eingerechnet wird (§ 209 BGB).

Die Verjährung wird u.a. durch folgende Ereignisse gehemmt:
- Während des Zeitraums, in dem Schuldner und Gläubiger darüber verhandeln, ob der Anspruch gerechtfertigt ist, bis eine der Vertragsparteien die Fortsetzung endgültig verweigert. Die Verjährung darf aber frühestens drei Monate nach dem Ende der Hemmung eintreten (§ 203 BGB).
- Durch Einreichung der Klage oder durch Beantragung des Mahnbescheides (§ 204 BGB i.V.m. § 167 ZPO). Die Hemmung endet sechs Monate nach der rechtskräftigen Entscheidung oder anderweitigen Beendigung des Verfahrens (§ 204 Abs. 2 BGB).

Neubeginn der Verjährung
Bestimmte „Ereignisse" bewirken, dass die gesamte Verjährungsfrist erneut von vorn zu laufen beginnt (§ 212 BGB).

Der Neubeginn der Verjährung tritt ein,
- wenn der Schuldner dem Gläubiger gegenüber den Anspruch durch Abschlagszahlung, Zinszahlung, Sicherheitsleistung oder in anderer Weise (z.B. durch die Bitte um Zahlungsaufschub, Stundung) anerkennt,
- wenn eine gerichtliche oder behördliche Vollstreckungshandlung vorgenommen wird.

Beispiele

a) *Auf eine Kaufpreisforderung des Gläubigers zahlt der Schuldner einen Teilbetrag. Bezüglich des Restbetrages beginnt die Verjährungsfrist erneut zu laufen.*

b) *Gerichtsvollzieher Schneidig pfändet beim Schuldner Säumig nach 28 Jahren vergeblich aus einem Vollstreckungsbescheid des Gläubigers Rüstig. Die Verjährungsfrist beginnt erneut.*

7.12 Zusammenfassung

Kaufvertrag	*Der Kaufvertrag kommt durch zwei übereinstimmende Willenserklärungen, Antrag und Annahme, zustande.*
Verpflichtungs- geschäft/ Verfügungs- geschäft	*Im Rahmen des Verpflichtungsgeschäfts (Kaufvertrag gem. § 433 BGB) verpflichten sich Käufer und Verkäufer zur Übereignung der Sache und Zahlung des Kaufpreises. Durch das Verfügungsgeschäft (Übereignung gem. § 929 BGB) kommt im Rahmen eines zweiten Rechtsgeschäfts der Eigentumswechsel zustande.*
Freizeich- nungsklauseln	*Durch Freizeichnungsklauseln kann der Verkäufer die Bindung an seinen Antrag einschränken.*
Allgemeine Geschäfts- bedingungen	*Durch Allgemeine Geschäftsbedingungen (AGB) schaffen Unternehmen (Verwender) standardisierte Inhalte für eine Vielzahl von Verträgen.*
Inhalts- kontrolle von AGB	*AGBs dürfen den Vertragspartner des Verwenders (oft der Verbraucher) nicht unangemessen benachteiligen, insbesondere dürfen keine überraschenden oder mehrdeuti- gen Klauseln verwendet werden.*

Besonderheiten des Kaufvertrags	*Art und Bestand der Ware* ● *Stückkauf* ● *Kauf zur Probe* ● *Kauf auf Probe* ● *Kauf nach Probe* ● *Spezifikationskauf* ● *Ramschkauf*	*Vertragspartner* ● *Zweiseitiger Handelskauf* ● *Einseitiger Handelskauf* ● *Bürgerlicher Kauf*
	Zahlungszeitpunkt ● *Zahlung vor Lieferung* ● *Zahlung bei Lieferung* ● *Zahlung nach Lieferung*	*Lieferzeit der Ware* ● *Sofortkauf (Tageskauf)* ● *Terminkauf* ● *Fixkauf* ● *Kauf auf Abruf*
Regelungen zur individu- ellen Gestal- tung von Kaufverträgen	● *Nähere Bezeichnung der Ware* ● *Preis der Ware* ● *Lieferungsbedingungen (Beförderungsbedingungen)* ● *Zahlungsbedingungen* ● *Eigentumsvorbehalt*	

Erfüllungsort	Der Ort, wo die Leistungen aus dem Kaufvertrag erbracht werden, wird als Erfüllungsort bezeichnet. Er ist insbesondere für die Bestimmung des Zeitpunkts des Gefahrenübergangs wichtig.

Aufgaben zur Selbstkontrolle

1. Benjamin verkauft Sebastian sein gebrauchtes Auto. Welche Pflichten und Rechte ergeben sich aus diesem Vertrag für Käufer und Verkäufer?

2. Geben Sie jeweils ein Beispiel für einen beiderseitigen Handelskauf, einen bürgerlichen Kauf, einen Verbrauchsgüterkauf!

3. Unter welchen Bedingungen werden allgemeine Geschäftsbedingungen Bestandteil eines Kaufvertrages und was bedeutet der „Vorrang der Individualabrede"?

4. Wann muss ein telefonisches Angebot spätestens angenommen werden?

5. Erklären Sie, was die Voraussetzungen des Lieferverzugs und des Zahlungsverzugs sind!

6. Herr Säumig hat von Herrn Tüchtig eine Videokamera gekauft. Die Rechnung, die zum 16. Juni fällig war, aber nicht bezahlt wurde, betrug 1.000,00 Euro. Tüchtig beauftragt Rechtsanwalt Raabe mit der Geltendmachung des Betrages. Welchen Verzugsschaden kann Tüchtig von Säumig verlangen?

7. Wann ist sowohl beim Lieferungsverzug als auch beim Zahlungsverzug eine Mahnung nicht notwendig? Welche Besonderheit für den Verzugseintritt gilt darüber hinaus beim Zahlungsverzug?

8. Welche Rechte hat der Verkäufer beim Annahmeverzug und welchen Einfluss hat der Annahmeverzug auf seine Haftung?

9. Welche Rechte hat der Käufer bei Vorliegen eines Sachmangels?

8 Gewerbe, Unternehmen und Unternehmensformen

8.1 Das Gewerbe

Jeder Bürger kann ein Gewerbe gründen, in der Bundesrepublik Deutschland herrscht Gewerbefreiheit (§ 1 GewO). Unter einem Gewerbe versteht man jede
- selbstständige, erlaubte Tätigkeit,
- die auf Dauer angelegt ist und
- mit Gewinnerzielungsabsicht betrieben wird.

Wer ein Gewerbe betreiben will, braucht die Aufnahme der gewerblichen Tätigkeit nur bei der zuständigen Behörde anzuzeigen. Er muss allerdings weitere Anmeldungen vornehmen bzw. weitere Behörden melden sich bei ihm, da mit der Aufnahme der gewerblichen Tätigkeit weitere Pflichten entstehen, denen er nachkommen muss.

Die Behörde verständigt ihrerseits
- das Finanzamt (es teilt eine Steuernummer zu),
- die zuständige Kammer (IHK, Handwerkskammer o.a.) – für jeden Gewerbetreibenden besteht Pflichtmitgliedschaft in der für den Gewerbebereich zuständigen Kammer,
- die Berufsgenossenschaft als Träger der gesetzlichen Unfallversicherung (vgl. 15.2) und
- die Arbeitsschutzbehörde, die für die Überwachung der Einhaltung von Arbeitsschutzvorschriften zuständig ist.

Diese Behörden setzen sich mit dem Gewerbetreibenden in Verbindung und fordern ihn zur entsprechenden Mitarbeit sowie zur Zahlung der entsprechenden Abgaben auf. Für bestimmte gewerbliche Tätigkeiten benötigt der Gewerbetreibende eine besondere Erlaubnis, die nur bei Vorliegen von bestimmten Voraussetzungen bzw. Qualifikationen erteilt wird. Zum Beispiel benötigt ein Gastwirt zum Betrieb einer Gaststätte eine Erlaubnis nach dem Gaststättengesetz, der Beruf des Maklers darf nur mit einer besonderen Erlaubnis nach der Gewerbeordnung ausgeübt werden.

Freiberufliche Tätigkeit

Angehörige freier Berufe wie Ärzte, Rechtsanwälte, Steuerberater, Architekten usw. üben kein Gewerbe aus, sie brauchen daher die Aufnahme ihrer Tätigkeit bei den Gewerbebehörden nicht anzuzeigen. Die Aufnahme ihrer Tätigkeit ist aber in vielen Fällen von einer Zulassung durch die für diese Tätigkeiten zuständige Kammer (Ärztekammer, Rechtsanwaltskammer, Steuerberaterkammer) abhängig.

8.2 Das kaufmännische Unternehmen (Betrieb eines Handelsgewerbes)

Ab einer bestimmten Größe muss ein Gewerbebetrieb in „professioneller" Weise geführt werden, d.h., es besteht die Notwendigkeit eines in kaufmännischer Weise eingerichteten Geschäftsbetriebs. Diese Art des Gewerbes bezeichnet man als Handelsgewerbe. Der Gewerbetreibende, der ein solches Handelsgewerbe betreibt, ist Kaufmann im Sinne des Handelsgesetzbuchs (§ 1 HGB). Für ihn besteht die Verpflichtung, sich als Kaufmann ins Handelsregister eintragen zu lassen und seinen Betrieb nach den Regelungen des Handelsgesetzbuchs zu führen.

Das Handelsgewerbe

Ein Handelsgewerbe ist ein Gewerbe, das nach Art oder Umfang einen in kaufmännischer Weise geführten Geschäftsbetrieb erfordert. Kriterien für die Notwendigkeit der Einrichtung eines solchen Unternehmens sind:
- die Anzahl und die Art der Tätigkeit der Beschäftigten,
- der Umsatz,
- das Anlage- und Betriebskapital,
- die Vielfalt der erbrachten Leistungen und die Geschäftsbeziehungen,
- die Inanspruchnahme von Krediten und die Teilnahme am Wechselverkehr.

Nach den Regelungen der Steuergesetzgebung (§ 141 Abs. 1 AO) werden Kriterien für das Vorliegen der Buchführungspflicht genannt. Wenn diese Voraussetzungen gegeben sind, geht man üblicherweise davon aus, dass ein Handelsgewerbe, somit Kaufmannseigenschaft im Sinne des Handelsgesetzbuches vorliegt.

Kriterien für ein Handelsgewerbe

Bei folgenden Voraussetzungen geht man von einer Kaufmannseigenschaft im Sinne des Handelsgesetzbuches aus:

- *jährlich ein Umsatz von mehr als 500.000 Euro oder*
- *ein Gewinn aus Gewerbebetrieb von mehr als 50.000 Euro im Wirtschaftsjahr.*

Rechte und Pflichten des Kaufmanns

Für den Kaufmann im Sinne des Handelsgesetzbuches gelten (zusätzlich zu den Vorschriften des Bürgerlichen Gesetzbuches) die Vorschriften des Handelsgesetzbuches (HGB) als „Sonderrecht der Kaufleute".

Rechte und Pflichten des Kaufmanns

Pflichten	Rechte
• *Pflicht zur ordnungsgemäßen Buchführung*	• *die ins Handelsregister eingetragene Firma genießt Schutz nach dem HGB und dem Markengesetz*
• *Pflicht zur Durchführung einer jährlichen Inventur*	• *nur Kaufleute dürfen Zweigniederlassungen errichten*
• *Pflicht zur Erstellung von Bilanzen*	• *Recht zur Erteilung von Prokura*
• *Aufbewahrungspflichten (Geschäftsbücher zehn Jahre, Geschäftsbriefe sechs Jahre)*	
• *Angaben über die Rechtsverhältnisse des Unternehmens auf Geschäftsbriefen*	

Regelung zwischen Kaufleuten
- *gelieferte Ware muss unverzüglich kontrolliert, Mängel müssen sofort gerügt werden*
- *Vergütungspflicht von Leistungen auch ohne ausdrückliche Vereinbarung*
- *Forderungen sind ab dem Fälligkeitszeitpunkt zu verzinsen*

Arten der Kaufmannseigenschaft

Das Handelsgesetzbuch kennt verschiedene „Arten" von Kaufleuten:
- Istkaufmann (§ 1 HGB)
- Kannkaufmann (§§ 2,3 HGB)
- Formkaufmann (§ 6 HGB)

Istkaufmann

Der Istkaufmann betreibt ein Handelsgewerbe. Er ist verpflichtet, seine Eintragung ins Handelsregister vornehmen zu lassen (§§ 8 ff. HGB).

Die Eintragung des Istkaufmanns in das Handelsregister hat rechtsbezeugende (deklaratorische) Wirkung, d.h., durch die Eintragung in das Handelsregister wird eine rechtliche Situation, die bereits bestand, nämlich das Betreiben eines Handelsgewerbes, bestätigt.

Kannkaufmann

Ein Kleingewerbetreibender kann, obwohl sein Gewerbebetrieb kein Handelsunternehmen ist, durchaus die Eintragung in das Handelsregister vornehmen lassen. In diesem Fall muss er sich aber auch wie ein Kaufmann im Sinne des Handelsgesetzbuches verhalten und akzeptieren, dass er so behandelt wird.

Ebenso kann sich der Betreiber eines Land- und Forstwirtschaftlichen Betriebes und dessen Nebenbetriebs (z.B. Mühle, Sägewerk), der eigentlich nicht eintragungspflichtig ist, als Kaufmann in das Handelsgewerbe eintragen lassen.

In diesem Fall handelt es sich um sogenannte Kannkaufleute (§§ 2, 3 HGB). Die Eintragung des Kannkaufmanns in das Handelsregister hat rechtserzeugende (konstitutive) Wirkung, d.h., durch die Eintragung wird eine neue rechtliche Situation, nämlich die Kaufmannseigenschaft, die vorher nicht bestand, erzeugt.

Formkaufmann

Die juristischen Personen des Handelsrechts sind aufgrund ihrer Rechtsform Kaufleute kraft Rechtsform (§ 6 HGB). Die Gesellschaft mit beschränkter Haftung (GmbH), die Aktiengesellschaft (AG), die Kommanditgesellschaft auf Aktien (KGaA) sowie die eingetragene Genossenschaft (e.G.) sind Unternehmensformen, die durch ihre Eintragung in das Handelsregister ihren rechtlichen Status als juristische Person des Privatrechts erhalten. Die Eintragung in das Handelsregister bzw. Genossenschaftsregister hat daher rechtserzeugenden (konstitutiven) Charakter.

Prokura und Handlungsvollmachten

Jeder Unternehmer steht vor der Notwendigkeit, seinen Mitarbeitern Vollmachten für Rechtsgeschäfte und Rechtshandlungen zu erteilen. Die Prokura ist im Handelsgesetzbuch (§§ 48 ff. HGB) geregelt. Sie räumt dem Prokuristen sehr weitgehende Vollmachten ein. Neben der Prokura kann den Mitarbeitern allgemeine Handlungsvollmacht, Artvollmacht sowie Einzelvollmacht erteilt werden.

Prokura

Die Prokura ermächtigt zu allen gerichtlichen und außergerichtlichen Geschäften und Rechtshandlungen, die der Betrieb eines Handelsgewerbes mit sich bringt (§ 49 HGB). Sie darf nach außen nicht eingeschränkt werden. Sie kann als Einzelprokura, Gesamtprokura (nur zwei oder mehr Prokuristen dürfen gemeinsam handeln) oder Filialprokura (beschränkt sich auf die Geschäfte einer Filiale) erteilt werden.

Der (die) Prokurist(en) zeichnet (zeichnen) im Geschäftsverkehr mit dem Zusatz ppa. (= per procura).

Prokura kann nur vom Inhaber des Handelsgeschäfts erteilt werden. Sie muss zur Eintragung ins Handelsregister angemeldet werden. Folgende Geschäfte darf der Prokurist nicht vornehmen:

- Unterzeichnung der Bilanz/Steuererklärung,
- Betriebsstilllegung,
- Insolvenzantrag,
- Veräußerung und Belastung von Grundstücken.

Handlungsvollmacht (§§ 54 ff. HGB)

Handlungsvollmacht kann formlos erteilt und beliebig begrenzt werden. Sie erstreckt sich auf alle Tätigkeiten, die im täglichen Geschäftsverkehr anfallen.

- Allgemeine Handlungsvollmacht bezieht sich auf alle gewöhnlichen Tätigkeiten eines Handelsgewerbes (z.B. Einkauf, Verkauf, Einstellung und Entlassung von Mitarbeitern usw.).
- Artvollmacht bezieht sich auf eine bestimmte Art von Geschäften (z.B. Verkauf von Waren, Einkauf bestimmter Waren).
- Spezial- = Einzelvollmacht bezieht sich auf ein einzelnes Geschäft (z.B. Einkauf eines Kopierers, Bezahlung einer bestimmten Rechnung).

Jeder Bevollmächtigte darf die entsprechend niedrigere Vollmacht erteilen.

8.3   Das Handelsregister

Das Handelsregister ist das öffentliche Verzeichnis aller Kaufleute eines Registerbezirks. Es wird von den Amtsgerichten als Registergericht geführt. Zuständig für die Eintragungen ist das Amtsgericht, in dessen Bezirk sich die Niederlassung des Kaufmanns befindet (§ 8 HGB).

Für Genossenschaften werden bei den Amtsgerichten besondere Genossenschaftsregister geführt.

Das Handelsregister ist in zwei Abteilungen gegliedert:
- Abteilung A enthält die Eintragungen über Einzelkaufleute und Personengesellschaften (OHG, KG, GmbH & Co. KG).
- Abteilung B enthält die Eintragungen über die Kapitalgesellschaften (GmbH, AG, KGaA).

Inhalt der Eintragungen
In das Handelsregister werden nur Eintragungen getätigt, die gesetzlich vorgeschrieben sind, insbesondere
- Firma und Ort der Niederlassung (§ 29 HGB),
- Inhaber, gesetzliche Vertreter (Vorstand, Geschäftsführer),
- Bezeichnung der Kommanditisten und der Betrag ihrer Einlage (§ 162 HGB),
- Änderungen der Firma, ihrer Inhaber, Verlegung der Niederlassung (§ 31 HGB),
- Erteilung und Widerruf der Prokura (§ 53 HGB),
- Auflösung des Unternehmens (§ 31 HGB).

Das elektronische Handelsregister
Das Handelsregister wird von den Gerichten elektronisch geführt (§ 8 HGB).

Die Anmeldungen zur Eintragung sind elektronisch in öffentlich beglaubigter Form einzureichen, d.h., der Notar beglaubigt den Antrag des Kaufmanns auf Eintragung und nimmt die Übermittlung zum Registergericht in elektronischer Form (mithilfe einer qualifizierten elektronischen Signatur) vor (§ 12 HGB). Die Eintragung gilt als erfolgt, wenn die Speicherung in der entsprechenden Datei beim Registergericht vorgenommen wurde. Der Kaufmann erhält eine Mitteilung über die erfolgte Eintragung.

Darüber hinaus muss die Eintragung öffentlich bekannt gemacht werden (§ 10 HGB). Diese Veröffentlichung erfolgt im Internet.

Die Eintragungen in das Handelsregister haben neben ihrer Informationsfunktion auch konkrete rechtliche Auswirkungen. Durch die Eintragung ändert sich der rechtliche Status bei der Gründung von Kapitalgesellschaften („Situation vor und nach Eintragung"). Sie bewirkt z.B. die Haftungsbeschränkung. Vor Eintragung einer Kapitalgesellschaft haften u.U. die Gesellschafter uneingeschränkt mit ihrem Privatvermögen. Letzten Endes entsteht die „juristische Person" mit ihrer eigenen Rechtsfähigkeit (rechtserzeugende = konstitutive Wirkung der Eintragung). Ebenso entsteht die Kaufmannseigenschaft des Kannkaufmanns erst durch die (konstitutive) Eintragung. In anderen Fällen bestätigt die Eintragung nur eine bereits bestehende rechtliche Situation (rechtsbezeugende = deklaratorische Wirkung), z.B. die Eintragung des Istkaufmanns oder der Prokura (vgl. dazu auch den Abschnitt „Arten der Kaufmannseigenschaft", S. 161).

Wirkung der Eintragungen

Die Eintragungen sollen bestimmte Informationen über den Kaufmann und sein Unternehmen liefern. Derjenige, der in das Handelsregister einsieht, soll auf die Richtigkeit der Eintragungen vertrauen können. Deswegen genießen die Eintragungen einen besonderen Vertrauensschutz. Das heißt, der Unternehmer selbst und jeder Dritte muss die Eintragung ins Handelsregister für und gegen sich gelten lassen, es sei denn, die Unrichtigkeit der Eintragung ist ihm bekannt (§ 15 Abs. 2 HGB). Wenn z.B. ein Unternehmer seinem Prokuristen die Prokura entzieht, diese aber noch nicht im Handelsregister gelöscht ist, muss er ein Handeln seines ehemaligen Prokuristen gegen sich gelten lassen.

Die Eintragungen in das Handelsregister haben entweder rechtserzeugende (konstitutive) Wirkung oder rechtsbezeugende (deklaratorische) Wirkung (siehe Seite 162).

Einsicht in das Handelsregister

Das Handelsregister ist ein öffentliches Register. Jeder kann ohne Angabe von Gründen Einsicht nehmen und sich informieren (§ 9 HGB) sowie sich Ausdrucke aus dem Register zusenden lassen. Die Handelsregister der Bundesländer mit ihren einzelnen Registerbezirken können ausschließlich online genutzt werden. Dazu wurde das „Gemeinsame Registerportal der Länder" (www.handelsregister.de) eingerichtet. Sämtliche Informationen, auch die Bekanntmachungen, können über dieses Portal abgerufen werden. Die Auskünfte erfolgen gegen Gebühren, einige Grundinformationen über die kaufmännischen Unternehmen sind kostenfrei. Über das Registerportal können auch das Vereinsregister, Partnerschaftsregister und das Genossenschaftsregister abgerufen werden.

8.4 Die Firma

Die Firma eines Kaufmanns ist der Name, unter dem er seine Geschäfte betreibt und die Unterschrift abgibt (§ 17 Abs. 1 HGB).

Die Namen der kaufmännischen Unternehmen müssen in ihrer Bezeichnung über die Art des Unternehmens Auskunft geben.

- Bei Einzelkaufleuten muss die Bezeichnung „eingetragener Kaufmann", „eingetragene Kauffrau", „e.K.", „e.Kfm." „e.Kfr." im Namen der Firma enthalten sein.
- Bei einer offenen Handelsgesellschaft muss die Bezeichnung „offene Handelsgesellschaft", „OHG", bei einer Kommanditgesellschaft die Bezeichnung „Kommanditgesellschaft", „KG", enthalten sein (§ 19 HGB).
- Eine eingetragene Genossenschaft muss die Bezeichnung „Genossenschaft", „e.G.", enthalten (§ 3 GenG).
- Bei den Kapitalgesellschaften sind die Bezeichnungen „Aktiengesellschaft", „AG", und „Gesellschaft mit beschränkter Haftung", „GmbH", Bestandteil der Firma (§ 4 AktG, § 4 GmbHG).

Ansonsten sind die Unternehmen bei der Wahl des Namens der Firma frei, es kann sich sowohl um eine Namens-, Sach-, als auch um eine Fantasiefirma handeln.

Firmengrundsätze

Bei der Wahl der Firma müssen bestimmte Grundsätze eingehalten werden, die im Wesentlichen das Ziel haben, in der Öffentlichkeit kein falsches Bild oder keinen falschen Eindruck über das Unternehmen entstehen zu lassen.

Regelungen zur Wahl der Firma	
Firmenwahrheit und -klarheit *Die Firma muss zur Kennzeichnung des Kaufmanns geeignet sein und Unterscheidungskraft besitzen. Sie darf keine irreführenden Angaben über gesellschaftliche Verhältnisse besitzen, die für die angesprochenen Verkehrskreise wesentlich sind (§ 18 HGB).*	**Firmenbeständigkeit** *Der „gute Name" einer Firma bleibt oft über Generationen erhalten. Mit Zustimmung des früheren Geschäfts-inhabers bzw. seiner Erben kann der Name, obwohl dies ein Verstoß gegen den Grundsatz der Firmenwahrheit wäre, dem Unternehmen erhalten bleiben (§ 22 HGB).*
Firmenausschließlichkeit *Die Firma muss sich von anderen im Registerbezirk vorhandenen Handels-namen deutlich unterscheiden (§ 30 HGB).*	**Firmenöffentlichkeit** *Jeder Kaufmann ist verpflichtet, die Firma oder mögliche spätere Änderungen des Handelsnamens zur Eintragung in das Handelsregister anzumelden (§§ 29, 31 HGB).*

Pflichtangaben auf Geschäftsbriefen

Auf allen Geschäftsbriefen, die an einen bestimmten Empfänger ge-richtet sind, muss der Kaufmann Pflichtangaben machen (§ 37 a HGB):

● Firma und die Bezeichnung,
● Ort der Handelsniederlassung, Registergericht,
● Nummer, unter der die Firma ins Handelsregister eingetragen ist.

8.5 Unternehmensformen

Nicht nur der Einzelkaufmann gründet ein Unternehmen, in dem er als Alleinverantwortlicher alle Entscheidungen trifft. Es gibt Gründe, dass sich mehrere Personen zum gemeinsamen Betrieb eines Unterneh-mens zusammenschließen, also eine Gesellschaft gründen. Solche Gründe können sein:

● Arbeitsteilung,
● Kostenersparnis (z.B. gemeinsame Nutzung von Büroräumen, Betriebsmitteln, Arbeitskräften),
● „Know-how" (gebündeltes Fachwissen),
● gemeinsame Kapitalerbringung.

Je nach Schwerpunkt der unternehmerischen Interessen stehen verschiedene „Unternehmenstypen" zur Verfügung. Die Unternehmensgründer werden sich bei der Wahl der Unternehmensform von den entsprechenden Möglichkeiten leiten lassen.

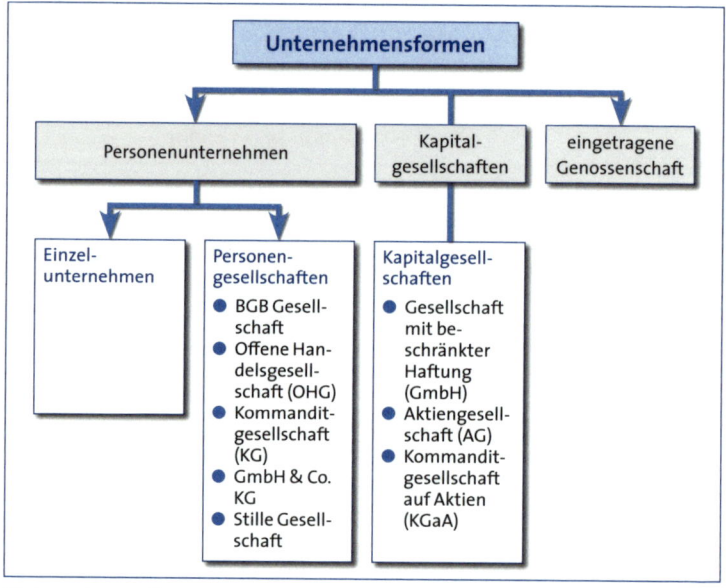

Unternehmensformen

8.5.1 Das Einzelunternehmen

Der Einzelunternehmer als Kleingewerbetreibender oder als eingetragener Kaufmann führt sein Unternehmen allein. Er trägt das volle Risiko, er haftet mit seinem gesamten Vermögen für die Verbindlichkeiten seines Unternehmens, kann aber auch den gesamten Gewinn für sich beanspruchen.

Kennzeichnend für das Einzelunternehmen sind also:

- alleinige Kapitalaufbringung (aus Privatvermögen oder Krediten),
- alleinige Geschäftsführung des Unternehmens,
- unbeschränkte Haftung (mit Geschäfts- und Privatvermögen),
- alleiniger Anspruch auf den Gewinn.

8.5.2 Die Personengesellschaften im Überblick

Personengesellschaften sind die Gesellschaft bürgerlichen Rechts (GbR), die offene Handelsgesellschaft (OHG), die stille Gesellschaft und die Kommanditgesellschaft (KG). Das gemeinsame Kennzeichen der Personengesellschaften ist, dass mindestens ein beteiligter Gesellschafter für die Verbindlichkeiten des Unternehmens mit seinem Privatvermögen haftet.

8.5.3 Die Gesellschaft bürgerlichen Rechts (GbR, §§ 705–740 BGB)

Die Gesellschaft bürgerlichen Rechts ist die am einfachsten zu gründende Gesellschaftsform. Sie kann auch zu nicht gewerblichen Zwecken gegründet werden. Im einfachsten Fall schließen sich mindestens zwei Personen (dies können auch juristische Personen sein) zur „Erreichung eines gemeinsamen Zwecks" zusammen (§ 705 BGB).

Selbst einfache Zusammenschlüsse von Personen können bereits eine Gesellschaft bürgerlichen Rechts sein, z.B. eine Fahrgemeinschaft oder eine Lotteriespielgemeinschaft. Freiberufler wie Ärzte, Rechtsanwälte, Architekten, die sich zur gemeinsamen Ausübung ihres Berufes (z.B. aus Kostengründen) zusammenschließen, gründen ebenfalls oft eine Gesellschaft des bürgerlichen Rechts. Diese Freiberufler haben darüber hinaus aber auch die Möglichkeit, eine sogenannte Partnerschaftsgesellschaft, eine Gesellschaftsform, die der Gesellschaft bürgerlichen Rechts sehr ähnlich ist und in einem speziellen Partnerschaftsregister eingetragen wird, zu gründen.

Gründung

Die Gründung einer Gesellschaft bürgerlichen Rechts erfolgt formfrei durch Abschluss eines Gesellschaftsvertrages. Bei größeren Vorhaben wird dies zweckmäßigerweise in Schriftform erfolgen.

Die Gesellschaft bürgerlichen Rechts ist keine Handelsgesellschaft und wird demnach auch in kein Register eingetragen, sie kann deshalb keine Firma führen und die Regeln des Handelsgesetzbuches sind nicht auf sie anwendbar.

Rechte und Pflichten der Gesellschafter

Zu den Pflichten der Gesellschafter gehört es, den gemeinsamen Zweck der Gesellschaft zu fördern und die festgelegten Beiträge (Geld oder Sachen, Arbeitsleistung) zu erbringen (§ 706 BGB). Zu den Rechten gehört u.a. der Anspruch auf Gewinnbeteiligung.

Geschäftsführung, Vertretung

Unter Geschäftsführung versteht man die Führung der Gesellschaft im Verhältnis der Gesellschafter untereinander („Innenverhältnis"), unter Vertretung die Führung der Gesellschaft gegenüber Dritten („Außenverhältnis"). Geschäftsführung und Vertretung werden von den Gesellschaftern gemeinsam ausgeübt. Sie müssen zu einem Konsens gelangen und auch gemeinsam die Tätigkeiten der Gesellschaft ausüben. Die Gesellschafter können jedoch im Gesellschaftsvertrag beschließen, dass die Ausübung von Geschäftsführung und Vertretung auf eine oder mehrere Personen übertragen wird.

Haftung

Jeder Gesellschafter haftet für die Verbindlichkeiten der GbR mit seinem Privatvermögen. Der Gläubiger kann gegen jeden Gesellschafter die gesamte Forderung geltend machen (gesamtschuldnerische Haftung, § 421 BGB). Der in Anspruch genommene Gesellschafter hat einen Ausgleichsanspruch gegen seine Mitgesellschafter (§ 426 BGB).

Gewinnverteilung/Verlust

Wenn im Gesellschaftsvertrag nichts anderes vereinbart ist, steht jedem Gesellschafter ohne Rücksicht auf die Art und die Größe seiner Einlage oder seines Beitrags an der Gesellschaft ein gleicher Anteil am Gewinn (wie auch am Verlust) zu (§ 722 BGB).

Auflösung der Gesellschaft

Die Gesellschaft endet, wenn sie durch einen Gesellschafter gekündigt wird (§ 723 BGB), auch mit dem Tod eines Gesellschafters (§ 727 BGB). Das heißt, die Gesellschaft ist an bestimmte Personen gebunden. Im Rahmen des Gesellschaftsvertrages kann vereinbart werden, dass die Gesellschaft beim Ausscheiden oder beim Tod eines Gesellschafters weiter besteht. Weitere Auflösungsgründe sind:

- Erreichen des vereinbarten Zwecks (§ 726 BGB),
- Eröffnung des Insolvenzverfahrens über das Vermögen der Gesellschaft oder eines Gesellschafters (§ 728 BGB).

8.5.4   Die offene Handelsgesellschaft (OHG) (§§ 105–160 HGB)

Wenn mindestens zwei Gesellschafter sich zusammenschließen, um unter gemeinsamer Firma ein Handelsgewerbe zu betreiben, und ihre Haftung gegenüber Gesellschaftsgläubigern nicht beschränkt ist, spricht man von einer offenen Handelsgesellschaft (§ 105 HGB). Diese Unternehmensform ähnelt in vielen Bereichen, z.B der Gründung und der Haftung, der Gesellschaft bürgerlichen Rechts.

Gründung

Zur Gründung der Gesellschaft schließen die Beteiligten einen Gesellschaftsvertrag ab, der die Rechte und Pflichten der Gesellschafter festlegt. Der Abschluss des Vertrags ist formfrei, zweckmäßigerweise werden die Parteien die Schriftform wählen (§ 109 HGB).

Die OHG wird in das Handelsregister, Abteilung A, eingetragen, insbesondere werden Namen, Geburtsdatum und Wohnort der Gesellschafter wie auch die Firma und der Ort, wo die Gesellschaft ihren Sitz hat, eingetragen (§ 106 HGB). Es ist denkbar, dass die offene Handelsgesellschaft ihre Tätigkeit schon vor Eintragung im Rahmen eines Handelsgewerbes aufgenommen hat, die Eintragung hat daher rechtsbezeugenden (deklaratorischen) Charakter.

Rechte und Pflichten der Gesellschafter

Die Gesellschafter der OHG sind verpflichtet, die versprochenen Einlagen zu leisten (§ 706 BGB). Darüber hinaus besteht die Pflicht zur Mitarbeit.

Es gilt weiterhin ein Wettbewerbsverbot, wonach ein Gesellschafter ohne Einwilligung der anderen Gesellschafter weder in dem Handelszweig der Gesellschaft Geschäfte machen, noch an einer anderen gleichartigen Handelsgesellschaft als persönlich haftender Gesellschafter teilnehmen darf (§ 112 Abs. 1 HGB).

Geschäftsführung/Vertretung

Die Geschäftsführung steht jedem Gesellschafter (allein) zu, es sei denn, einer der anderen Geschäftsführer widerspricht einer bestimmten Handlung (§§ 114, 115 HGB). Im Gegensatz zur Gesellschaft burgerlichen Rechts, die nur „gemeinsam" handeln kann, kann hier jeder Gesellschafter grundsätzlich allein handeln. Natürlich können die Gesellschafter im Rahmen des Gesellschaftsvertrags andere Regelungen treffen, wonach z.B. nur mehrere oder alle Gesellschafter gemeinsam handeln dürfen.

Diese Geschäftsführungsbefugnis ist allerdings nur auf die „alltäglichen" Geschäfte, die der gewöhnliche Betrieb eines Handelsgewerbes mit sich bringt, beschränkt. Zur Vornahme von Handlungen, die darüber hinausgehen (z.B. Kauf eines Grundstücks, Aufnahme eines hohen Kredits, Bestellung eines Prokuristen), ist ein gemeinsamer Beschluss aller Gesellschafter notwendig (§ 116 HGB).

Zur Vertretung ist jeder Gesellschafter befugt (Einzelvertretungsmacht), es sei denn, er wurde durch den Gesellschaftsvertrag von der Vertretung ausgeschlossen (§ 125 Abs. 1 HGB). Nach außen hin, also gegenüber Dritten, sind die Rechtsgeschäfte immer wirksam, selbst wenn außergewöhnliche Geschäfte abgeschlossen werden oder der Gesellschafter sich über Vereinbarungen im Innenverhältnis hinweggesetzt hat (§ 126 Abs. 2 HGB).

Eine Regelung im Gesellschaftsvertrag, die vorsieht, dass alle oder mehrere Gesellschafter nur gemeinsam berechtigt sein sollen, die Gesellschaft zu vertreten, ist wirksam und zwar auch gegenüber Dritten, wenn diese Gesamtvertretung ins Handelsregister eingetragen wurde (§ 106 Abs. 2 Ziffer 4 HGB).

Haftung

Die Gesellschafter einer OHG haften für Verbindlichkeiten der Gesellschaft (wie die Gesellschafter der Gesellschaft bürgerlichen Rechts), nämlich (vgl. §§ 128–130 HGB):

- unbeschränkt (es haften Geschäfts- wie auch Privatvermögen),
- unmittelbar (der Gläubiger kann sich direkt an jeden Gesellschafter wenden),
- solidarisch (jeder Gesellschafter haftet für die gesamten Schulden der Gesellschaft, also gesamtschuldnerische Haftung).

Jeder Gesellschafter haftet bei Austritt aus der Gesellschaft noch fünf Jahre für die bei seinem Ausscheiden bestehenden Verbindlichkeiten der Gesellschaft (§ 160 Abs. 1 HGB). Ein neu eintretender Gesellschafter haftet auch für die zu diesem Zeitpunkt bereits bestehenden Verbindlichkeiten (§ 130 HGB).

Gewinnverteilung/Verlust

Vom Jahresgewinn erhält jeder Gesellschafter zunächst vier Prozent seines Kapitalanteils. Der darüber hinausgehende Betrag wird zu gleichen Teilen, also „nach Köpfen" verteilt (§ 121 HGB).

Jeder Gesellschafter ist bereits im laufenden Geschäftsjahr berechtigt, Privatentnahmen bis zur Höhe von vier Prozent von seinem Kapitalanteil zu entnehmen. Diese Beträge werden später auf seinen Gewinnanteil verrechnet.

Wird im Geschäftsjahr ein Verlust erzielt, wird dieser ebenfalls anteilig „nach Köpfen" auf die Gesellschafter verteilt (§ 121 Abs. 3 HGB).

Auflösung/Kündigung der Gesellschaft

Die Gesellschaft kann aus folgenden Gründen aufgelöst werden (§ 131 HGB):

- durch Ablauf der Zeit, für welche sie eingegangen ist,
- durch Beschluss der Gesellschafter,
- durch Eröffnung des Insolvenzverfahrens über das Vermögen der Gesellschaft,
- durch gerichtliche Entscheidung.

Darüber hinaus hat jeder Gesellschafter das Recht, den Gesellschaftsvertrag mit einer Frist von mindestens sechs Monaten zum Ende des Geschäftsjahres zu kündigen (§ 132 HGB). Im § 131 Abs. 3 HGB werden Situationen geschildert, die zum Ausscheiden eines Gesellschafters, soweit vertraglich nicht anders vereinbart, führen können, z.B. Insolvenz des Gesellschafters, Kündigung durch einen Privatgläubiger des Gesellschafters usw.

8.5.5 Kommanditgesellschaft (§§ 161–177 a HGB)

Wie die OHG ist die Kommanditgesellschaft (KG) ein Zusammenschluss von mehreren Personen, die unter gemeinschaftlicher Firma ein Handelsgewerbe führen. Sie unterscheidet sich aber von der OHG in den rechtlichen Eigenschaften ihrer Gesellschafter. Mindestens ein Gesellschafter, der Komplementär, haftet wie ein OHG-Gesellschafter uneingeschränkt für die Verbindlichkeiten der Gesellschaft, er wird auch als Vollhafter bezeichnet. Die weiteren Gesellschafter, die Kommanditisten, leisten eine im Gesellschaftsvertrag vereinbarte Vermögenseinlage, bis zu deren Höhe sie als Teilhafter haften. Wenn diese Einlage erbracht ist, besteht eine weitere Haftung nicht (§ 161 HGB).

Ein Sonderfall der Kommanditgesellschaft ist die GmbH & Co. KG. Hier wird als Komplementär nicht wie üblich eine natürliche Person eingesetzt, sondern eine juristische Person, nämlich eine GmbH, „die GmbH ist der Komplementär". Mit diesem „Trick" wird erreicht, dass auch der Komplementär, der ja z.B. eine Ein-Mann-GmbH sein kann, beschränkt, also nicht mit seinem Privatvermögen, haftet.

Gründung

Mindestens ein Komplementär und ein Kommanditist schließen einen (formfreien) Gesellschaftsvertrag. Die KG wird als Personengesellschaft in das Handelsregister, Abteilung A, eingetragen.

Eingetragen werden insbesondere

● die Namen aller Gesellschafter und

● die Höhe der Kapitaleinlagen der Kommanditisten.

Die Angaben zu den Kommanditisten werden zwar eingetragen, aber nicht bekannt gemacht (§ 162 Abs. 2 HGB).

Rechte und Pflichten der Gesellschafter

Der Komplementär hat dieselben Rechte und Pflichten wie ein OHG-Gesellschafter. Insbesondere obliegt ihm die Geschäftsführung (§ 161 Abs. 2 HGB).

Die Rechte und Pflichten des Kommanditisten sind eingeschränkt. Er hat lediglich die Pflicht zur Erbringung seiner Einlage (§ 706 BGB) sowie das Kontrollrecht, den Jahresabschluss unter Einsicht der Bücher und Papiere zu überprüfen (§ 166 Abs. 1 HGB). Von der Geschäftsführung ist der Kommanditist ausdrücklich ausgeschlossen (§ 164 HGB).

Demnach steht die Vertretung der KG ausschließlich dem Komplementär zu (§ 161 Abs. 2 HGB). Die Kommanditisten sind wiederum ausdrücklich von der Vertretung ausgeschlossen (§ 170 HGB).

Haftung

Die Haftung des Komplementärs gleicht der des OHG-Gesellschafters, also uneingeschränkt. Die Kommanditisten haften als Gesamtschuldner nur bis zur Höhe ihrer Einlage, soweit sie noch nicht geleistet ist. Wenn die Einlage erbracht ist, besteht keine weitere Haftung mehr (§ 171 Abs. 1 HGB).

Gewinnverteilung/Verlust

Die Vorschriften über Gewinn und Verlust sind ähnlich wie bei der OHG (§ 167 HGB). Die Verteilung des Gewinns wird wie folgt vorgenommen: vier Prozent auf die Einlage jedes Gesellschafters. Der diesen Betrag übersteigende Gewinn wird, soweit im Gesellschaftsvertrag nichts anderes vereinbart ist, in einem den „Umständen nach angemessenen Verhältnis der Anteile" verteilt.

Diese Art der Gewinnverteilung soll es ermöglichen, dem gesteigerten Risiko des Komplementärs als Vollhafter und seinem erhöhten Arbeitsaufwand Rechnung zu tragen.

Auflösung der Gesellschaft

Für die Auflösung gelten dieselben Regelungen wie für die Auflösung der OHG (§ 131 HGB). Beim Tod eines Kommanditisten wird die Gesellschaft, soweit keine abweichende Regelung im Gesellschaftsvertrag vereinbart wurde, mit den Erben fortgesetzt (§ 177 HGB).

Das Kündigungsrecht unter Einhaltung einer Kündigungsfrist von mindestens sechs Monaten zum Ende des Geschäftsjahres steht dem Kommanditisten ebenfalls zu (§ 132 HGB).

8.5.6 Stille Gesellschaft (§§ 230–237 HGB)

Wer sich mit einer Vermögenseinlage an einem Handelsgewerbe beteiligt, bildet mit dem Unternehmer eine stille Gesellschaft. Die Einlage wird so geleistet, dass sie in das Vermögen des Inhabers des Handelsgewerbes übergeht (§ 230 HGB). Der „stille Gesellschafter" tritt nach außen hin also nicht in Erscheinung.

Gründung

Im Rahmen einer formfreien Vereinbarung wird die stille Gesellschaft zwischen dem Unternehmer und der Person, welche die Einlage leistet, gegründet. Wenn Verträge mit mehreren Personen geschlossen werden, werden ebenso viele stille Gesellschaften gegründet. Eine Eintragung in das Handelsregister erfolgt nicht.

Rechte und Pflichten der Gesellschafter, Geschäftsführung

Der stille Gesellschafter hat die Verpflichtung, seine Einlage zu leisten, ansonsten hat er nur ein Kontrollrecht zur Einsicht in die Bücher und Anspruch auf eine Abschrift des Jahresabschlusses (§ 233 Abs. 1 HGB).

Die Geschäftsführung und Vertretung liegt allein beim Inhaber des Handelsgewerbes. Er handelt allein unter seiner Firma. Der stille Gesellschafter hat weder das Recht noch die Pflicht zur Mitarbeit.

Haftung und Gewinnverteilung/Verlust

Da die Einlage in das Vermögen des Inhabers des Handelsgewerbes übergeht, versteht sich auch, dass nur er im Rahmen seines Geschäftsbetriebes haftet. Dem stillen Gesellschafter steht, wenn nicht anders vertraglich vereinbart, ein angemessener Anteil am Gewinn zu. Eine Abrechnung erfolgt am Schluss jedes Geschäftsjahres. Am Verlust nimmt der stille Gesellschafter nur bis zum Betrag seiner eingezahlten oder rückständigen Einlage teil.

Auflösung der Gesellschaft
Die stille Gesellschaft wird unter folgenden Bedingungen aufgelöst:
- Beschluss des Inhabers und des stillen Gesellschafters,
- Kündigung des Vertrages spätestens sechs Monate vor Ablauf des Geschäftsjahrs,
- Insolvenz des Geschäftsinhabers,
- Tod des Geschäftsinhabers (nicht beim Tod des stillen Gesellschafters).

8.6   Kapitalgesellschaften

Im Gegensatz zu den Personengesellschaften, bei denen mindestens eine Person mit ihrem Privatvermögen für die Verbindlichkeiten des Unternehmens haftet, haftet die Kapitalgesellschaft aus sich selbst heraus nur mit dem Bestand ihres Gesellschaftsvermögens. Eine persönliche Haftung der Gesellschafter kommt also nicht infrage. Die Kapitalgesellschaften besitzen aufgrund ihrer autonomen Struktur eigene Rechtsfähigkeit (vgl. Kapitel 5.6.1). Als juristische Personen des Privatrechts werden sie durch ihre gesetzlichen Vertreter (Geschäftsführer, Vorstand) vertreten.

Übersicht Kapitalgesellschaften

- *Gesellschaft mit beschränkter Haftung (GmbH)*
- *Aktiengesellschaft (AG)*
- *Kommanditgesellschaft auf Aktien (KGaA)*

Als Sonderformen:

- *eingetragene Genossenschaft (eG)*
- *Versicherungsverein auf Gegenseitigkeit (VVaG)*

8.6.1 Die Gesellschaft mit beschränkter Haftung (GmbH)

Die Gesellschafter leisten eine Stammeinlage, deren Summe das Stammkapital der Gesellschaft bildet. Die GmbH ist im GmbH-Gesetz geregelt und gilt als Handelsgesellschaft im Sinne des Handelsgesetzbuchs (§ 13 Abs. 3 GmbHG).

Gründung

GmbHs können zu jedem gesetzlich zulässigen Zweck gegründet werden. Die Gründung ist auch durch nur eine Person („Ein-Mann-GmbH") möglich (§ 1 GmbHG). Der Gesellschaftsvertrag, in dem die Rechte und Pflichten der Gesellschafter weitestgehend frei gestaltet werden können, muss notariell beurkundet werden (§ 2 GmbHG).

Zur Gründung der GmbH ist ein Mindestkapital von 25.000 Euro vorgeschrieben. Dieses Stammkapital kann in Form von Geld als Bareinlage oder als Sacheinlage erbracht werden. Der Nennbetrag jedes Geschäftsanteils, den die einzelnen Gesellschafter erbringen, muss auf volle Euro lauten (also die Mindesteinlage eines Gesellschafters könnte auf 1,00 Euro lauten). Über die als Geschäftsanteil zu erbringenden Sacheinlagen muss ein Sachgründungsbericht bei Abschluss des Gründungsvertrages gefertigt werden (vgl. § 5 GmbHG).

Als Formkaufmann wird die GmbH ins Handelsregister, Abteilung B, eingetragen (§ 6 HGB).

Das Wesentliche zur GmbH

Rechte und Pflichten der Gesellschafter

- *Pflicht zur Leistung der Stammeinlage; der Anteil des Gesellschafters am Reinvermögen der GmbH wird als Geschäftsanteil bezeichnet; seine Höhe bestimmt sich nach der Höhe der Stammeinlage (§ 14 GmbHG).*

- *Geschäftsanteile sind veräußerbar bzw. vererbbar (§ 15 Abs. 1 GmbHG).*

- *Anspruch auf Gewinnbeteiligung; deren Höhe richtet sich nach dem Verhältnis der Geschäftsanteile (§ 29 GmbHG).*

Organe der GmbH

Die GmbH als juristische Person wird durch ihre Organe, den Geschäftsführer und die Gesellschafterversammlung geführt. Unter bestimmten Bedingungen muss ein Aufsichtsrat bestellt werden.

Geschäftsführer (§§ 6, 35 ff. GmbHG)	Gesellschafterversammlung (§§ 48 ff. GmbHG)	Aufsichtsrat (§ 52 GmbHG)
• *Der Geschäftsführer (es können auch mehrere Geschäftsführer bestellt werden) ist das leitende Organ.* • *Er führt die Gesellschaft und vertritt sie nach außen.* • *Geschäftsführer kann ein (oder der) Gesellschafter sein, aber auch außenstehende Personen.*	*Die Gesellschafterversammlung wird vom Geschäftsführer einberufen. Sie trifft Entscheidungen durch Beschlüsse mit einfacher Mehrheit.* *Zur Änderung des Gesellschaftsvertrages („Satzung") ist eine Dreiviertelmehrheit notwendig.* *Jeder Euro eines Geschäftsanteils gewährt eine Stimme.* *Zu den Aufgaben gehören insbesondere:* • *Feststellung des Jahresabschlusses und der Gewinnverteilung,* • *Bestellung/Abberufung von Geschäftsführern,* • *Prüfung und Überwachung der Geschäftsführung,* • *Bestellung von Prokuristen.*	• *Im Gesellschaftsvertrag kann festgelegt werden, dass für die GmbH ein Aufsichtsrat zu bestellen ist.* • *In einer GmbH mit mehr als 500 Arbeitnehmern ist nach den Mitbestimmungsvorschriften ein Aufsichtsrat zu bestimmen.* • *Die Aufgaben des Aufsichtsrats entsprechen im Wesentlichen den Aufgaben des Aufsichtsrats einer Aktiengesellschaft.*

Auflösung der GmbH

Die GmbH kann aufgelöst werden (§ 60 GmbHG):

• durch Ablauf der im Gesellschaftsvertrag bestimmten Zeit,

- durch Auflösungsbeschluss der Gesellschafter mit Dreiviertel-mehrheit,
- durch Gerichtsurteil,
- durch die Eröffnung des Insolvenzverfahrens.

Die Unternehmergesellschaft (haftungsbeschränkt)

Hierbei handelt es sich um eine Sonderform der GmbH, die ohne ein Mindeststammkapital gegründet werden kann (§ 5 a GmbHG). Sie wird wie eine „normale" GmbH gegründet, allerdings genügt bereits ein Stammkapital von 1,00 Euro. Sie kann als Ein- oder Mehrpersonengesellschaft vereinfacht und kostensparend mithilfe eines „Musterprotokolls" (einer Formularsatzung) gegründet werden, welches als Anlage zum GmbHG veröffentlicht ist.

Eine weitere Besonderheit der UG (haftungsbeschränkt) ist, dass mindestens 25 % des Jahresüberschusses als Rücklage in der Gesellschaft verbleiben müssen, bis das „klassische" Stammkapital von 25.000,00 Euro erreicht ist. In diesem Fall wird sie zur „normalen" GmbH und kann sich dann als solche auch in das Handelsregister eintragen lassen.

Sinn dieser auch als „Mini-GmbH" bezeichneten Unternehmensform ist, eine existenzgründerfreundliche Variante zur herkömmlichen GmbH zu schaffen, auch als Alternative zur englischen Ltd.

8.6.2 Die Aktiengesellschaft (AG)

Die Aktiengesellschaft ist eine Kapitalgesellschaft mit eigener Rechts-persönlichkeit (also eine juristische Person), die im Aktiengesetz (AktG) geregelt ist. Für die Verbindlichkeiten der Gesellschaft haftet den Gläu-bigern nur das Gesellschaftsvermögen. Das Grundkapital der Aktienge-sellschaft ist in Aktien zerlegt (§ 1 AktG).

Gründung

Die Aktiengesellschaft wird durch eine oder mehrere Personen gegrün-det. Der Gesellschaftsvertrag („Satzung") muss durch einen Notar be-urkundet werden (§§ 2, 23 AktG). Vorstand und Aufsichtsrat müssen gebildet werden und mindestens ein Viertel des notwendigen Grund-kapitals muss zur Verfügung gestellt werden.

Als Formkaufmann (§ 3 AktG, § 6 HGB) muss die Aktiengesellschaft in das Handelsregister, Abteilung B, eingetragen werden.

Das Grundkapital / Aktien

Die AG benötigt ein Grundkapital von mindestens 50.000 Euro, welches in Aktien zerlegt ist.

> *Aktien sind Urkunden, die ein Beteiligungsrecht an einer Aktiengesellschaft verbriefen.*

Einen Überblick über Aktien und Börsenhandel gibt die Übersicht auf dieser und der nächsten Seite.

Organe der Aktiengesellschaft

Die Organe der Aktiengesellschaft sind

- die Hauptversammlung,
- der Aufsichtsrat und
- der Vorstand.

Aktien

Begriff der Aktie
Das Grundkapital einer Aktiengesellschaft wird in Aktien, Urkunden über die Beteiligung an der Aktiengesellschaft, zerlegt. Die Mindesthöhe des Grundkapitals einer Aktiengesellschaft beträgt 50.000 Euro.

Arten von Aktien

- *Nennbetragsaktien lauten auf mindestens 1 Euro. Höhere Aktiennennbeträge müssen immer auf volle Euro lauten.*
- *Stückbetragsaktien enthalten keinen aufgedruckten Nennbetrag, sondern werden in einer bestimmten Stückzahl herausgegeben. Aufgedruckt auf der Aktie ist ein Prozentanteil oder ein Bruchanteil, mit dem der Inhaber der Aktie am Grundkapital beteiligt ist. Wenn eine Aktiengesellschaft ein Grundkapital von zehn Millionen Euro hat und zwei Millionen Stückaktien herausgibt, so ist jede dieser Aktien mit einem zweimillionstel Teil am Grundkapital der Aktiengesellschaft beteiligt.*
- *Inhaberaktien berechtigen den jeweiligen Eigentümer der Aktie. Sie können problemlos (über Banken) frei veräußert werden und sind demnach sehr verkehrsfähig. Die meisten Aktien, die an der Börse gehandelt werden, sind Inhaberaktien.*
- *Namensaktien lauten auf den Namen einer bestimmten Person, der auf der Aktie vermerkt ist. Sie werden in einem Aktienbuch bei der Gesellschaft registriert und ermöglichen der Gesellschaft eine genauere Kontrolle, wer*

Eigentümer der Aktien ist. Sie können nur durch Indossament (einen auf der Aktie geschriebenen Vermerk) übertragen werden und sind daher nicht so einfach zu veräußern wie die Inhaberaktie.

- *Vorzugsaktien verbriefen dem Inhaber besondere Rechte, meistens Bevorzugung bei der Gewinnverteilung.*

Börsenhandel
Aktien können an einem besonderen Markt, der Börse, gehandelt werden. Nicht alle Aktien werden dort gehandelt, sondern nur solche, die aufgrund eines Prüfverfahrens zugelassen sind. Zum Handel mit Aktien sind nur zugelassene Börsenmakler berechtigt, die von den Kunden beauftragt werden. Neben dem Nennwert gibt es für an der Börse gehandelte Aktien den Kurswert, den Wert, zu dem die Aktie an der Börse gekauft oder verkauft wird. Je nachdem, wie das Unternehmen an der Börse eingeschätzt wird, schwankt der Kurswert und kann auch unter dem Nennwert liegen.

Das Wesentliche zu den Organen der AG

Hauptversammlung (§§ 118–137 AktG)

- *Die Versammlung aller Aktionäre findet mindestens einmal jährlich statt. Sie wird vom Vorstand einberufen und geleitet.*

- *Jeder Aktionär hat ein Auskunftsrecht über Angelegenheiten, die die Gesellschaft betreffen.*

- *Die Hauptversammlung ist das beschließende Organ der Aktiengesellschaft. Die Anzahl der Stimmen, die einem Aktionär zustehen, richtet sich nach der Höhe der Nennbeträge der Aktien, bei Stückaktien nach deren Anzahl.*

- *Da Kleinaktionäre nicht viele Stimmen haben, übertragen sie ihre Stimmrechte oft an die Banken, die ihre Aktien verwalten, sodass die gebündelten Stimmen einen größeren Einfluss bei Abstimmungen haben.*

- *Beschlüsse werden mit einfacher Mehrheit gefasst (§ 133 AktG), zur Änderung der Satzung ist eine Mehrheit von mindestens drei Viertel der Stimmen notwendig (§ 179 Abs. 2 AktG).*

Zu den Aufgaben der Hauptversammlung gehören:
- *Wahl der Mitglieder des Aufsichtsrats (soweit sie vonseiten der Aktionäre zu wählen sind, vgl. S. 29),*
- *Entscheidung über die Verwendung des Gewinns,*
- *rechtliche Entlastung des Vorstands und des Aufsichtsrats,*
- *Entscheidungen über Maßnahmen der Kapitalbeschaffung und der Kapitalherabsetzung,*
- *Entscheidung über Satzungsänderungen.*

Vorstand (§§ 76–94 AktG)

Der Vorstand ist das ausführende Organ der Aktiengesellschaft, er hat unter eigener Verantwortung die Gesellschaft zu leiten (§ 76 AktG).

Zu seinen Aufgaben gehören:
- *Geschäftsführung und Vertretung der Aktiengesellschaft,*
- *regelmäßige Unterrichtung des Aufsichtsrats über die Geschäftslage des Unternehmens,*
- *Erstellung des Jahresabschlusses,*
- *Einberufung der ordentlichen Hauptversammlung.*

Bestellung und Vergütung des Vorstands
Der Vorstand wird vom Aufsichtsrat für einen Zeitraum von höchstens fünf Jahren bestellt. Er kann aus einer oder mehreren Personen, den Vorstandsmitgliedern, bestehen. Die Vorstandsmitglieder erhalten als leitende Angestellte ein Gehalt. Darüber hinaus können sie am Gewinn des Unternehmens beteiligt werden.

Aufsichtsrat (§§ 95–116 AktG)

Der Aufsichtsrat hat die Geschäftsführung zu überwachen (§ 111 AktG).

Er hat insbesondere folgende Aufgaben:
- *Bestellung und Kontrolle des Vorstands,*
- *Prüfung des Jahresabschlusses,*
- *Einberufung einer außerordentlichen Hauptversammlung, wenn das Wohl der Gesellschaft es erfordert.*

Die Verteilung des Gewinns (§ 60 AktG)

Die Anteile der Aktionäre am Gewinn (Dividende) richten sich nach ihren Anteilen am Grundkapital, er wird in einer entsprechenden Prozentzahl ausgedrückt. Wenn der Dividendensatz 15 % beträgt, erhält ein Aktionär auf eine 1-Euro-Aktie eine Dividende von 0,15 Euro.

Auflösung der Aktiengesellschaft (§ 262 AktG)
Die AG kann u.a. aus folgenden Gründen aufgelöst werden:
- durch Ablauf der in der Satzung bestimmten Zeit,
- durch Beschluss der Hauptversammlung mit einer Mehrheit von mindestens drei Viertel der Stimmen,
- durch Eröffnung des Insolvenzverfahrens über das Vermögen der Gesellschaft.

8.7 Zusammenfassung

Gewerbe/ Gewerbe- freiheit	*Jeder kann ein Gewerbe gründen. Unter einem Gewerbe versteht man jede selbstständige, erlaubte Tätigkeit, die auf Dauer angelegt ist und mit Gewinnerzielungsabsicht betrieben wird.*	
Handels- gewerbe	*Ein Handelsgewerbe ist jeder Gewerbebetrieb, der nach Art und Umfang einen in kaufmännischer Weise geführten Geschäftsbetrieb erfordert.*	
Kaufmanns- eigenschaften	**Istkaufmann (§ 1 HGB)** *Handelsgewerbe Gewerbebetrieb, der nach Art und Umfang einen in kaufmännischer Weise eingerichteten Geschäftsbe- trieb erfordert (Eintragung ins Han- delsregister/Genossen- schaftsregister hat rechtsbezeugende [deklara- torische] Wirkung).*	**Kannkaufmann (§ 2 HGB)** *Kleingewerbe Gewerbebetrieb, der nach Art und Umfang keinen in kaufmännischer Weise eingerichteten Geschäftsbe- trieb erfordert (Eintragung ins Handelsre- gister ist freiwillig, sie hat rechtsbegründende [konstitutive] Wirkung).*

	Formkaufmann (§ 6 HGB) *Handelsgesellschaften* • *Kapitalgesellschaften,* • *eingetragene Genossen-schaften* *(Die Eintragung ins Handelsregister hat rechtsbegründende [konstitutive] Wirkung.)*	**Kannkaufmann (§ 3 HGB)** *Land- und forstwirtschaftliche Betriebe und deren Nebenbetriebe, die nach Art oder Umfang einen in kaufmännischer Weise eingerichteten Geschäftsbetrieb erfordern* *(Eintragung ins Register ist freiwillig, rechtsbegründende [konstitutive] Wirkung).*
Handelsregister	*Als öffentliches Verzeichnis aller Kaufleute eines Handelsregisterbezirks werden in das Handelsregister bestimmte vorgeschriebene Eintragungen gemacht. In die Abteilung A werden die Einzelkaufleute und Personengesellschaften, in die Abteilung B die Kapitalgesellschaften eingetragen.*	
Firma	*Die Firma eines Kaufmanns ist der Name, unter dem er seine Geschäfte betreibt und die Unterschrift abgibt.*	
Firmengrundsätze	*Die Firma des Kaufmanns muss die Grundsätze der* • *Firmenwahrheit und -klarheit,* • *Firmenausschließlichkeit,* • *Firmenbeständigkeit und* • *Firmenöffentlichkeit* *beachten.*	
Unternehmensformen / Rechtsformen von Unternehmen	*Man unterscheidet* • *Einzelunternehmen (alleiniger Inhaber, unbeschränkte Haftung),* • *Personengesellschaften (die Grundarten sind GbR, OHG, KG),* • *stille Gesellschaft und* • *Kapitalgesellschaften (in erster Linie GmbH und AG).* *Einzelheiten zu Gründung, Haftung, Geschäftsführung, Gewinnverteilung und Verlust lassen sich nicht kurz zusammenfassen – siehe deshalb noch einmal die Abschnitte 8.5 und 8.6.*	

Aufgaben zur Selbstkontrolle

1. Was ist der Unterschied zwischen einem Gewerbe und einem Handelsgewerbe?

2. Welche Eintragungen von Kaufleuten in das Handelsregister haben deklaratorischen und welche haben konstitutiven Charakter?

3. Was ist eine Firma und welche Firmengrundsätze kennen Sie?

4. Erläutern Sie, welche Bezeichnungen der Einzelkaufmann und die Personen- und Kapitalgesellschaften zu ihrer Kennzeichnung führen müssen!

5. Erläutern Sie die Funktion und die wesentlichen Inhalte des Handelsregisters!

6. Was ist der Unterschied zwischen einer Personen- und einer Kapitalgesellschaft?

7. Welche Gründe beeinflussen die Wahl der Rechtsform eines Unternehmens?

8. Was versteht man unter den Begriffen „Geschäftsführung" und „Vertretung"?

9. Beschreiben Sie die Organe der GmbH und der Aktiengesellschaft!

9   Unternehmensfinanzierung

9.1   Finanzierung und Investition

Finanzierung und Investition sind zwei Seiten einer Medaille: die beiden Seiten einer betriebswirtschaftlichen Bilanz. Die Finanzierung gibt Auskunft darüber, woher das Geld kommt (Passiva), die Investitionen darüber, wofür das Geld verwendet wird (Aktiva).

Bilanz Erläuterungen	
Investition Kapitalverwendung Aktiva	*Finanzierung Kapitalherkunft* Passiva
I. Anlagevermögen II. Umlaufvermögen	I. Eigenkapital II. Fremdkapital
Investitionsarten ● *Gründungsinvestitionen* ● *Schutzinvestitionen vorgeschrieben: Unfall- oder Umweltschutz* ● *Erhaltungsinvestitionen; Wartungen, Reparaturen* ● *Ersatz- = Re-Investitionen von Produktionsmitteln* ● *Rationalisierungs-/Modernisierungsinvestitionen zur Gewinnsteigerung/Kostenminimierung* ● *Erweiterungsinvestitionen zum Erhalt oder Ausbau der Wettbewerbsfähigkeit*	**Finanzierungsdauer** **Kurzfristig:** *bis 1 Jahr* ● *Lieferkredit (Valutierung) durch Zahlungsziele;* ● *Kontokorrentkredit;* ● *Wechselkredit: Zahlungsabsicherung bei Zielkäufen;* ● *Kundenkredite, zumeist durch Vorauszahlungen.* **Mittel- bis langfristig:** *über 1 Jahr* *Darlehen mit Rückzahlung als Gesamtbetrag oder durch Tilgungsbeträge*

Bei der Finanzierung werden Eigen- und Fremdkapital unterschieden. Das Verhältnis zueinander lässt sich ermitteln:

$$\textbf{Eigenkapitalquote} = \frac{\text{Eigenkapital x 100 \%}}{\text{Gesamtkapital}}$$

9.2   Finanzplanung

Die Hauptziele der Finanzplanung bestehen in der Absicherung der Liquidität (Zahlungsfähigkeit) und der Erzielung einer angemessenen Rentabilität als Vermehrung (Kapitalverzinsung) des eingesetzten Kapitals.

Mit Liquiditätssicherung ist die Aufrechterhaltung des finanziellen Gleichgewichtes zwischen Einnahmen und (kurzfristigen) Verbindlichkeiten gemeint. Wie viel Geld aufgebracht werden kann bzw. muss, um die kurzfristigen Verbindlichkeiten (innerhalb von einem Jahr) begleichen zu können, wird durch die Liquiditätsgrade ermittelt.

Liquiditätsgrade als Bilanzkennzahlen zur Beurteilung der finanziellen Situation		
Einnahmen	**Liquidität** *= Verhältnis von Einnahmen und Ausgaben*	**Ausgaben**
Ermittelt wird, in welchem Umfang die kurzfristigen Verbindlichkeiten mit den Zahlungsmitteln und dem sonstigen Unternehmensvermögen übereinstimmen.		
Liquidität 1. Grades **Barliquidität**	*Ziel: 1/4 bis 1/3 der Verbindlichkeiten (bis ein Jahr) abdecken.*	
Zahlungsmittel (Kasse/Bank) x 100 % ────────────────────── *(kurzfristige) Verbindlichkeiten* *Beispiel: 10.000 / 30.000 = 0,33 x 100 % = 33 %*		
Liquidität 2. Grades **Einzugsbedingte Liquidität**	*Ziel: Verbindlichkeiten zu 100 % abdecken.*	
Zahlungsmittel + kurzfristige Forderungen x 100 % ────────────────────── *(kurzfristige) Verbindlichkeiten* *Beispiel: 30.000 / 30.000 = 1 x 100 % = 100 %*		
Liquidität 3. Grades **Umsatzbedingte Liquidität**	*Ziel: zweifache Deckung der Verbindlichkeiten.*	
Zahlungsmittel + Forderungen + Vorräte x 100 % ────────────────────── *(kurzfristige) Verbindlichkeiten* *Beispiel: 60.000 / 30.000 = 2 x 100 % = 200 %*		

Die Rentabilität eines Unternehmens ergibt sich aus dem Verhältnis des erzielten Gewinns und des dafür eingesetzten Kapitals.
- Diese Kapitalverzinsung gibt an, ob und um wie viel Prozent sich das eingesetzte Kapital bei einer Gewinnerzielung vermehrt hat.

Rentabilität	
Rentabilität/Rendite ist das Verhältnis vom Gewinn zum eingesetzten Kapital *Ergebnis = Kapitalverzinsung*	
Rentabilität	$\dfrac{Gewinn \times 100\ \%}{eingesetztes\ Kapital}$
Eigenkapitalrentabilität	$\dfrac{Gewinn \times 100\ \%}{Eigenkapital}$
Beispiel: $\dfrac{5.000\ € \times 100\ \%}{20.000\ €} = 25\ \%$	
Gesamtkapitalrentabilität	$\dfrac{(Gewinn + Fremdkapitalzinsen) \times 100\ \%}{Eigenkapital + Fremdkapital}$
Beispiel: $\dfrac{10.000\ € + 10\ \% (10.000\ €) \times 100\ \%}{20.000\ € + 100.000\ €} = 16{,}67\ \%$	
Umsatzrentabilität	$\dfrac{Gewinn \times 100\ \%}{Umsatz\ (Verkaufserlöse)}$
Beispiel: $\dfrac{10.000\ € \times 100\ \%}{100.000\ €} = 10\ \%$	

Die Eigenkapitalrentabilität wird als Unternehmerrentabilität bezeichnet, da hier ausschließlich das Eigenkapital der Unternehmer/-innen als Wert eingesetzt wird. Dieser Wert wird für innerbetriebliche Zeitvergleiche herangezogen.

Die Gesamtkapitalrentabilität als Unternehmensrentabilität bezieht das Fremdkapital mit ein und wird zum Vergleich mit anderen Unternehmen (Benchmarking) herangezogen.

Häufig wird auch mit der Umsatzrentabilität gearbeitet, die sich für innerbetriebliche Zeitvergleiche und allgemeine Unternehmensvergleiche eignet.

9.3   Finanzierungsarten

Die Eigenfinanzierung eines Unternehmens kann durch die interne Selbstfinanzierung (Innenfinanzierung) erfolgen oder durch Geld, das von außen durch Einlagen von vorhandenen Gesellschaftern/Gesellschafterinnen (Einlagenfinanzierung) oder durch die Beteiligung neuer Gesellschafter/-innen (Beteiligungsfinanzierung) kommt. Die letztgenannten Möglichkeiten gehören zur Eigenfinanzierung durch Außenfinanzierung. Zu dem Bereich der Außenfinanzierung gehören auch alle Gelder, die von Dritten, also Nichtunternehmensangehörigen, kommen.

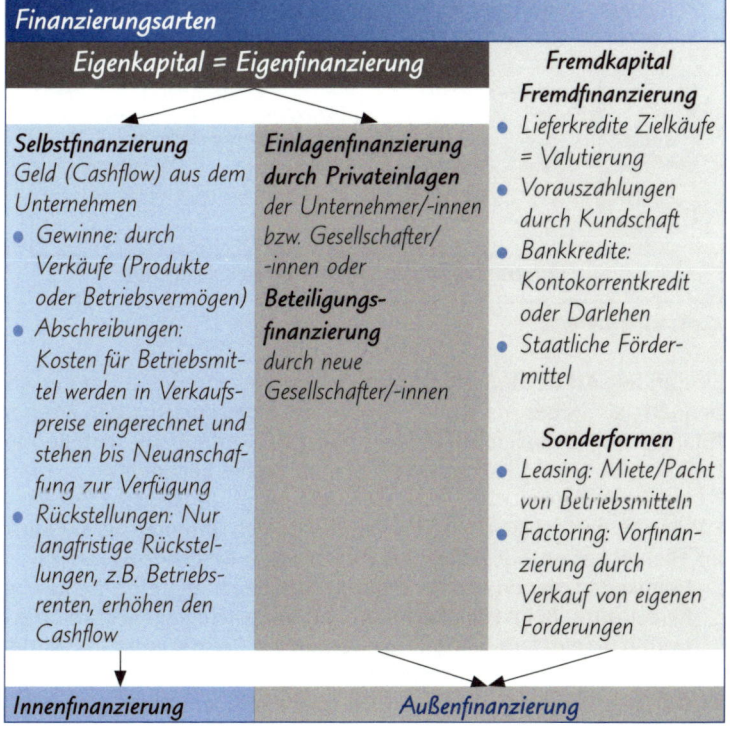

9.3.1 Fremdfinanzierungsmöglichkeiten

Häufig wird der Kontokorrentkredit der Hausbank als Überziehungskredit (ähnlich dem Privatdispo) auf dem laufenden Geschäftskonto (= Kontokorrentkonto, § 355 HGB) als Fremdfinanzierungsmöglichkeit in Anspruch genommen.

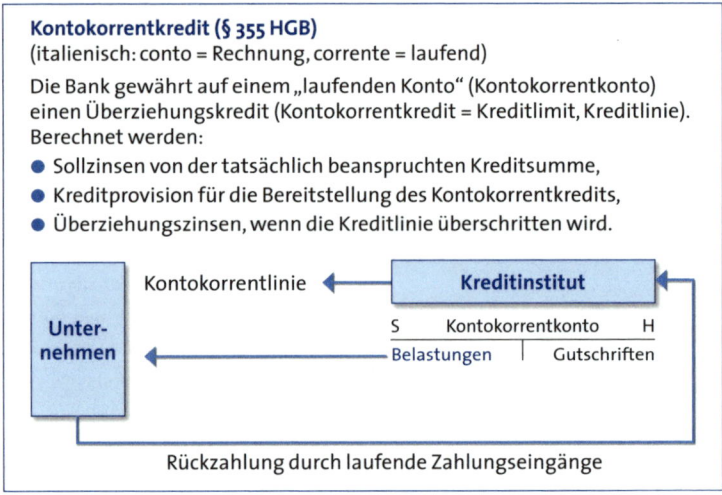

Kontokorrentkredit (§ 355 HGB)
(italienisch: conto = Rechnung, corrente = laufend)

Die Bank gewährt auf einem „laufenden Konto" (Kontokorrentkonto) einen Überziehungskredit (Kontokorrentkredit = Kreditlimit, Kreditlinie). Berechnet werden:

● Sollzinsen von der tatsächlich beanspruchten Kreditsumme,
● Kreditprovision für die Bereitstellung des Kontokorrentkredits,
● Überziehungszinsen, wenn die Kreditlinie überschritten wird.

Kontokorrentkredit

Eine andere Art der Außenfinanzierung sind Lieferkredite. Sie gelten als bequem, sind aber meist die teuerste Art einer kurzfristigen Fremdfinanzierung (Beispiele zur Berechnung, z.B. Skontoabzug anstelle von Lieferkredit, siehe „Grundwissen kaufmännisches Rechnen").

Für den längerfristigen Finanzbedarf bieten sich Darlehen bei der Bank an. Hier gibt es grundsätzlich drei verschiedene Berechnungsarten:

1. Fälligkeitsdarlehen und Kündigungsdarlehen haben eine identische Berechnung. Beim Fälligkeitsdarlehen wird ein fester Rückzahlungstermin für die Darlehenssumme vereinbart. Beim Kündigungsdarlehen wird kein fester Rückzahlungstermin vereinbart, sondern beide Seiten können das Darlehen jederzeit kündigen. Nach der Kündigung ist das Darlehen dann nach Ablauf einer festgelegten Frist vollständig zurückzuzahlen. Bei beiden Darlehen werden jährlich nur

die Zinsen gezahlt. Eine Tilgung, d.h. eine Rückzahlung der Darlehenssumme, erfolgt erst im letzten Jahr als Gesamtbetrag in Höhe des gewährten Darlehens.

2. Beim Annuitätendarlehen (lateinisch von Anno = Jahr) ist die jährliche Belastung für die Rückzahlung (Annuität) immer gleich hoch. Die Annuität ergibt sich aus der (jährlich steigenden) Tilgungsrate (Rückzahlungssumme) und den (jährlich abnehmenden) Zinsen.

3. Beim Abzahlungs- = Tilgungsdarlehen ist die jährliche Tilgungsrate (Rückzahlungssumme) immer gleich, die Zinsbelastung und die Annuität (Tilgung + Zins) nehmen jährlich ab.

Beispiel

Darlehenshöhe 10.000 Euro; effektiver Zins 12 %; Laufzeit fünf Jahre
Wir rechnen alle drei Darlehensformen durch.

Fälligkeits- und Kündigungsdarlehen
Während der Laufzeit nur Zinszahlungen; Tilgung / Rückzahlung der Gesamtsumme am Schluss; alle Beträge in Euro

Jahr	Darlehensschuld	Zins	Tilgung	Jahresrate
1	10.000	1.200		1.200
2	10.000	1.200		1.200
3	10.000	1.200		1.200
4	10.000	1.200		1.200
5	10.000	1.200	10.000	11.200
			Rückzahlungssumme	16.000

Annuitätendarlehen
Gleich hohe Rückzahlungen (Annuitäten) werden von der Bank festgelegt. Sie bestehen aus sinkenden Zins- und steigenden Tilgungsanteilen.

Jahr	Darlehensschuld	Zins	Tilgung	Jahresrate
1	10.000,00	1.200,00	1.574,10	2.774,10
2	8.425,90	1.011,11	1.762,99	2.774,10
3	6.662,91	799,55	1.974,55	2.774,10
4	4.688,36	562,60	2.211,50	2.774,10
5	2.476,86	297,22	2.476,88	2.774,10
			Rückzahlungssumme	13.870,50

Abzahlungs- = Tilgungsdarlehen Gleichbleibende Rückzahlungen (Tilgung). Restschuld (Annuität) und Zinsbelastung nehmen jährlich ab.			
Jahr	Darlehensschuld	Zins	Tilgung	Jahresrate
1	10.000	1.200	2.000	3.200
2	8.000	960	2.000	2.960
3	6.000	720	2.000	2.720
4	4.000	480	2.000	2.480
5	2.000	240	2.000	2.240
			Rückzahlungssumme	13.600

Deutlich wird: Das Fälligkeits- bzw. Kündigungsdarlehen ist insgesamt
am teuersten. Das allein ist in der Regel aber nicht der Grund für die
Wahl einer Darlehensart. Eine Entscheidung ist immer auch abhängig
von den zur Verfügung stehenden Mitteln im Unternehmen während
der Laufzeit und bei Ablauf des Darlehens.

9.3.2   Sonderformen Fremdfinanzierung: Leasing und Factoring

Beim Leasing werden Betriebsmittel gemietet. Grundsätzlich lassen
sich alle benötigten Betriebsmittel (Mobilien und Immobilien) mieten.
Im Unterschied zum Leasing von Privathaushalten haben Unternehmen oft nicht das Interesse, das Leasingobjekt am Ende der Laufzeit zu
kaufen, sondern legen Wert darauf, dass ihnen dann ein neues Leasingobjekt zur Verfügung gestellt wird, damit sie auf dem technisch neues-
ten Stand sind. Zum Ablauf siehe das Schaubild auf der folgenden Seite.

Beim Factoring verkaufen Unternehmen eigene Geldforderungen,
die sie gegenüber der eigenen Kundschaft haben, an einen Factor, um
früher an das Geld zu kommen. Der Ablauf: Zuerst wird der Factoring-
Vertrag abgeschlossen. Danach kauft der Factor die Forderungen an
und zahlt den Kaufpreis unter Abzug von Zinsen – bis zur Fälligkeit der
ausstehenden Forderungen – und Gebühren für die eigene Dienstleis-
tung (siehe auch dazu das Schaubild auf der folgenden Seite).

Am interessantesten sind neben der kurzfristigen Finanzierungs-
funktion für die Unternehmen die Dienstleistungen, die das Factor-
institut übernimmt. Zum Standard gehört die Übernahme des Ausfallrisikos. Diese Delkrederefunktion beinhaltet, dass der Factor das Risiko
und die nötigen Schritte wie das Mahn-, Inkasso- und Klagewesen übernimmt. Ein Factor übernimmt in der Regel nur Forderungen, bei denen
die Bonitätsprüfung der Zahlungspflichtigen positiv ausfällt.

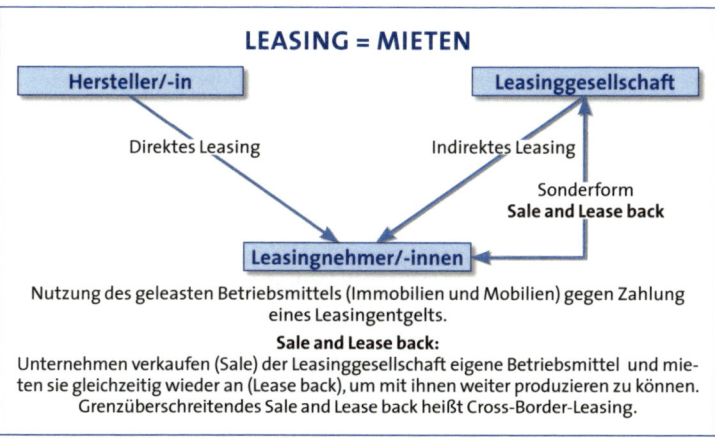

LEASING = MIETEN

Hersteller/-in **Leasinggesellschaft**

Direktes Leasing Indirektes Leasing

Sonderform
Sale and Lease back

Leasingnehmer/-innen

Nutzung des geleasten Betriebsmittels (Immobilien und Mobilien) gegen Zahlung eines Leasingentgelts.

Sale and Lease back:
Unternehmen verkaufen (Sale) der Leasinggesellschaft eigene Betriebsmittel und mieten sie gleichzeitig wieder an (Lease back), um mit ihnen weiter produzieren zu können. Grenzüberschreitendes Sale and Lease back heißt Cross-Border-Leasing.

FACTORING = FORDERUNGSVERKAUF

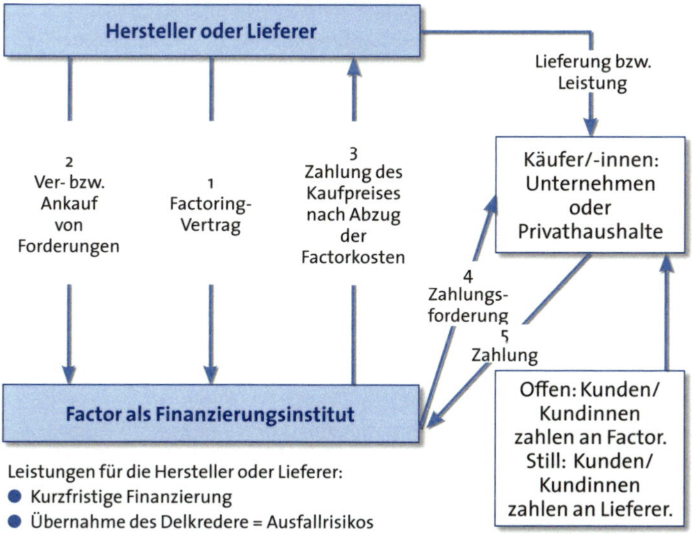

Hersteller oder Lieferer

Lieferung bzw. Leistung

2
Ver- bzw. Ankauf von Forderungen

1
Factoring-Vertrag

3
Zahlung des Kaufpreises nach Abzug der Factorkosten

Käufer/-innen: Unternehmen oder Privathaushalte

4
Zahlungsforderung

5
Zahlung

Factor als Finanzierungsinstitut

Offen: Kunden/ Kundinnen zahlen an Factor.
Still: Kunden/ Kundinnen zahlen an Lieferer.

Leistungen für die Hersteller oder Lieferer:
- Kurzfristige Finanzierung
- Übernahme des Delkredere = Ausfallrisikos
- Zusätzliche Dienstleistungen, z.B. Debitoren- = Schuldnerbuchhaltung, Bonitäts- = Zahlungsfähigkeitskontrolle, Mahnwesen, Inkasso = Schuldeneinzug

9.4 Kreditsicherungen

Die günstigste Form der Kreditabsicherung ist der einfache Personal-bzw. Blankokredit. Hier können die Unternehmen den Kredit durch ihre Vertrauenswürdigkeit und Bonität absichern. Dazu zählen vor allem der gute Ruf und die wirtschaftliche Leistungsfähigkeit. Dieser reine Personalkredit reicht zumeist zur Absicherung eines Kontokorrentkredits.

Sollte die eigene Bonität eines Unternehmens nicht ausreichen, wird von den Banken häufig eine Bürgschaft durch ein anderes Unternehmen oder eine bzw. mehrere andere Personen verlangt.

Zur Absicherung eines Kredites kommen hier zusätzlich Haftende als Verstärkung hinzu. Darum heißt die Bürgschaft verstärkter Personalkredit. Neben dem Kreditvertrag als erster Schritt muss als zweiter Schritt ein Bürgschaftsvertrag abgeschlossen werden. Erst dann wird im dritten Schritt der Kredit ausbezahlt.

Bürgschaft (verstärkte Personalkredite)		
Kreditgeber/-in *Bank*	*1 ← Kreditvertrag →* *3 Kredit ⇒*	*Kreditnehmer/-in* *Hauptschuldner/-in*
↖ *2 Bürgschaftsvertrag (eingetragene Kaufleute ✓* *können im Geschäftsverkehr mündlich bürgen)*		
Ein oder mehrere Bürgen *Zahlen die Kreditnehmer/-innen den Kredit zurück, erlischt die Bürgschaft.* *Zahlen die Kreditnehmer/-innen nicht, müssen die Bürgen zahlen.* *Zahlen Bürgen, haben sie die Forderungen gegen die Kreditnehmer/-innen.*		
Bürgschaftsarten **Selbstschuldnerisch:** *Kreditgeber/-innen können sofort die Bürgen zur Zahlung heranziehen, wenn die Kreditnehmer/-innen nicht zahlen. Die Bürgen haben „kein Recht auf Einrede zur Vorausklage".* **Ausfall:** *Bürgen haften erst, wenn Hauptschuldner/-innen nach Ausschöpfung der Rechtsmittel bis zur Zwangsvollstreckung ausfallen, d.h. nicht zahlen. Sie haben ein „Recht auf Einrede zur Vorausklage" (§§ 765 ff. BGB).* **Zeit:** *Bürgen haften bis zu einem genau festgelegten Zeitpunkt.* **Höchstbetrag:** *Bürgen haften bis zu einer genau festgelegten Höhe.* **Gesamtschuldnerisch:** *Mehrere Bürgen haften.*		

Können oder sollen keine Bürgen gestellt werden, ist die Kreditabsicherung als Zession möglich. Das bedeutet, dass von den Kreditnehmern eigene Forderungen zur Kreditabsicherung abgetreten werden. Das ist der Unterschied zum Factoring, wo sie nicht abgetreten, sondern verkauft werden. Neben dem Kreditvertrag ist hier als zweiter Vertrag der Zessions-, d.h. Abtretungsvertrag nötig, durch den die Forderungen von den Unternehmen (Zedenten) an die Bank (Zessionar) abgetreten werden. Wie beim Factoring ist dies als offene oder stille Zession möglich.

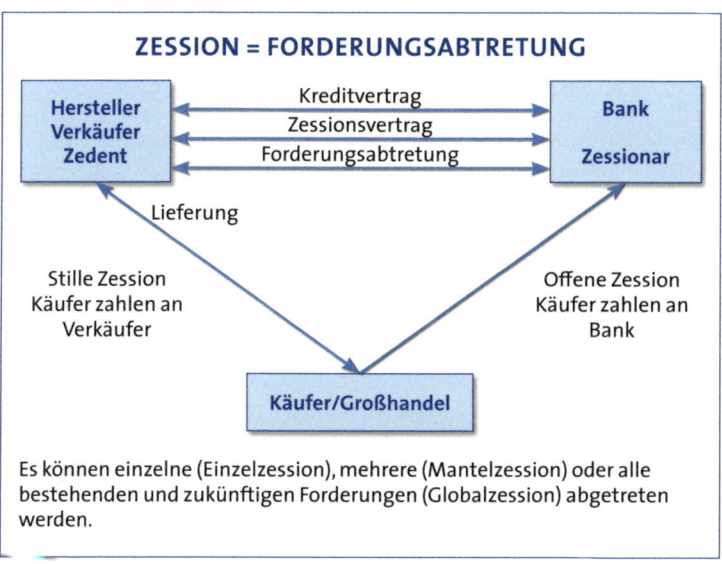

Weitere Kreditabsicherungsmöglichkeiten
Den Banken können reale Gegenstände, d.h. Sachen als Sicherheiten angeboten werden. Deshalb heißen sie Realkredite bzw. Sachkredite. Die Bezeichnung ist irritierend, weil es sich hierbei nicht um Kredite, sondern um Absicherungen von Krediten handelt.

Eine solche Kreditabsicherung ist der Lombardkredit. Der Name kommt daher, dass in der Lombardei (Italien) erstmals Kredite gegen die Hinterlegung eines Pfandes vergeben wurden. Heute muss ein Pfand bei der Bank hinterlegt werden.

Lombard-/Pfandkredit als Realkredit (Sachkredit)		
Banken	← *Kreditvertrag* → ← *Zessionsvertrag* →	**Kreditnehmer/-innen**
Besitzer	← *Pfand-Übergabe*	*Eigentümer/-innen*
Bei Verzug können die Banken das Pfand nach Androhung durch öffentliche Versteigerung verwerten.	*Pfand: z.B. Wertpapiere, Bausparverträge, Lebensversicherungen; Beleihungssatz oft 50 % des eigentlichen Pfandwertes. Die Aufbewahrung muss bezahlt werden.*	*Relativ günstige Kreditmöglichkeit. Der Zinssatz liegt etwas über dem offiziellen Leitzins der Europäischen Zentralbank.*

Eine andere Form eines Realkredites ist die Sicherungsübereignung. Hierbei bieten die Kreditnehmer/-innen Betriebsmittel als Sicherheiten für den Kredit an, z.B. eine Produktionsanlage. Sie wird zur Kreditabsicherung an die Bank übereignet. Dies geschieht mit einem zusätzlichen Zessionsvertrag. Der Unterschied zur Zession besteht darin, dass keine ausstehenden Geldforderungen abgetreten werden, sondern Betriebsmittel oder auch Lagerbestände z.B. von Industrieunternehmen. Im Unterschied zum Lombardkredit geht das Eigentum für den Zeitraum des Vertrages auf die Kreditgeber/-innen über („bedingtes Eigentum").

Sicherungsübereignungskredit als Realkredit = Sachkredit		
Banken *Sicherungsnehmer*	← *Kreditvertrag* → ← *Zessionsvertrag* →	**Kreditnehmer/-innen** *Sicherungsgeber/-innen*
Eigentümer	← *Bedingtes Eigentum*	*Besitzer/-innen*
Können Eigentum unter der Bedingung der Nichtrückzahlung ohne Androhung verwerten.	*z.B. Betriebsmittel wie Fahrzeuge, Maschinen, evtl. Lagerbestände*	*Werden bei Rückzahlung des Kredites wieder Eigentümer/-in und können die Sicherheit bis dahin weiter nutzen.*

Neben den Mobilien zur Absicherung von Krediten gibt es die Möglichkeit, als Kreditnehmer/-innen Grundpfandrechte auf Immobilien (Grundstücke, Gebäude) als Sicherheiten anzubieten. Grundpfandrechte müssen im Grundbuch eingetragen werden. Unterschieden wird zwischen Hypothek und Grundschuld. Bei der Hypothek muss die

Schuldsumme feststehen (mit Schuldgrund), bei der Grundschuld nicht (ohne Schuldgrund). Eine Grundschuld kann auch als Sicherheit für zukünftige Kredite angeboten werden, die derzeit noch nicht aktuell sind. Der beiderseitige Vorteil: Im Falle einer Kreditgewährung müssen nicht jedes Mal neue Sicherheiten gestellt werden, da die Grundschuld als Sicherheit bereits eingetragen ist. Im Rahmen der Grundschuld ist auch eine „Rentenschuld" möglich, bei der die geschuldete Summe nicht in einem Betrag, sondern in mehreren Beträgen getilgt (zurückgezahlt) werden kann. Die Kreditnehmer/-innen haften bei einer Hypothek zusätzlich mit ihrem Privatvermögen. Rein rechtlich gesehen ist dies bei einer Grundschuld nicht so. Hier haften sie nur mit der Immobilie. Die Banken lassen sich aber in der Praxis zumeist gleichzeitig bei Eintragung der Grundschuld schriftlich zusichern, dass auch hier die Kreditnehmer/-innen zusätzlich mit ihrem Vermögen haften.

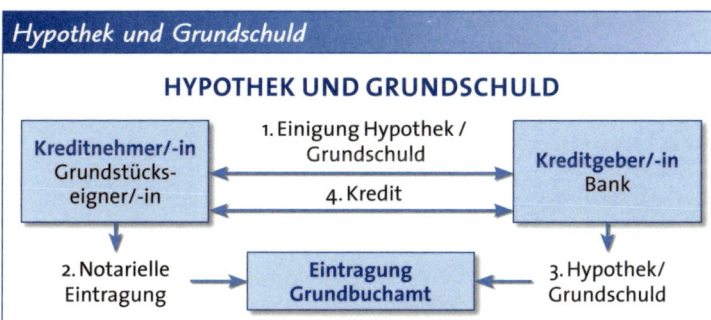

Hypothek und Grundschuld

HYPOTHEK UND GRUNDSCHULD

Hypothek	*Grundschuld/Rentenschuld*
An feststehende Summe gebunden: mit Schuldgrund! Absicherung, bis Schuld abbezahlt ist.	*An keine bestimmte Forderung gebunden: ohne Schuldgrund! Für bestehende (z.B. Kontokorrentkredit) oder zukünftige Schulden (z.B. Darlehen) mit wechselnder Höhe. Wird die*
Geschieht dies nicht, erfolgt:	*Schuld nicht ordnungsgemäß erfüllt, erfolgt:*
• *Zwangsverwaltung oder*	• *Zwangsverwaltung (z.B. Mietshäuser) oder*
• *Zwangsvollstreckung, auch ins Privatvermögen.*	• *Zwangsversteigerung (öffentliche Versteigerung).*
Dingliche Haftung mit Immobilie und zusätzlich persönliche Haftung mit Privatvermögen.	*Nur dingliche, keine persönliche Haftung (wird aber i.d.R. von den Banken zusätzlich verlangt)!*
	Rentenschuld: Grundschuld mit regelmäßigen Rückzahlungen

9.5   Zusammenfassung

Investitionen	*Kapitalverwendung = Aktivseite der Bilanz (Anlage- und Umlaufvermögen).*
Finanzierung	*Kapitalbeschaffung = Passivseite der Bilanz (Eigen- und Fremdkapital).*
Liquidität	*Fähigkeit, fällige Zahlungsverpflichtungen termingerecht erfüllen zu können.* • **Liquidität 1. Grades** *= Zahlungsmittel : kurzfristige Verbindlichkeiten* • **Liquidität 2. Grades** *= (Zahlungsmittel + kurzfristige Forderungen) : kurzfristige Verbindlichkeiten* • **Liquidität 3. Grades** *= (Zahlungsmittel + kurzfristige Forderungen + Vorräte) : kurzfristige Verbindlichkeiten*
Rentabilität	*Finanzieller Erfolg eines Unternehmens wird prozentual gemessen. Ergibt sich aus dem Verhältnis des Gewinns zum eingesetzten Kapital.* • **Eigenkapitalrentab.** *= Gewinn x 100 % : Eigenkapital* • **Gesamtkapitalrentabilität** *= (Gewinn + Fremdkapital-zinsen) x 100 % : (Eigen- + Fremdkapital)* • **Umsatzrentabilität**: *= Gewinn x 100 % : Umsatz*
Finanzie-rungsarten	**Außenfinanzierung**: *Kapital wird von außen zugeführt, z.B.* • *Außenfinanzierung als Fremdfinanzierung durch Kreditfinanzierung,* • *Außenfinanzierung als Eigenfinanzierung durch Einlagenfinanzierung vorhandener Gesellschafter oder Beteiligungsfinanzierung neuer Gesellschafter.* *Die Finanzierung aus dem laufenden Betrieb heraus nennt sich* **Selbst- = Innenfinanzierung**. *Sie ist eine Eigenfinanzierung durch Gewinne, Abschreibungen und eventuell langfristige Rückstellungen.*
Lieferkredite	*Lieferanten rechnen die entstehenden Kosten in die Preise ein. Umgerechnet auf die jährliche Zinsbelastung ist er der teuerste Kredit und sollte daher vermieden werden.*
Kontokorrent-kredit	*Bank räumt den Unternehmen auf dem „laufenden Konto" (Kontokorrentkonto = Unternehmenskonto) einen Kredit bis zu einer bestimmten Höhe (Kreditlimit, Kreditlinie) ein.*

Darlehen	Darlehen werden den Kreditnehmern für längere Zeit zur Verfügung gestellt. Fälligkeits-, Kündigungs-, Annuitäten- und Abzahlungsdarlehen beinhalten unterschiedliche Rückzahlungsmodalitäten und Rückzahlungssummen (Tilgung + Zinsen).
Leasing	Betriebsmittel werden durch die Hersteller/-innen selbst (direktes Leasing) oder durch spezielle Leasing-Gesellschaften (indirektes Leasing) vermietet oder verpachtet.
Factoring	Factorunternehmen kaufen offene Forderungen von Unternehmen auf und leisten nach Abzug von Zinsen und Gebühren eine sofortige Zahlung. Der Factor übernimmt zumeist auch das Einzugsverfahren und das Forderungsausfallrisiko.
Kreditsicherungen	**Reiner Personalkredit (Blankokredit)** Kreditwürdigkeit des Unternehmens reicht als Sicherheit. **Verstärkte Personalkredite** • Bürgschaft: Weitere Personen haften für die Rückzahlung selbstschuldnerisch = sofort oder nach Ausfall der Schuldner/-innen. • Zession: Unternehmen bieten eigene offene Geldforderungen als Kreditabsicherung an. **Realkredite = Sachkredite** • Lombardkredit und Sicherungsübereignung bei Mobilien, • Hypothek, Grund-/Rentenschuld bei Immobilien.

Aufgaben zur …	1. Unterscheiden Sie Investition und Finanzierung!
	2. Nennen Sie die Finanzierungsarten, die zur Innenfinanzierung gehören, und diejenigen, die zur Außenfinanzierung gehören!
	3. Was bedeutet Liquidität und was bedeutet Rentabilität?
	4. Beschreiben Sie die Unterschiede zwischen Fälligkeits-, Annuitäten- und Abzahlungsdarlehen!
	5. Nennen Sie bitte die Kreditabsicherungsmöglichkeiten, die unter Personalkredite fallen, und diejenigen, die unter Realkredite fallen!

10   Betriebsorganisation

In der Betriebsorganisation muss der Aufbau der Strukturen geregelt sein, bevor die Abläufe als Prozesse festgelegt werden können.

Aufbau- und Ablauforganisation	
Aufbauorganisation	*Ablauforganisation*
Strukturorganisation durch: *Hierarchien;* *Weisungsbefugnisse;* *Stellenbildungen.*	*Prozessorganisation durch:* *Zeitliche Abläufe;* *Räumliche Zuordnung;* *Logische Abstimmung.*
Wer übernimmt welche Aufgaben?	*Wie werden die Aufgaben erfüllt?*
Aufgabenanalyse: Welche Aufgaben fallen an? *Aufgabensynthese: Welche Aufgaben werden zusammengefasst?* *Daraus ergibt sich die Abteilungs- und Stellenbildung.*	*Produktionsziele: schnell, reibungslos, kostengünstig.*
Hilfsmittel sind Organigramme/Diagramme *als bildliche Darstellung der Aufbau- und Ablauforganisation.*	

10.1   Aufbauorganisation

Im Zentrum der Aufbauorganisation stehen die Stellen als kleinste Organisationseinheit im Betrieb. Jeder einzelnen Stelle müssen die dazugehörigen Aufgaben, die Hierarchien und Weisungsbefugnisse (wer ist wem über- oder untergeordnet) zugeordnet werden. Im Betriebsgliederungsplan werden Abteilungen festgelegt, zumeist unterschieden zwischen „kaufmännischen Bereichen" (Einkauf, Verkauf, Verwaltung) und „technischen Bereichen" = Produktion und Hilfsbereiche (Fertigung, Lagerung, Auslieferung).

Der Rang legt die Hierarchie im Unternehmen fest (leitende und ausführende Stellen). Alle Stellen mit Weisungsbefugnissen sind Instanzen.

Der Stellenplan beinhaltet alle Stellen eines Betriebes. Er fügt die Stellen in die gesamte Betriebsorganisation ein.

Durch Arbeitsanweisungen/Arbeitsaufträge wird den Stelleninhabern/ -inhaberinnen (Aufgabenträgern/-trägerinnen) die Arbeitsdurchführung vorgeschrieben. In betriebsinternen Stellenbeschreibungen werden für jede Stelle die Arbeitsaufträge und die Anforderungen festgelegt. Inhalte betriebsinterner Stellenbeschreibungen:

- Vorgesetzte / Unterstellte / Vertretungen: Wer ist wem unterstellt? Wer vertritt wen?
- Stellenziel/e: Aus der Unternehmenszielsetzung werden für jede Stelle Teil- bzw. Unterziele abgeleitet. Die Aufgaben ergeben sich aus den Stellenzielen.
- Gebündelte Kompetenzen, die die Stelleninhaber/-innen als Handlungskompetenz brauchen, um die Aufgaben erfüllen zu können.

Die Aufbauorganisation kann durch Funktionen, Personen oder Produkte (Objekte) bestimmt werden und lässt sich durch Organigramme darstellen.

Aufbauorganisationsmodelle

Durch Organisationsregelungen soll eine zu bürokratische oder lücken-
hafte Organisation vermieden werden, dazu werden die Regelungen
entsprechend „abgestuft":
- generelle Regelungen: für alltägliche Arbeitsabläufe;
- fallweise Regelungen (Disposition): für vorhersehbare, aber unre-
  gelmäßige Tätigkeiten (Wenn ..., dann ...);
- Improvisation: bei unerwarteten Situationen. Es ist zu überprüfen,
  ob dafür eine fallweise Regelung geschaffen wird.

10.1.1 Organisations- und Weisungssysteme

Unterschieden werden Linien-, Stab-Linien- und Mehrliniensystem. Im
Liniensystem (die Systeme werden auch als Organisation bezeichnet,
z.B. Linienorganisation etc.) werden die Anweisungen von der Spitze
der Hierarchie bis zur untersten Stelle weitergegeben. Alle Beschäftigten haben nur einen Vorgesetzten bzw. eine Vorgesetzte.

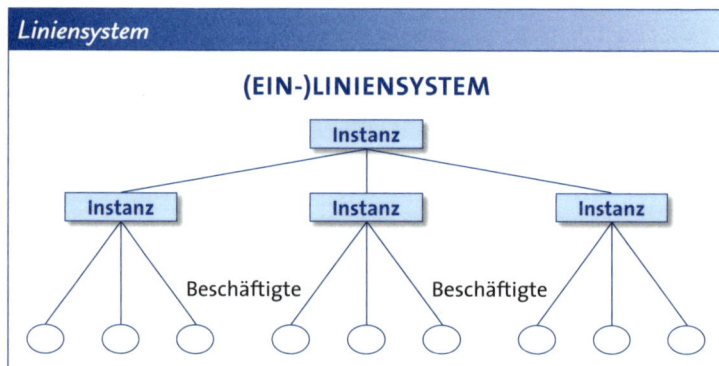

Liniensystem

(EIN-)LINIENSYSTEM

- *In kleineren Unternehmen werden die Anweisungen durch dieses System mit eindeutigen Regelungen festgelegt.*
- *Es umfasst klare Weisungsbefugnisse und Verantwortungen.*
- *Je größer ein Unternehmen wird, umso eher ist die Leitung mit einem solchen System überlastet, weil alle Entscheidungen von oben ausgehen und die Prozesse dadurch verlangsamt werden.*

Im Stab-Liniensystem werden Aufgaben an Stäbe übertragen, die keine
Entscheidungen fällen, sondern zur Beratung und Entlastung der lei-
tenden Instanzen da sind (z.B. Rechtsabteilung).

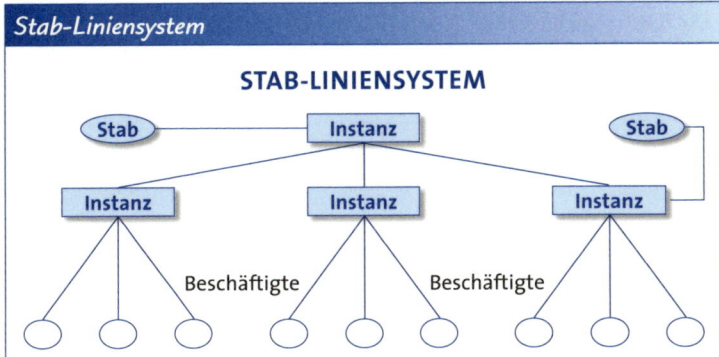

Stab-Liniensystem

STAB-LINIENSYSTEM

Beruht auf dem Liniensystem. Die Leitungsinstanzen werden durch Stäbe entlastet. Stäbe und Stabsstellen haben keine Weisungs- und Entscheidungsbefugnisse! Sie unterstützen, entlasten, beraten die Instanzen.

Vorteile:	**Nachteile:**
• Die eindeutige Kompetenzzuweisung des Liniensystems bleibt erhalten. • Die Führungsspitze wird durch Stäbe entlastet.	• Lange Entscheidungswege. • Stabsstellen können Kompetenzen beanspruchen, die ihnen nicht zustehen.

Im Mehrliniensystem = Funktions-/Funktionalsystem sind die Betriebe nach den ausgeübten Funktionen gegliedert.

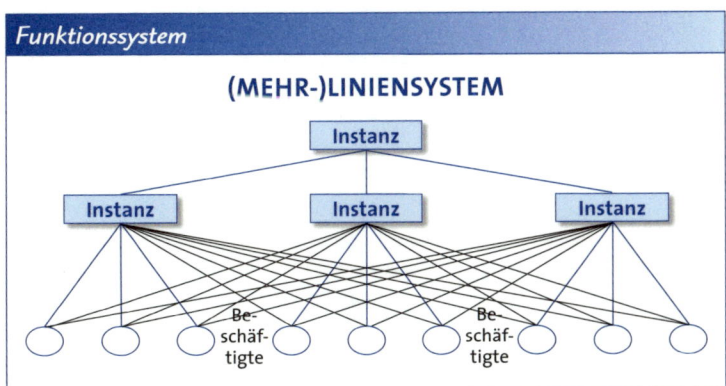

Funktionssystem

(MEHR-)LINIENSYSTEM

Die Beschäftigten erhalten Weisungen von mehreren Instanzen/Vorgesetzten. Die enge Abstimmung und Zusammenarbeit zwischen allen Instanzen und Aufgabenträger/-innen ist erforderlich. Stäbe können zur Entlastung der Instanzen hinzukommen.

Vorteile:	Nachteile:
● Weisungen durch Vorgesetzte mit Fachkompetenz.	● Gefahr der Kompetenzüberschneidung.
● Kurze und schnelle Entscheidungswege.	● Aufgaben werden nicht bzw. doppelt erledigt.

10.1.2 Führungsstile

Sie beinhalten die Art und Weise, in der Führungskräfte ihre Funktion ausüben. Sie wirken sich auf die Zufriedenheit, Motivation und Leistungsbereitschaft im Unternehmen aus.

Führungsstile	
Autoritär	**Demokratisch = kooperativ**
Ergebnisorientierung	*Beschäftigtenorientierung*
● Entscheidungen schnell durchsetzen	● Handlungsspielräume und Motivation wichtig
● Anweisungen für einzelne Tätigkeiten	● Verantwortung wird delegiert
● Mitsprache unerwünscht	● Mitsprache erforderlich
● Beeinflussung durch Lob und Tadel	● Motivation von (Miss-)Erfolg und Kooperation abhängig

Laisser-faire
Gewähren- bzw. Laufenlassen
● Beschäftigte haben die Freiheit, ihre Arbeit, Aufgaben und Abläufe selbst zu bestimmen.
● Informationen fließen nur, wenn eine gelungene Organisationsstruktur besteht. Sonst kommt es zu Kompetenzstreitigkeiten und gegenseitigen Blockaden, da die Führung kaum eingreift und sanktioniert.

Situativer Führungsstil
Kombination der Stile in Abhängigkeit von der jeweiligen Situation.

10.2 Ablauforganisation

Die Ablauforganisation ist eine Prozessorganisation. Nachdem mit der Aufbau- bzw. Strukturorganisation festgelegt wurde, welche Aufgaben anfallen und wie die Weisungsbefugnisse verteilt sind, erfolgt die räumliche und zeitliche Organisation der Betriebsabläufe, um eine hohe Kapazitätsauslastung und kurze Durchlaufzeiten im Betrieb zu erreichen. Ablaufdiagramme verdeutlichen Weg-, Raum- und Zeitabläufe. Dadurch kann der Ab-/Durchlauf eines Arbeitsprozesses über Stellen und Abteilungen abgelesen werden. Mögliche Ablaufdiagramme:

- Flussdiagramm: Es bildet die logischen und zeitlichen Abhängigkeiten bzw. Zuordnungen ab. Den einzelnen Schritten sind bestimmte Symbole zugeordnet: Dreieck △, Raute ◇, Quadrat □, Rechteck ▭ u.a.
- Zickzackdiagramme: zeigen die Abläufe durch den gesamten Betrieb, zumeist mit Zeitangaben und Symbolen für Bearbeitung, Wartezeiten, Weitergabe usw.
- Balkendiagramm = Gantt-Diagramm: Projektabläufe werden als zeitliche Abfolge von Aktivitäten durch Balken dargestellt.

Zickzackdiagramm: Personaleinstellungsverfahren			
Stelle / Erläuterung	Personal-abteilung	Betriebsleitung	Betriebsrat
1 Ausschreibung	X		
2 Bewerbungseingänge	X		
3 Überprüfung der Bewerber/innen		X	
4 Einladung zum Vorstellungsgespräch	X		
5 Vorstellungsgespräch	X		
6 Zustimmung Betriebsrat			X
7 Einstellungs-entscheidung		X	
8 Einladung zur Einstellung	X		

Ablauf als Zickzackdiagramm

Balkendiagramm: Kundenauftrag durchführen																
Vorgang	Zeit in Tagen															
1 Material bestellen																
2 Arbeitspläne aufstellen																
3 Materialkosten errechnen																
4 Lohnkosten kalkulieren																
5 Lieferzeit des Materials																
6 Arbeitskräfte einweisen																
7 Selbst- = Eigenkosten ermitteln																
8 Arbeit ausführen																
	1	2	3	4	5	6	7	8	9	10	11	12	13	14	15	16

Die einzelnen Tätigkeiten eines Arbeitsablaufs werden in einer Vorgangsliste chronologisch geordnet. Dabei wird angegeben, welche Arbeiten beendet sein müssen (Vorgänger), bevor der nächste Vorgang (Nachfolger) beginnen kann.

Ablauf als Balkendiagramm (Gantt-Diagramm)

10.3 Zusammenfassung

Betriebs-organisation	*Aufbauorganisation:* Strukturorganisation durch Stellenbildungen, Einrichtung von Organisations- und Weisungssystemen. *Ablauforganisation:* Prozessorganisation als logische räumliche und zeitliche Gliederung. *Hilfsmittel* sind Organigramme/Diagramme.
Stellen	*Stelle:* kleinste organisatorische Einheit im Betrieb. Im *Betriebsgliederungsplan* werden Abteilungen festgelegt. Der *Rang* legt die Hierarchie im Unternehmen fest (leitende und ausführende Stellen). *Instanzen* sind Stellen mit Weisungsbefugnissen. Der *Stellenplan* umfasst alle Stellen des Betriebs. Er fügt die Stellen in die Betriebsorganisation ein. *Arbeitsanweisungen/-aufträge* legen fest, wie die einzelnen Aufgaben zu erfüllen sind. Sie schreiben die Arbeitsdurchführung vor. *Stellenbeschreibungen* legen betriebsintern Aufgaben und Anforderungen für die Stellen fest.

Arten der Aufbauorganisation	Aufbau • *funktionsorientiert:* z.B. Einkauf, Produktion, Verkauf • *personenorientiert:* z.B. Schulz macht ..., Meier macht ... • *objekt- bzw. produktorientiert* (divisionale Organisation / Spartenaufbau): z.B. Textilien, Lebensmittel
Organisationsregelungen	• *Generell:* Gleichbleibende, sich wiederholende Tätigkeiten = Standardisierung • *Fallweise (Disposition):* Vorhersehbare, aber unregelmäßige Tätigkeiten • *Improvisation:* Unerwartete Situationen
Organisations-, Weisungssysteme	*(Ein-)Linienorganisation:* Anweisungen werden von oben bis unten weitergegeben. Alle Beschäftigten haben nur eine/n Vorgesetzte/n. *Stab-Linien-Modell,* ergänzt die anderen Modelle um Stäbe. Stabsstellen haben keine Entscheidungs- und Weisungsbefugnisse, sondern entlasten leitende Instanzen. *Mehrlinien-/Funktionalsystem,* mit Zuständigkeitsüberschneidungen. Enge Zusammenarbeit und Abstimmung der Stellen erforderlich.
Führungsstile	*Autoritär:* Ziel steht im Vordergrund. Beschäftigte führen Befehle/Weisungen von Vorgesetzten aus. *Demokratisch/kooperativ:* Aufgaben werden besprochen und abgestimmt. *Laisser-faire:* Vorgesetzte lassen die Prozesse laufen, ohne einzugreifen. *Situativer Führungsstil:* Situationsgerechte Kombination der anderen drei Stile.
Diagramme	Ablaufdiagramme zeigen Weg-, Raum- und Zeitabläufe.

Aufgaben zur ...

1. Beschreiben Sie in Stichworten die Aufgaben der Aufbau- und der Ablauforganisation!

2. Welche Funktion und wesentlichen Inhalte hat eine Stellenbeschreibung?

3. Was sind Instanzen?

4. Was ist eine Stabsfunktion?

5. Nennen Sie vier Führungsstile!

11   Lager

11.1   Grundbegriffe und Lagerkennzahlen

Die Lagerhaltung wird der Materialwirtschaft – im Handel Warenwirtschaft genannt – zugeordnet. Dazu gehören die Beschaffung (Einkauf), die Lagerhaltung und der Absatz (Verkauf). Was, wann, wo, in welcher Qualität und wie viel eingekauft werden muss, kann durch innerbetriebliche Informationsquellen festgestellt werden. Dazu gehören:

- Güterlisten mit hohem Bedarf (im Einzelhandel auch Schnelldreher oder Renner genannt),
- Güterlisten mit geringem Bedarf (im Einzelhandel auch Langsamdreher oder Penner genannt) und
- Lagerbestandslisten mit Anfangsbestand, Zugängen, Abgängen und aktuellem Lagerbestand.

Die optimale Bestellmenge ist erreicht, wenn die Summe aus Bestell- und Lagerhaltungskosten am niedrigsten ist!

Lager im Überblick	
Aufgaben von Lagern	**Lagerarten**
• Sicherung der Verkaufs- oder Produktionsfähigkeit • Zeitüberbrückung bis zur nächsten Lieferung, zur Produktion oder Verkauf • Ausnutzung von Angeboten • Bearbeitung vor der Nutzung bzw. dem Verkauf	• Verkaufslager: Verkaufsraum • Reservelager: Zusätzliche Räume zur Zwischenlagerung, für das Auspacken oder die Bearbeitung der Ware Die Erklärungen weiterer Lager ergeben sich aus den Namen: • z.B. Zentral-, Regional-, Innen- und Außenlager

Die Räumlichkeiten, die Einrichtung, die Beschäftigten und die gelagerten Produkte kosten Geld. Die Kosten für die geplanten Güter werden als Kapitalbindung oder auch als „totes/untätiges" Kapital bezeichnet, d.h., die gelagerten Produkte sind für das Unternehmen unwirtschaftlich, da das Geld für den Einkauf bezahlt wurde, aber bis zum Verkauf bzw. zur Produktion noch Zeit vergeht. Je länger die Lagerdauer und je größer die Lagermengen, umso höher sind die entstehenden Kosten.

Ein Ziel der Lagerhaltung ist es, diese Kosten gering zu halten. Die Kosten bestehen aus Fixkosten (dauerhaft ungefähr gleich, z.B. Miete, Personal, Energie) und variablen Kosten (mengenabhängig). Die Bestandsaufnahme dessen, was im Lager vorhanden ist, nennt sich Inventur. Dabei werden die Sollbestände (Buchbestände) mit den Istbeständen (tatsächlich vorhandenen Beständen) verglichen. Im Handelsgesetzbuch (HGB) lautet die Inventurdefinition:

Inventur ist die mengen- und wertmäßige Ermittlung der Istbestände durch Messen, Zählen, Wiegen.

Inventur
Körperliche Bestandsaufnahme des Vorratsvermögens durch Zählen, Messen, Wiegen
Kaufleute sind verpflichtet, bei der Aufstellung des Jahresabschlusses eine Inventur durchzuführen und die Bestände mit Preisen bewertet in einem Inventar festzuhalten.

Inventurarten nach Handelsgesetzbuch (HGB)

Jährlich	Permanent	Verlegt
vorgeschriebene Jahresbestandsaufnahme zum Bilanzstichtag = Stichtagsinventur	*Am Stichtag wird der Bestand ohne gleichzeitige körperliche Bestandsaufnahme festgestellt.*	*innerhalb der letzten drei Monate vor oder der ersten zwei Monate nach Geschäftsjahresende*
Dabei werden Vermögensgegenstände am Bilanzstichtag erfasst.	*Dennoch muss einmal im Geschäftsjahr eine körperliche Inventur durchgeführt und der Sollbestand mit dem Istbestand verglichen werden.*	*Möglich, wenn die Aufnahme zum Stichtag unmöglich ist (z.B. sehr große Bestände, außerordentliche Termine, große Schwankungen bei den Lagerbeständen).*
Kann innerhalb von zehn Tagen vor oder nach dem Bilanzstichtag durchgeführt werden, alle zwischenzeitlichen Veränderungen sind festzuhalten.	*Voraussetzung ist die Führung eines Lagerbuches sowie nachprüfbarer Unterlagen für alle Zugänge und Abgänge.*	

Inventurdifferenzen
Abweichungen zwischen **Sollbestand (Buchbestand) und Istbestand (tatsächlicher Bestand)**
Buchung in der Gewinn-/Verlustrechnung als außerordentlicher Ertrag oder Aufwand

Um die notwendigen Lagerbestände und dadurch anfallenden Kosten zu ermitteln, werden Lagerbestände ermittelt.

Der Höchstbestand wird festgelegt, um nicht zu viel zu bestellen. Sei es aus Platz- oder Kostengründen.

Der Meldebestand ist die Bestandsmenge, bei der neu nachbestellt werden muss, damit die Lieferung rechtzeitig kommt, um ständig produktions- bzw. verkaufsbereit zu bleiben.

Der Mindestbestand dient als eiserne Reserve, notfalls verkaufs- oder produktionsbereit zu bleiben, falls eine Lieferung sich verspätet oder ein plötzlicher Mehrbedarf vorhanden ist. Ohne Mindestbestände besteht die Gefahr, dass die Produktion bzw. der Verkauf ins Stocken gerät, was hohe Kosten oder Einnahmeausfälle mit sich bringt.

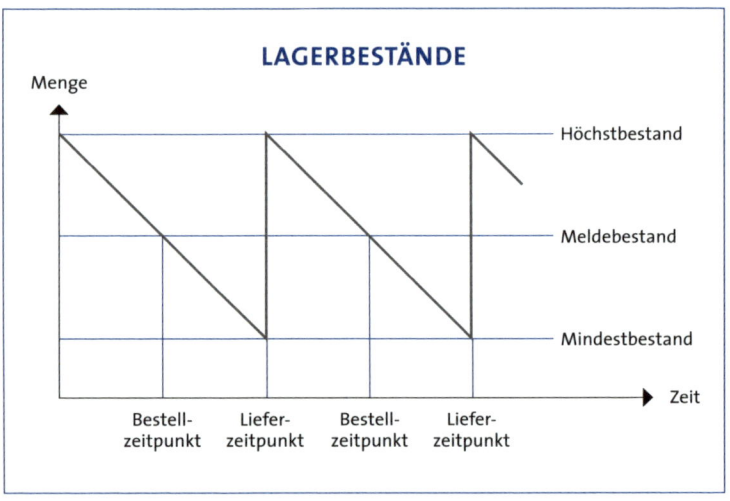

Lagerbestände

Lagerformeln/Lagerkennzahlen	
Höchstbestand	*Wird beim Eintreffen neuer Waren erreicht, soll aus Kosten- und Platzgründen eingehalten werden:* **Mindestbestand + Wareneingang**

Meldebestand	Ist gleichzeitig der Bestellzeitpunkt, um rechtzeitig neue Ware geliefert zu bekommen: **(Tagesabsatz x Lieferzeit) + Mindestbestand**
Durchschnittlicher Lagerbestand	Durchschnittliche Höhe der Bestände $$\frac{\textbf{Jahresanfangsbestand + 12 Monatsendbestände}}{\textbf{13}}$$
Lagerumschlagshäufigkeit	Wie oft wird der Lagerbestand (zumeist pro Jahr) durchschnittlich verkauft/verbraucht? $$\frac{\textbf{Jahresabsatz (in Mengen)}}{\textbf{Durchschnittlicher Lagerbestand}}$$ $$\frac{\textbf{Wareneinsatz (in Euro)}}{\textbf{Durchschnittlicher Lagerbestand}}$$ Wareneinsatz = Verkaufte Güter zu Einstandspreisen (Preis + Lieferkosten)
Durchschnittliche Lagerdauer	$$\frac{360 \ (Tage)}{Umschlagshäufigkeit}$$
Lagerzinssatz	Zinsbelastung (Kosten der Kapitalbindung) der Lagerbestände. Bei der Berechnung wird mit dem bankenüblichen Jahreszinssatz (Marktzins) gerechnet. $$\frac{Marktzins \ x \ durchschnittliche \ Lagerdauer}{360 \ Tage}$$

Die Lagerkennzahlen dienen zum betriebsinternen Benchmarking (Auswertungen als Vergleichszahlen pro Tag, Woche, Monat, Quartal, Jahr) und zum externen Benchmarking (Vergleich mit anderen Unternehmen).

Mit den Lagerkennzahlen ist der Kreis der Material- bzw. Warenwirtschaft geschlossen. Wird für die Beschaffung, Lagerhaltung und den Absatz ein computergestütztes System genutzt, lassen sich die Aufgaben für die Unternehmensleitung und die Beschäftigten vereinfachen und beschleunigen.

11.2   Zusammenfassung

Innerbetrieb-liche Bezugs-quellen	Das Lagerwesen bezieht Daten aus ● *Rennerlisten: schnell drehende Güter (hoher Bedarf),* ● *Pennerlisten: langsam drehende Güter (geringer Bedarf),* ● *Lagerbestandslisten: enthalten Anfangsbestand, Warenzugänge und -abgänge sowie den aktuellen Lagerbestand.*
Aufgaben der Lagerhaltung	● *Bedarfsausgleich: Sicherung der Liefer-, Verkaufs- oder Produktionsbereitschaft* ● *Zeitausgleich zwischen der Beschaffung und dem zeitlich späteren Verkauf/Bedarf* ● *Mengenausgleich zwischen der beschafften und der nach und nach benötigten Menge* ● *Preisausgleich: Ausnutzung von Preisvorteilen*
Lagerarten	● *Verkaufslager: Verkaufsraum* ● *Reservelager: zusätzliche Räume; ohne Kundenverkehr (Zwischenlagerung, Auspacken, Bearbeiten der Ware)*
Lagerkosten	*für Räume, Bestände, Verwaltung, Personal* *Fixe (feste) Kosten: gleichbleibend und wiederkehrend; variable (veränderliche) Kosten: verändern sich als mengenabhängige Kosten.*
Inventur	● *Jahresbestandsaufnahme zum Bilanzstichtag = Stichtagsinventur (ist Pflicht)* ● *Dabei werden Vermögensgegenstände zumeist am Jahresende erfasst.* ● *Sie kann innerhalb von zehn Tagen vor oder nach dem Bilanzstichtag durchgeführt werden, wobei zwischenzeit-liche Veränderungen festzuhalten sind.*
Soll- und Istbestände	● *Sollbestand = Buchbestand* ● *Istbestand = tatsächlicher Bestand*
Höchst-bestand	*Der Höchstbestand wird beim Eintreffen neuer Waren erreicht. Er soll aus Kosten- und aus Platzgründen nicht überschritten werden.* *Berechnung siehe Übersicht Lagerkennzahlen S. 210/211.*

Lager- kennzahlen	Weitere Lagerkennzahlen sind Meldebestand, Mindestbe- stand, durchschnittlicher Lagerbestand, Lagerumschlags- häufigkeit, durchschnittliche Lagerdauer und Lagerzins- satz. Zu den Definitionen und ihrer Berechnung siehe Übersicht Lagerkennzahlen S. 210/211

Aufgaben zur ...

1. Welche Fragen stellen sich bei der Beschaffung?

2. Welche Lagerbestände werden unterschieden?

3. Wozu dienen Lagerkennzahlen?

12   Marketing

Im Begriff „Marketing" steckt grundsätzlich das Wort „Markt" (market)
und dies beinhaltet alle Maßnahmen, die den Absatz der Produkte
(oder Dienstleistungen) auf dem Markt fördern. Dazu muss beobachtet
werden, was auf dem Markt passiert, um daraus „Marketingmaßnah-
men" abzuleiten. Aber alle Unternehmen sind auch immer selbst Kun-
den/Kundinnen, wenn sie einkaufen. Das heißt, dass es für verkaufende
Unternehmen hilfreich ist, die Blickrichtung zu wechseln: *„Was würde
ich von meinem Unternehmen erwarten, wenn ich selbst als Nachfrager
auftreten würde?"* Von daher stimmt der Leitgedanke: „Der Kunde ist
König." Übertragen auf die Qualität des eigenen Angebots, oder umfas-
sender auf das eigene Qualitätsmanagement, heißt dies: Qualität ist,
wenn die Kundschaft zurückkommt und nicht das Produkt!

Darin stecken zwei zentrale Gedanken des modernen Marketings:
Qualität zu bieten, die sich vom Kunden her definiert, und damit in allen
Unternehmensbereichen und nicht nur in der Vertriebsabteilung vom
Markt her zu denken (Qualität betrifft auch Entwicklung, Produktion
u.a.m.). Das Marketing bietet Unternehmen dafür einen systematischen Ansatz, um Entscheidungen in allen Unternehmensbereichen
marktbezogen bzw. kundenorientiert treffen zu können.

Das Gesamtkonzept besteht aus einer Mischung einzelner Marke-
tinginstrumente, dem Marketingmix.

Marketingmix

- *Produktmix = Welche Leistungen sollen am Markt angeboten werden:
  Produkte, Produktqualität, Gestaltung, Verpackung, Marken, Kundendienst.*
- *Preis- = Kontrahierungsmix = Zu welchen Bedingungen sollen die
  Leistungen angeboten werden: Preis, Liefer- und Zahlungskonditionen
  (Rabatte, Boni), Kreditgewährung.*
- *Kommunikations- und Absatzförderungsmix = Welche Absatzmaßnahmen
  sollen ergriffen werden? Maßnahmen, die die Nachfrage nach den
  Produkten positiv beeinflussen: Werbung, Public Relations / Öffentlichkeits-
  arbeit, Verkaufskontakte, Verkaufsförderung, Verkaufsschulungen.*
- *Distributionsmix = Wem und auf welchem Weg sollen Leistungen
  angeboten werden: Absatzwege (direkt – indirekt, persönlich – Versand),
  Transport, Lagerung, Logistik.*

Ausführliche Behandlung siehe „Grundwissen Marketing" in der gleichen Buchreihe.

13   Rechnungswesen

Das Rechnungswesen beinhaltet alle Verfahren, die Geld- und Leistungsströme von Unternehmen in einem System von Plan-, Soll- und Ist-Größen mengen- und wertmäßig erfassen und aufbereiten.

Zu den Bereichen des Rechnungswesens gehören:
- Finanzbuchführung und Jahresabschluss (Bilanz, Gewinn- und Verlustrechnung und bei Kapitalgesellschaften der Anhang) als sachliche und zeitliche Aufzeichnungen (Dokumentation durch Konten) aller Geschäftsvorfälle durch Belege.
- Kosten- und Leistungsrechnung (mit Kalkulation): Kontrolle der Wirtschaftlichkeit, der Leistungen und Kalkulation der Selbstkosten als Berechnung von Stückkosten bzw. Leistungseinheiten.
- Statistik: Buchführungsdaten für in- und externe Vergleichsrechnungen (Benchmarking), z.B. über Umsätze, Personal- und Betriebsmittelkosten.
- Planungsrechnung: Erstellung von Plänen für zukünftige betriebliche Entwicklungen.

Unter einem anderen Blickwinkel kann grundsätzlich nach externem und internem Rechnungswesen unterschieden werden:
- Zum externen Rechnungswesen gehört die Finanzbuchhaltung. Sie dient zur Dokumentation der Geld- und Güterströme von Unternehmen gegenüber Außenstehenden, z.B. Banken und Finanzamt, woher sich die Bezeichnung „extern" ableitet. Die Vermögens-, Finanz- und Erfolgssituation wird gegenüber den Adressaten dargelegt. Da sich Rechte und Pflichten (z.B. Steuerzahlungen) daraus ableiten, unterliegt das externe Rechnungswesen einer Reihe gesetzlicher Vorschriften (z.B. den Grundsätzen ordnungsmäßiger Buchführung und Bilanzierungsrichtlinien).
- Das interne Rechnungswesen (mit Kostenrechnung, Statistik und Planungsrechnung) dient hingegen zur Steuerung und Planung des Unternehmens, also internen Zwecken.

Die beiden Bereiche sind nicht unabhängig voneinander, sondern greifen wechselseitig auf Daten des jeweils anderen Bereichs zu.

Eine ausführliche Behandlung des Themenkomplexes findet sich in „Grundwissen Kaufmännisches Rechnen" und „Grundwissen Rechnungswesen" in der gleichen Buchreihe.

14   Steuern

14.1   Überblick

Um Kollektivbedürfnisse zu befriedigen, die Infrastruktur zur Verfügung zu stellen und gesellschaftliche bzw. politische Ziele zu erreichen, benötigt der Staat Geld. Die Beteiligten am volkswirtschaftlichen Wirtschaftskreislauf (Privathaushalte und Unternehmen) müssen Abgaben bezahlen, die eine Hauptquelle staatlicher Finanzierung darstellen (darüber hinaus nehmen die drei staatlichen Ebenen – Bund, Länder, Gemeinden – oftmals auch Kredite als zusätzliche Mittel auf).

Abgaben gemäß Abgabenordnung		
Steuern	*Gebühren*	*Beiträge*
Nicht zweckgebunden! Für den Staat frei verfügbar.	*Zweckgebunden! Nur für die Bereiche, in denen sie erhoben = bezahlt werden.*	
Zahlende erhalten keine direkte Gegenleistungen.	*Zahlende erhalten direkte Gegenleistung.*	*Zahlende haben im Bedarfsfall Ansprüche.*
● *Besitzsteuern:* für Eigentum, z.B. Einkommensteuer ● *Verbrauchssteuern:* für Güter, z.B. Tabaksteuer ● *Verkehrssteuern:* für Vertragsabschlüsse, z.B. Umsatzsteuer ● *Zölle:* Steuern für Geschäfte außerhalb der EU	● *Verwaltungsgebühren:* für Verwaltungsleistungen, z.B. Ausweiserstellung, Registereintragungen (Handels-, Vereinsregister) ● *Benutzungsgebühren:* für Nutzung, z.B. Abfall-, Abwassergebühren	● *Sozialversicherungen:* für gesetzliche Arbeitslosen-, Renten-, Pflege-, Kranken-, Unfallversicherung ● *Mitgliedschaft:* z.B. für Industrie- und Handelskammern (IHK)

Über Steuern kann der Staat frei verfügen. Gebühren und Beiträge sind zweckgebunden. Sie müssen in den Bereichen bzw. Verwaltungen eingesetzt werden, von denen sie erhoben werden. Reichen sie nicht aus, um die Kosten zu decken, werden sie zumeist durch Steuermittel ergänzt.

Steuereinteilungen	
Erhebungsart **Wer bezahlt die Steuer? – Wer führt die Steuer an den Staat ab?**	
Direkt *Zahlende und Abführende (Schuldner) sind identisch, zumeist bei Besitzsteuern.*	**Indirekt** *Zahlende sind nicht Abführende (Schuldner), zumeist Verbrauchs- und Verkehrssteuern.*
Steuergegenstand – Was wird besteuert?	
Besitzsteuern	*für Eigentum:* ● *als Real- bzw. Sachsteuern auf Immobilien (Grundsteuer)* ● *als Einkommensteuer von:* – *natürlichen Personen: Beschäftigte, freie Berufe, Einzelunternehmen und Personengesellschaften* – *juristischen Personen: Kapitalgesellschaften*
Verbrauchssteuern	*für Güter, z.B. Tabak-, Mineralölsteuer*
Verkehrssteuern	*auf Vertragsabschlüsse, z.B. Grunderwerb-, Versicherungs-, Umsatz- = Mehrwertsteuer*

Bei den direkten Steuern besteht eine Ausnahme für die Lohnsteuer. Hier führen nicht die Beschäftigten (Steuerzahler/-innen) sie an den Staat bzw. das Finanzamt (= lateinisch Fiskus: Geldkorb, Fiskal = Steuern) ab, sondern die Unternehmen (Steuerschuldner/-innen).

Durch die Ertragshoheit wird festgelegt, welche staatliche Ebene welche Steuern erhält.

Ertragshoheit: Welche staatliche Ebene erhält welche Steuer?		
Bund	**Länder**	**Gemeinden**
in der Regel alle Verbrauchssteuern, z.B. Mineralöl-, Tabak-, Kaffee-, Versicherungs-, Stromsteuer, Solidaritätszuschlag etc. (Ausnahme: Bier)	*Biersteuer und in der Regel alle Verkehrssteuern, z.B.: Grunderwerb-, Lotterie-, Erbschafts-, Schenkungssteuer etc.*	*Gewerbesteuer als Besitzsteuer; kleinere = Bagatellsteuern, als örtliche Verbrauchs- und Aufwandsteuern, z.B. Grund-, Vergnügungs-, Schankerlaubnis-, Jagd- u. Fischerei-, Hundesteuer etc.*

Ertragshoheit: Gemeinschaftssteuern und Besonderheiten

Gemeinschaftssteuern
Aufteilung zwischen Bund und Ländern, teils auch Gemeinden. Z.B. fast alle Besitzsteuern (auf Einkommen von natürlichen und juristischen Personen, Gewerbesteuerumlage) und die Umsatzsteuer als Verkehrssteuer.

Besonderheiten:
- Kirchensteuer: In Deutschland zieht der Staat sie für die von ihm anerkannten Religionsgemeinschaften ein und leitet sie an diese weiter.
- Europäische Union (EU): Sie erhält als Eigeneinnahmen Finanzmittel, d.h. Teile von Steuern und Zöllen.

14.2   Einkommensteuer

Die Einkommensteuer erfasst Erwerbs-, Gewinn- und Vermögenseinkünfte. Rechtsgrundlage ist das Einkommensteuergesetz. Es beinhaltet sieben Einkommensarten und gibt die Berechnungsschritte für die Einkommensteuer (bei Beschäftigten auch Lohnsteuer genannt) vor, siehe Schema auf der folgenden Seite.

Die Gewinneinkünfte beziehen sich auf Unternehmen bzw. Selbstständige. Die Überschusseinkünfte beinhalten die Löhne, Gehälter und Ausbildungsvergütungen der Erwerbstätigen und weitere Einkunftsarten. Werden Einkünfte aus verschiedenen Einkunftsarten erzielt, werden alle bei der Einkommensteuerberechnung berücksichtigt. In einem ersten Schritt können die Gewinneinkünfte um Betriebsausgaben reduziert werden und die Überschusseinkünfte um die Werbungskosten. Daraus ergibt sich der Gesamtbetrag der Einkünfte.

Werbungskosten

Sie dienen dem Erwerb, der Sicherung und der Erhaltung der Einnahmen. Sie können geltend gemacht werden, wenn sie nicht von anderen ersetzt werden. Bei Einkünften aus unselbstständiger Arbeit gibt es einen Werbungskostenpauschbetrag. Er wird von vornherein von den Finanzämtern unabhängig von der tatsächlichen Höhe der Werbungskosten berücksichtigt. Das heißt, wer keine höheren Aufwendungen hat, braucht keine Werbungskosten nachweisen, da dieser Pauschbetrag automatisch angerechnet wird. Wer höhere Werbungskosten hat, muss dies nachweisen können.

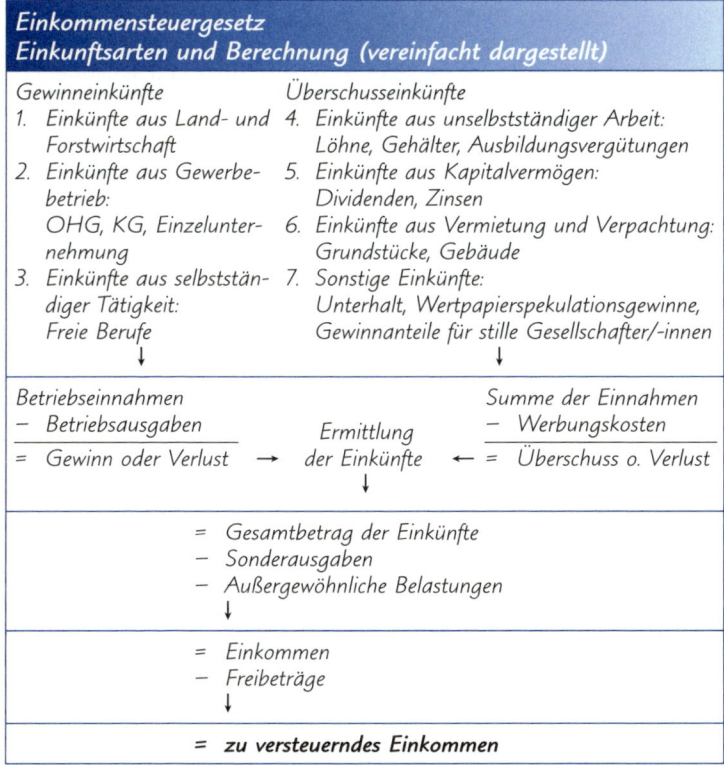

Einkommensteuergesetz
Einkunftsarten und Berechnung (vereinfacht dargestellt)

Gewinneinkünfte	Überschusseinkünfte
1. Einkünfte aus Land- und Forstwirtschaft	4. Einkünfte aus unselbstständiger Arbeit: Löhne, Gehälter, Ausbildungsvergütungen
2. Einkünfte aus Gewerbebetrieb: OHG, KG, Einzelunternehmung	5. Einkünfte aus Kapitalvermögen: Dividenden, Zinsen
3. Einkünfte aus selbstständiger Tätigkeit: Freie Berufe	6. Einkünfte aus Vermietung und Verpachtung: Grundstücke, Gebäude
	7. Sonstige Einkünfte: Unterhalt, Wertpapierspekulationsgewinne, Gewinnanteile für stille Gesellschafter/-innen

Betriebseinnahmen
− Betriebsausgaben   *Ermittlung*   Summe der Einnahmen
────────────────   *der Einkünfte*   − Werbungskosten
= Gewinn oder Verlust   →   ←   ──────────────────
                                                                 = Überschuss o. Verlust

= Gesamtbetrag der Einkünfte
− Sonderausgaben
− Außergewöhnliche Belastungen
↓

= Einkommen
− Freibeträge
↓

= zu versteuerndes Einkommen

Zu den Werbungskosten zählen u.a.: Kosten für den Arbeitsweg, Arbeitsmittel, Fortbildungskosten für den ausgeübten Beruf, berufsbedingte Umzugskosten, berufsbedingte doppelte Haushaltsführung, Gewerkschaftsbeiträge.

Sonderausgaben
Sie werden unterschieden in unbeschränkt abzugsfähig (in voller Höhe) und beschränkt abzugsfähig (nicht in voller Höhe).
Unbeschränkt abzugsfähig ist die gezahlte Kirchensteuer.
Beschränkt abzugsfähig sind Vorsorgeaufwendungen wie Arbeitnehmer/-innenbeiträge für gesetzliche Sozialversicherungen und Privat-

versicherungen zur persönlichen Vorsorge (z.B. Haftpflicht, private Unfall-, Kranken-, Pflege- und Lebensversicherungen); außerdem Unterhaltsleistungen an geschiedene / dauernd getrennt lebende einkommensteuerpflichtige Ehepartner, Aufwendungen für Berufsausbildung oder Weiterbildung in einem nicht ausgeübten Beruf und steuerbegünstigte Spenden und Mitgliedsbeiträge.

Außergewöhnliche Belastungen

Sie können aus sozialen Gründen steuerlich geltend gemacht werden. Dazu gehören z.B.: Kosten für eine Krankenbehandlung, die nicht von Dritten erstattet werden, oder Kosten für eine Kur, soweit nicht Versicherungen Kostenanteile übernehmen; Unterstützung Angehöriger ersten Grades (Eltern für Kinder und umgekehrt). Die Höhe der zumutbaren Belastung, d.h., des selbst zu zahlenden Eigenanteils richtet sich nach dem Gesamtbetrag der Einkünfte, dem Familienstand und der Anzahl der Kinder.

Steuerhöhe

Die Höhe der zu zahlenden Steuer hängt von der jeweiligen Steuerklasse und dem Einkommensteuertarif ab.

Einkommensteuerklassen	
Klasse I: Alleinstehende. *Klasse II: Alleinstehende mit Kind/ern.* *Klasse III: Verheiratete, bei denen nur eine/einer Einkommen bezieht. Verheiratete, die beide arbeiten; einer von beiden in Steuerklasse V eingestuft (Ehegattensplitting).*	*Klasse IV: Verheiratete, beide arbeiten (verdienen etwa gleich viel).* *Klasse V: Ehegattensplitting, geht nur, wenn der/die Ehepartner/-in in der Steuerklasse III ist (weniger Verdienende sind zumeist in der Steuerklasse V).* *Klasse VI: Bei mehreren Beschäftigungen, ab der zweiten Beschäftigung und bei fehlender Angabe der Lohnsteuerklasse.*

Die Besteuerung beginnt ab einem Einkommen oberhalb des Grundfreibetrags mit dem Eingangssteuersatz. Danach steigt der Steuersatz in den Progressionszonen unterschiedlich stark an bis zu einem Spitzensteuersatz und bleibt dann gleich hoch (linear) in der Proportionalzone. Die Kurve zur Durchschnittsbelastung gibt die tatsächliche durchschnittliche Steuerbelastung wieder, nachdem die Abzugsmöglichkeiten wahrgenommen wurden. Die jeweiligen Beträge und damit auch die prozentuale Steuerbelastung können durch die Politik jederzeit geändert werden. Von der ermittelten, d.h. zu zahlenden Einkommensteuer wird der Solidaritätszuschlag berechnet. Auch die Kirchensteuer (sie kann je nach Bundesland unterschiedlich hoch sein) wird von der ermittelten Einkommensteuer berechnet.

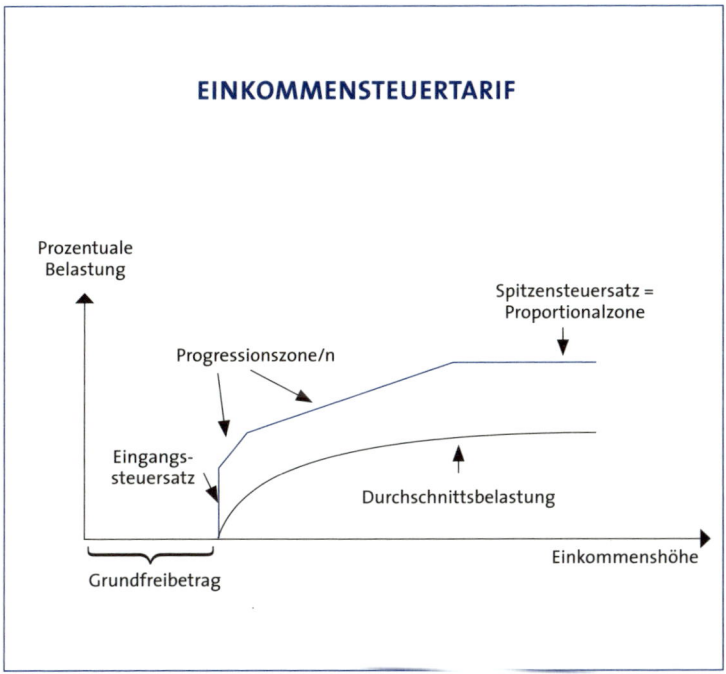

Einkommensteuertarif – grafische Darstellung/Veranschaulichung

Die Höhe der zu zahlenden Einkommen- bzw. Lohnsteuer, die hier bildlich als Steuertarif dargestellt ist, ist in den Einkommen- bzw. Lohnsteuertabellen für die jeweilige Einkommenshöhe berechnet.

Für geringfügige Beschäftigungen (Minijobs) wird eine Pauschale abgeführt, die einen Steueranteil und einen Beitragsanteil für die gesetzliche Renten- und Krankenversicherung enthält.

14.3   Unternehmenssteuern

Einkommen- und Körperschaftsteuer

Unternehmen müssen auf Rechnungen ihre Steuernummer angeben. Unternehmen als natürliche Personen (Einzelunternehmen, Personengesellschaften) müssen eine Einkommensteuererklärung abgeben.

Unternehmen als juristische Personen (Kapitalgesellschaften GmbH, KGaA, AG; Genossenschaften eG., eingetragene Vereine e.V.) haben eine Körperschaftsteuererklärung abzugeben. Die Körperschaftsteuer ist eine direkte Steuer (Gemeinschaftssteuer von Bund und Ländern) und besteuert als Besitzsteuer den Gewinn. Die Höhe der Körperschaftsteuer ist im Körperschaftsteuergesetz als Steuertarif festgelegt. Zusätzlich zum Steuertarif ist der Solidaritätszuschlag (berechnet von der Körperschaftsteuer) zu bezahlen. Das Finanzamt legt jährlich die (zumeist vierteljährlichen) Vorauszahlungen für das kommende Jahr fest.

Gewerbesteuer

Diese muss laut Gewerbesteuergesetz jeder Gewerbebetrieb (Ausnahme Landwirtschaft) an die Stadt bzw. Gemeinde zahlen (Gemeindesteuer), in welcher der Sitz des Unternehmens ist. Sie ist eine direkte Steuer und eine Besitzsteuer. Die Höhe der Gewerbesteuer ergibt sich aus dem Gewerbeertrag als Jahresgewinn. Der Steuertarif unterscheidet:

● Natürliche Personen (Einzelunternehmen und Personengesellschaften). Sie erhalten einen Steuerfreibetrag.

● Juristische Personen erhalten keinen Freibetrag.

Um die tatsächliche Steuerbelastung zu ermitteln, wird der durch den jeweiligen Steuertarif ermittelte Betrag mit einem „Hebesatz" multipliziert, der durch die jeweilige Stadt oder Gemeinde festgelegt wird. Die Gewerbesteuererklärung ist jährlich abzugeben; nach Aufforderung durch das Finanzamt sind ein-, zwei- oder viermal (das ist die übliche Regelung) im Jahr Vorauszahlungen zu leisten.

14.4 Zusammenfassung

Abgaben als öffentliche Einnahmen	*Nicht zweckgebunden = für den Staat frei verfügbar, keine direkten Gegenleistungen: Steuern und Zölle.* *Zweckgebunden = für die Einrichtung, an die sie gezahlt werden muss:* ● *Gebühren für direkte Gegenleistung einer staatlichen Einrichtung* ● *Beiträge für eine Art „Mitgliedschaft", auch zu zahlen, wenn Leistung nicht in Anspruch genommen wird*
Steuerein-teilungen	*Steuergegenstand = was wird besteuert:* ● *Besitzsteuern auf Eigentum (Real- = Sachsteuern auf Immobilien und Personensteuern auf Einkommen)* ● *Verkehrssteuern für Vertragsabschlüsse = Rechtsverkehr* ● *Verbrauchssteuern und Zölle bei Kauf von Gütern* *Ertragshoheit = wer bekommt die Steuer:* *Bund, Länder, Gemeinden oder Gemeinschaftssteuer als Aufteilung zwischen den staatlichen Ebenen* *Kirchensteuer, Prozentsatz berechnet von der Steuerschuld* *Erhebungsart = wer zahlt, wer führt ab:* *Direkte Steuern: Steuerschuldner = Steuerzahler* *Indirekte Steuern: Steuerschuldner nicht Steuerzahler*
Einkommen-steuer	*Einkunftsarten:* ● *1 Einkünfte aus Land- und Forstwirtschaft* ● *2 Einkünfte aus Gewerbebetrieb* ● *3 Einkünfte aus selbstständiger Arbeit* ● *4 Einkünfte aus unselbstständiger Arbeit* ● *5 Einkünfte aus Kapitalvermögen* ● *6 Einkünfte aus Vermietung und Verpachtung* ● *7 Sonstige Einkünfte*
Einkommen-steuerabzüge	● *Werbungskosten* ● *Sonderausgaben* ● *Außergewöhnliche Belastungen*
Einkommen-steuerklassen	*siehe Übersicht S. 220*

Einkommen-steuertarif	*Ein bestimmter Teil des Einkommens ist steuerfrei (Grundfreibetrag, Freizone).* *Oberhalb des Grundfreibetrages entsteht die Steuerpflicht und der Steuersatz steigt (Steuerprogression) bis zu einem Höchstsatz.* *Ab dem Höchst- = Spitzensteuersatz werden alle darüber liegenden Einkommen prozentual gleich belastet.* *Geringfügige Beschäftigungen (Minijobs) werden mit einer Pauschale besteuert.*
Körperschaft-steuergesetz	*Gewinnsteuer für juristische Personen* *Besitzsteuer, direkte Steuer, Gemeinschaftssteuer (Bund und Länder)* *Steuertarif als Prozenthöhe der abzuführenden Steuer, plus Solidaritätszuschlag, berechnet von der ermittelten Körperschaftsteuer*
Gewerbe-steuer	*Gemeindesteuer, Besitzsteuer, direkte Steuer* *Steuergegenstand ist der Gewerbeertrag = Jahresgewinn.* *Steuertarife:* *Juristische Personen: einheitlicher Prozentsatz ohne Freibetrag* *Natürliche Personen: Freibetrag, danach bleibt der Steuertarif gleich hoch* *Der von der Gemeinde festgelegte Hebesatz entscheidet abschließend über die Höhe der Steuer.*

Aufgaben zur ...	1. Ordnen Sie bitte die Einkommen- und die Umsatzsteuer den verschiedenen Einteilungskriterien zu! 2. Erklären Sie bitte den Unterschied zwischen Werbungskosten, Sonderausgaben und außergewöhnlichen Belastungen! 3. Wovon werden der Solidaritätszuschlag und die Kirchensteuer berechnet? 4. Welche Unternehmen zahlen Einkommensteuer, welche Körperschaftsteuer?

15 Sozialversicherungen/Privatversicherungen

15.1 Die Sozialversicherungen als Bestandteil des Systems der sozialen Sicherung

Bestandteil des sozialen Netzes, das die Bevölkerung auf einen menschenwürdigen sozialen Standard abfedern soll, sind die Sozialversicherungen. Sie sollen wichtige Lebensrisiken der Menschen (Krankheit, Pflegebedürftigkeit, Arbeitslosigkeit, Alter) finanziell absichern.

> *Merkmal der Sozialversicherungen ist die Pflichtmitgliedschaft.*

Jeder Arbeitnehmer, der in einem sozialversicherungspflichtigen Arbeitsverhältnis steht (und bestimmte andere Personengruppen), muss Beiträge an die Versicherungsträger leisten und hat Anspruch auf deren Leistungen.

Die Entwicklungsstufen der Sozialversicherung sind im folgenden Schaubild zusammengestellt:

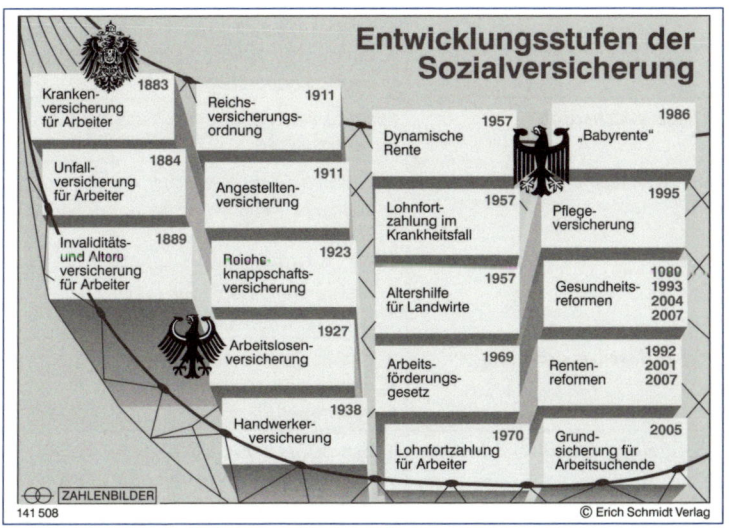

Die Finanzierung der Versicherungen erfolgt durch die Beitragsleistungen der versicherten Mitglieder. Für die Erbringung der Versicherungsleistungen gilt das Solidaritätsprinzip, d.h., alle Mitglieder erbringen die Beiträge zur Finanzierung der Leistungen für diejenigen Mitglieder, die diese Leistungen in Anspruch nehmen müssen.

Für die Rentenversicherung gilt der „Generationenvertrag": Im Rahmen dieses fiktiven Vertrags finanziert die Generation, die in Arbeit steht, durch ihre Beitragszahlungen die Renten für die Menschen, die nicht mehr im Arbeitsleben stehen, und geht davon aus, dass die nachfolgende Generation für sie dieselben Leistungen erarbeitet.

15.2　Die Träger der Sozialversicherungen

Die Versicherungen werden von Trägern verwaltet, die sich um den Einzug der Beiträge und die Erbringung der Leistungen kümmern.

Träger der Sozialversicherung	
Gesetzliche Krankenkassen	• *Allgemeine Ortskrankenkassen* • *Betriebskrankenkassen* • *Innungskrankenkassen* • *Ersatzkassen* • *Landwirtschaftliche Krankenkassen* • *Bundesknappschaft*
Pflegeversicherung	*Pflegekassen, die von den Krankenkassen verwaltet werden*
Rentenversicherung	• *Deutsche Rentenversicherung Bund* • *Deutsche Rentenversicherung regionale Träger* • *Deutsche Rentenversicherung Knappschaft-Bahn-See, Landwirtschaftliche Alterskassen*
Arbeitslosenversicherung	• *Bundesagentur für Arbeit* • *Regionaldirektionen* • *Agenturen für Arbeit*
Gesetzliche Unfallversicherung	• *Berufsgenossenschaften* • *Unfallversicherungsträger der öffentlichen Hand*

Dabei handelt es sich um Körperschaften des öffentlichen Rechts (vgl. S. 98), also staatliche Einrichtungen mit Selbstverwaltungsstruktur. Die Versicherten und die Arbeitgeber wählen jeweils zur Hälfte die Mitglieder der Vertreterversammlungen (bei den gesetzlichen Krankenkassen die Verwaltungsräte). Diese wiederum sind die beschlussfassenden Organe und wählen u.a. die Vorstände der Träger.

15.2.1 Die gesetzliche Krankenversicherung (SGB V)

Die Vorschriften über die gesetzliche Krankenversicherung befinden sich im Fünften Buch des Sozialgesetzbuchs (SGB V). Dort sind in § 5 die Personengruppen genannt, die der Versicherungspflicht unterliegen. Das sind im Wesentlichen alle Arbeitnehmer, die weder wegen zu geringer Beschäftigung nicht versicherungspflichtig sind, noch mit ihrem Einkommen über der Pflichtversicherungsgrenze liegen und deshalb nicht versicherungspflichtig sind. Die differenzierten Regelungen können in einem Buch über „Grundwissen" nicht näher dargestellt werden. Wer über der Pflichtversicherungsgrenze liegt, kann sich freiwillig in der gesetzlichen Krankenkasse versichern. Familienmitglieder eines Versicherten ohne eigenes Einkommen sind im Rahmen der Familienversicherung mitversichert (§ 10 SGB V).

Für Personen, die nicht in der gesetzlichen Krankenversicherung versichert sind bzw. versichert sein können, besteht gemäß § 193 des Versicherungsvertragsgesetzes (VVG) die Verpflichtung, sich in einer privaten Krankenkasse zu versichern. Die Beiträge zur gesetzlichen Krankenversicherung werden jeweils nahezu zur Hälfte vom Arbeitgeber und vom Arbeitnehmer getragen, wobei der Arbeitnehmer einen etwas höheren Anteil zu leisten hat. Hinzu kommen Zusatzbeiträge, die vom Versicherten für bestimmte Leistungen zu erbringen sind.

Was der Arbeitgeber beachten muss

Der Arbeitgeber ist verpflichtet, die Arbeitnehmer innerhalb einer Frist von zwei Wochen nach Arbeitsbeginn anzumelden (bei maschineller Datenverarbeitung innerhalb von sechs Wochen). Wird die Anmeldung nicht vorgenommen, sind die Arbeitnehmer automatisch vom Arbeitsbeginn an bei der Allgemeinen Ortskrankenkasse (AOK) versichert.

Weiterhin bezahlt der Arbeitgeber die Beiträge seiner Arbeitnehmer zur gesetzlichen Krankenversicherung zur Hälfte (von Zusatzbeiträgen, z.B. für Krankengeld und Zahnersatz, abgesehen).

Die Beiträge werden prozentual vom Bruttoeinkommen bestimmt (nach Tabellen). Dabei gibt es eine Beitragsbemessungsgrenze: Auch wenn das Bruttoeinkommen über dieser Grenze liegt, erhöhen sich die Beiträge nicht mehr.

Leistungen und Aufgaben (§§ 20–51 SGB V)

Zu den Aufgaben der Krankenversicherungen gehören Leistungen und Versorgung im Krankheitsfall, bei Schwangerschaft und Mutterschaft.

> ### Wesentliche Leistungen der Krankenversicherung
>
> - *Gesundheitsuntersuchungen zur Früherkennung von Krankheiten*
> - *Krankenbehandlung (ärztliche und zahnärztliche Behandlung)*
> - *Versorgung mit Medikamenten, Verband- und Hilfsmitteln, häusliche Krankenpflege und Haushaltshilfe, stationäre Behandlung, Rehabilitation*
> - *Krankengeld als Lohn-/Gehaltsersatzleistungen nach Beendigung der Entgeltfortzahlungspflicht des Arbeitgebers bei Arbeitsunfähigkeit*
> - *Leistungen bei Schwangerschaft und Mutterschaft*

15.2.2 Die Pflegeversicherung (SGB XI)

Die Pflegeversicherung sichert das Risiko der Pflegebedürftigkeit ab. Sie ist eine Pflichtversicherung. Grundsätzlich übernimmt die Krankenversicherung, bei der ein Mitglied versichert ist, auch die Aufgaben der Pflegeversicherung. Alle Personen, die Mitglied der gesetzlichen Krankenversicherung sind, müssen auch Mitglied der Pflegeversicherung sein (§ 20 SGB XI). Für Mitglieder einer privaten Krankenversicherung besteht die Verpflichtung, ebenfalls eine entsprechende private Pflegeversicherung abzuschließen (§ 23 SGB XI).

Bei Pflegebedürftigkeit übernimmt die Pflegeversicherung Leistungen nach einem differenzierten System (drei Pflegestufen, häuslich oder stationär). Der Beitrag wird je zur Hälfte vom Arbeitgeber und vom Arbeitnehmer getragen, wobei kinderlose Arbeitnehmer ab dem 23. Lebensjahr einen extra Zuschlag leisten müssen.

15.2.3 Arbeitslosenversicherung (SGB III)

Die Regelungen der gesetzlichen Arbeitslosenversicherung befinden sich unter dem Titel „Arbeitsförderung" im SGB III. Seit der Zusammenlegung von Sozialhilfe und Arbeitslosenhilfe zum Arbeitslosengeld II befinden sich die Vorschriften über diese Leistungen unter dem Titel „Grundsicherung für Arbeitsuchende" im SGB II.

Pflichtversichert sind alle Auszubildenden, Arbeiter und Angestellte (§§ 24 ff. SGB III). Auch hier wird der Beitrag prozentual vom Einkommen bestimmt und von Arbeitnehmer und Arbeitgeber je zur Hälfte getragen. Ebenso greift hier eine Beitragsbemessungsgrenze (und zwar in Höhe derjenigen der gesetzlichen Rentenversicherung, die sich von der der Krankenversicherung aktuell unterscheidet).

Wesentliche Leistungen der Arbeitslosenversicherung	
Im Kern	*Im Einzelnen (vgl. § 3 SGB III)*
● *Arbeitsförderungsmaßnahmen*	● *Berufsberatung*
● *Maßnahmen zur Sicherung von Arbeitsplätzen*	● *Arbeitsvermittlung*
● *Leistungen an Arbeitnehmer*	● *Weiterbildungskosten*
● *Förderung des Übergangs älterer Arbeitnehmer in den Ruhestand*	● *Arbeitslosengeld*

15.2.4 Rentenversicherung (SGB VI)

Vom Rentenversicherungsträger erhält der Versicherte eine Versicherungsnummer (§ 147 SGB VI) und einen Sozialversicherungsausweis, den er in bestimmten Beschäftigungszweigen (Baugewerbe, Gastronomie usw.) immer bei sich führen muss (§§ 95 ff. SGB IV).

Versicherungspflicht besteht für Auszubildende, Arbeiter und Angestellte sowie für bestimmte Berufsgruppen wie Hausgehilfinnen, Hausgewerbetreibende, Wehr- und Ersatzdienstleistende sowie bestimmte Freiberufler (§§ 1 ff. SGB VI).

Die Beiträge werden je zur Hälfte vom Arbeitgeber und vom Arbeitnehmer getragen. Für Auszubildende mit einer Vergütung bis zu 325,– Euro wird der Beitrag allein vom Arbeitgeber getragen. Die Beiträge berechnen sich wiederum prozentual bis zu einer Beitragsbemessungsgrenze. Die Grenze ist nicht identisch mit der der Krankenversicherung.

Wesentliche Aufgaben/Leistungen der Rentenversicherung	
Zahlung von Renten	
Alter	Altersrente wird ab der Regelaltersgrenze gezahlt, wenn die allgemeine Wartezeit erfüllt wurde.
Erwerbsminderung	Erwerbsminderungsrente wird schon vor der Regelaltersgrenze gezahlt, wenn die Wartezeit erfüllt wurde und teilweise oder volle Erwerbsminderung wegen Krankheit vorliegt.
Tod	Hinterbliebenenrente (Witwer, Witwe, Waise) wird gezahlt, wenn die Wartezeit erfüllt wurde.
Maßnahmen der Rehabilitation	
Aufklärung und Beratung der Versicherten und der Rentner	

Wartezeit / Rentenrechtliche Zeiten

Die Höhe der Renten richtet sich zum einen nach der Höhe der gezahlten Beiträge, zum anderen nach den Zeiten, in denen Beiträge bezahlt wurden. Die allgemeine Wartezeit, um überhaupt einen Anspruch auf Rente zu erlangen, beträgt fünf Jahre (§ 50 SGB VI). Für die Erlangung des Rentenanspruchs werden aber nicht nur Zeiten herangezogen, während derer der Versicherte arbeitet, also Beitragszeiten, sondern auch Ersatzzeiten (z.B. Haftzeit im Gebiet der DDR), Berücksichtigungszeiten (insbesondere Kindererziehungszeiten) und Anrechnungszeiten (z.B. Zeiten der Schulausbildung nach Vollendung des 17. Lebensjahres, Fachschul- oder Hochschulausbildungszeiten). Sie alle werden bei der Berechnung des Rentenanspruchs, verschieden gewichtet, berücksichtigt (§§ 54 ff. SGB VI).

15.2.5 Gesetzliche Unfallversicherung (SGB VII)

Die gesetzliche Unfallversicherung will das gesundheitliche Risiko der Arbeitnehmer vor Arbeitsunfällen und Berufskrankheiten abdecken. Unabhängig von der Höhe ihres Einkommens sind alle Arbeitnehmer (Auszubildende, Arbeiter und Angestellte) versichert. Darüber hinaus sind weitere Personengruppen versichert, wie Kinder während des Besuchs von Kindertagesstätten, Schüler, Studenten während des Besuchs ihrer Ausbildungsstätten. Personen, die bei Unglücksfällen Hilfe leisten, sind ebenfalls versichert (§§ 2,3 SGB VII).

Wesentliche Leistungen der Unfallversicherung	
Umfassende Maßnahmen zur Unfallverhütung	**Leistungen bei Arbeits- und Wegeunfällen und Berufskrankheiten**
• Erlass von Unfallverhütungsvorschriften • Überwachung der Einhaltung der Vorschriften • Verhängung von Bußgeldern • Erteilung von Auflagen an Unternehmer, gegebenenfalls Betriebsuntersagung	• Heilbehandlung • Rehabilitation • Hilfe bei berufsbedingter Pflegebedürftigkeit • Geldleistungen während der Heilbehandlung (Verletztengeld, Übergangsgeld) • Rentenzahlungen (bei Minderung der Erwerbsfähigkeit, an Hinterbliebene als Witwen-/Waisenrente) • Sterbegeld

Beiträge

Die Beiträge zur gesetzlichen Unfallversicherung werden vom Arbeitgeber allein getragen. Ihre Höhe richtet sich nach folgenden Kriterien:

– Durchschnittseinkommen aller Beschäftigten eines Unternehmens,
– Gefahrenklasse, in die das Unternehmen eingestuft ist,
– Ausgaben der Berufsgenossenschaft.

Hinweis: Die aktuellen Beiträge zu den Sozialversicherungen sowie die Beitragsbemessungsgrenzen und die Pflichtversicherungsgrenze zur Krankenversicherung sind unter dem entsprechenden Suchwort ohne Weiteres im Internet zu finden.

15.3 Privatversicherungen

Anders als bei den Sozialversicherungen handelt es sich bei den Privatversicherungen nicht um Pflichtversicherungen, sondern sie werden freiwillig zur Absicherung eines bestimmten Risikos (z.B. Lebensversicherung, Rechtsschutzversicherung) gewählt. Dazu wird ein privatrechtlicher Vertrag zwischen dem Versicherer und dem Versicherungsnehmer abgeschlossen.

Es gibt Ausnahmen von der „Freiwilligkeit": Für bestimmte freiberufliche Tätigkeiten, z.B. Rechtsanwälte, Notare, Steuerberater, ist der Nachweis einer entsprechenden Berufshaftpflichtversicherung Voraussetzung für die Zulassung zur Ausübung dieser Tätigkeiten. Wer ein Kraftfahrzeug zugelassen bekommen möchte, muss den Nachweis des Bestehens einer Kraftfahrzeughaftpflichtversicherung führen. Auch für Personen, die nicht in der gesetzlichen Krankenversicherung versichert sind, besteht Versicherungspflicht in der privaten Krankenversicherung (vgl. oben 15.2.1).

Gesetzliche Grundlagen für die Privatversicherungen sind das Versicherungsvertragsgesetz (VVG) sowie die vertragsrechtlichen Vorschriften des BGB.

Arten der Privatversicherungen		
Sachversicherungen	*versichert werden bewegliche Sachen und Grundstücke*	*z.B. Feuer-, Sturm-, Einbruchdiebstahl- und Transportversicherung*
Vermögensversicherungen	*versichert ist das Vermögen des Versicherungsnehmers vor Beeinträchtigungen und Inanspruchnahme aus Haftpflicht*	*z.B. Rechtsschutz-, private und Berufshaftpflichtversicherung, Betriebsunterbrechungsversicherung*
Personenversicherungen	*versichert ist der Versicherungsnehmer*	*z.B. Lebensversicherung, private Unfallversicherung, private Krankenversicherung*

Zustandekommen des Versicherungsvertrags

Der Versicherungsnehmer unterzeichnet einen Antrag auf Abschluss eines Versicherungsvertrags. Er macht dabei Angaben zur Person und zum zu versichernden Risiko, z.B. Angaben über seinen Gesundheitszustand, zur versicherten Sache usw. Die Versicherung prüft die Unterlagen und nimmt das Angebot durch Übersendung des Versicherungsscheins an den Versicherungsnehmer an. Mit dieser Urkunde weist der Versicherungsnehmer das Bestehen der Versicherung nach und legt sie bei der Geltendmachung von Ansprüchen im Versicherungsfall vor.

Pflichten des Versicherungsnehmers und des Versicherers

Zu den Pflichten des Versicherungsnehmers gehören die Prämienzahlungspflicht und die Erfüllung von Obliegenheiten (wahrheitsgemäße Angaben über die versicherte Sache oder über Änderungen der Versicherungssituation, Anzeigepflichten usw.). Obliegenheiten sind von der Versicherung nicht einklagbar, ihre Verletzung kann aber zum Verlust des Versicherungsschutzes führen, ebenso wie die nicht rechtzeitige Zahlung der Versicherungsprämie. Zu den Pflichten des Versicherers gehört die Zahlung des entsprechenden Schadensersatzbetrages bei den Schadensversicherungen bzw. die Zahlung der entsprechenden Summen aus Lebensversicherung oder Unfallversicherung usw.

Inhalt des Versicherungsvertrages

Der Inhalt des Versicherungsvertrages wird insbesondere von folgenden Regelungen bestimmt:

- Allgemeine Versicherungsbedingungen (AVB): Die Versicherer benutzen einheitliche Vertragsbedingungen für die verschiedenen Versicherungstypen, z.B. die „Allgemeinen Wohngebäude-Versicherungsbedingungen" (VGB 99).
- Besondere Versicherungsbedingungen für bestimmte Versicherungsunterarten (z.B. „besondere Vereinbarungen für die Wohngebäude-Versicherung").
- Klauseln, einzelne nummerierte Klauseln, die die Versicherungen an spezielle Einzelanforderungen anpassen (z.B. Klausel 7361 der Wohngebäude-Versicherung „Gebäudebeschädigung durch unbefugte Dritte").

Darüber hinaus können Versicherer und Versicherungsnehmer einverständlich individuelle Vereinbarungen treffen, die auch zum Bestandteil des Versicherungsvertrags werden.

15.4 Zusammenfassung

Sozialversicherungen

	Krankenversicherung	Pflegeversicherung	Rentenversicherung	Arbeitslosenvers.	Unfallversicherung
Versicherte	• Auszubildende • Arbeiter und Angestellte (bis zur Pflichtversicherungsgrenze) • Rentner • Arbeitslose	• Alle Mitglieder der gesetzlichen Krankenversicherung	• Auszubildende • Arbeiter • Angestellte • Arbeitslose	• Auszubildende • Arbeiter • Angestellte	• Auszubildende • Arbeiter • Angestellte • Schüler • Studenten
Finanzierung	• Arbeitgeber, Arbeitnehmer • Beiträge der Rentner • Beiträge der Bundesanstalt für Arbeit	• Beitragszahlungen wie bei der gesetzlichen Krankenversicherung	• Arbeitgeber, Arbeitnehmer • Beiträge der Bundesagentur für Arbeit • Zuschuss des Bundes	• Arbeitgeber, Arbeitnehmer je zur Hälfte	• Beiträge werden allein vom Arbeitgeber erbracht
Leistungen	• Gesundheitsuntersuchungen • Ambulante und stationäre Behandlung • Zahnbehandlung • Krankengeld • Leistungen bei Schwangerschaft und Mutterschaft	• Im Rahmen der häuslichen Pflege: Sachleistungen, Pflegegeld • Im Rahmen der stationären Pflege: Erstattung der pflegebedingten Aufwendungen	• Renten wegen Alters, verminderter Erwerbstätigkeit, Todes • Maßnahmen zur Rehabilitation • Aufklärung und Beratung der Versicherten	• Maßnahmen der Arbeitsförderung • Maßnahmen zur Sicherung von Arbeitsplätzen • Leistungen an Arbeitslose • Arbeitslosengeld • Übergangsgeld • Kurzarbeitergeld • Arbeitslosengeld II	• Maßnahmen zur Unfallverhütung • Leistungen bei Arbeitsunfall, Wegeunfall und Berufskrankheit

Haftung

Wer ist für einen Schaden, der verursacht wird, eigentlich verantwortlich?

a. Haftung des Schadensverursachers, „deliktische Haftung" (§ 823 Abs. 1 BGB)

Wer vorsätzlich oder fahrlässig (vgl. § 276 Abs. 2 BGB)

* *das Leben,*
* *den Körper,*
* *die Gesundheit,*
* *die Freiheit,*
* *das Eigentum oder*
* *ein sonstiges Recht (z.B. Urheberrecht, Persönlichkeitsrecht) eines anderen widerrechtlich verletzt, ist zum Schadensersatz verpflichtet.*

(Beispiele: Ein angestellter Chirurg im Krankenhaus macht einen Kunstfehler, der Verursacher eines Unfalls muss Personen- oder Sachschaden ersetzen, der Straftäter den Schaden des Opfers usw.) Nicht zum Schadensersatz verpflichtet ist, wer den Schaden nicht widerrechtlich verursacht hat, z.B., der Patient willigt in die Operation, die ja eine Körperverletzung ist, ein; das Opfer verletzt den Angreifer in Notwehr.

Wer zum Schadensersatz verpflichtet ist, muss den Zustand wiederherstellen, der vor dem Schadensereignis bestand (§ 249 BGB). Üblicherweise wird Schadensersatz in Geld geleistet.

Wenn ein Unternehmer Mitarbeiter beschäftigt, die ihrerseits einen Schaden verursachen, so haftet der Unternehmer neben dem Mitarbeiter auch selbst für seinen „Verrichtungsgehilfen", allerdings nur, wenn er bei der Auswahl seines Mitarbeiters nicht sorgfältig war („Auswahlverschulden", vgl. § 831 BGB). Beispiel: Der Leiter einer Pflegestation beschäftigt einen wegen Diebstahls vorbestraften Pfleger, der rückfällig wird.

b. Haftung des Vertragspartners, „vertragliche Haftung" (§ 280 BGB)

Ein Vertragspartner, der schuldhaft (vorsätzlich oder fahrlässig, vgl. oben) eine Pflicht aus einem Vertrag verletzt, ist für den Schaden, den er verursacht hat, verantwortlich.

(Beispiele: Der Arzt in der Praxis – er ist ja der Vertragspartner des Patienten – macht einen Behandlungsfehler, er haftet aber auch nach § 823 BGB als Schadensversursacher; der Installationsmeister – Vertragspartner des Kunden aus einem Werkvertrag – macht einen Fehler, die Küche steht unter Wasser.)

Der Vertragspartner als Unternehmer haftet für das schuldhafte Verhalten seiner Mitarbeiter, also der Personen, derer er sich zur Erfüllung des Vertrages bedient („Erfüllungsgehilfen"), als ob er den Schaden selbst verursacht hätte (§ 278 BGB). Beispiel: Nicht der Installationsmeister selbst, sondern sein Geselle verursacht den Schaden. Trotzdem haftet der Meister.

Dass der Meister seinen Gesellen, der ja sein Arbeitnehmer ist, unter Umständen in Regress nehmen kann, wenn er gemäß §§ 278, 280 BGB Schadensersatz leisten musste, ist eine andere Sache.

Aufgaben zur Selbstkontrolle

1. *Welche Risiken deckt die gesetzliche Sozialversicherung ab?*

2. *Was versteht man unter dem „Solidaritätsprinzip" und dem „Vertrag der Generationen"?*

3. *Erläutern Sie die Begriffe „Beitragsbemessungsgrenze" und „Pflichtversicherungsgrenze"!*

4. *Schildern Sie stichwortartig, welche Leistungen von den einzelnen Trägern der Sozialversicherung erbracht werden!*

5. *Welche Unterschiede bestehen zwischen der Sozialversicherung und den privaten Versicherungen?*

6. *Welche Arten der Privatversicherung gibt es?*

Lösungen

Zu 1 Grundlagen Berufsbildung

1a. Unter Berufsbildung versteht man
- Berufsausbildungsvorbereitung
- Berufsausbildung
- berufliche Fortbildung
- berufliche Umschulung

1b. Zweiteilung der Berufsausbildung, wonach die praktische Ausbildung im Ausbildungsbetrieb, die theoretische Ausbildung in der Berufsschule erfolgt.

1c. Ausbildungsberufe für eine geordnete und einheitliche Berufsausbildung gemäß den Vorgaben des Berufsbildungsgesetzes werden vom Bundesministerium für Wirtschaft und Technologie (oder vom sonst zuständigen Fachministerium) im Einvernehmen mit dem Bundesministerium für Bildung staatlich anerkannt.

1d. Das Ausbildungsberufsbild ist Bestandteil der Ausbildungsordnung und schildert in Kurzform die beruflichen Fertigkeiten, Kenntnisse und Fähigkeiten, die mindestens Gegenstand der Berufsausbildung sind.

2. Der Ausbildungsvertrag muss von Florian und seinen gesetzlichen Vertretern (Eltern) unterzeichnet werden. Der Ausbildende, also die Assekuranz AG, muss die Eintragung des Berufsausbildungsverhältnisses in das Verzeichnis der Berufsausbildungsverhältnisse bei der zuständigen Kammer (Industrie- und Handelskammer) beantragen.

3. Florian kann das Ausbildungsverhältnis nicht kündigen, um die Berufsausbildung in einem anderen Betrieb fortzusetzen (vgl. § 22 Abs. 2 BBiG). Er müsste sich um eine einverständliche Aufhebung des Vertrags mit der Assekuranz AG bemühen.

4. Das Verhalten des Ausbildungsbetriebs ist falsch. Als jugendlicher Auszubildender darf Florian einmal in der Woche nach dem Berufsschulunterricht, wenn dieser mehr als fünf Stunden dauerte, nicht mehr im Ausbildungsbetrieb beschäftigt werden (§ 9 Abs. 1 Ziff. 2 JArbSchG).

5. Florian muss nicht bis zum 30. August arbeiten. Grundsätzlich endet das Ausbildungsverhältnis mit dem Ablauf der Zeit, die im Ausbildungsvertrag vereinbart wurde. Besteht der Auszubildende die Prüfung aber vorher, endet es schon mit dem Zeitpunkt des Bestehens der Prüfung (§ 21 Abs. 2 BBiG).

Zu 1 Arbeitsrecht

1. Ein wirksamer Arbeitsvertrag ist zustande gekommen, da für den Abschluss von Arbeitsverträgen „Formfreiheit" besteht.

2. Dauer des Urlaubs (mindestens 24 Werktage im Jahr), geregelt im Bundesurlaubsgesetz (BUrlG). Überstunden (grundsätzlich nicht mehr als zwei Überstunden pro Tag, wenn sie innerhalb eines halben Jahres ausgeglichen werden), geregelt im Arbeitszeitgesetz (ArbZG).

3. Die Kündigung muss spätestens bis zum 3. Dezember erfolgen (§ 622 Abs. 1 BGB), sie muss in Schriftform vorgenommen werden (§ 623 BGB).

4. Der Arbeitgeber ist verpflichtet, dem Arbeitnehmer bei Beendigung des Arbeitsverhältnisses ein Zeugnis zu erteilen. In einem qualifizierten Zeugnis muss der Arbeitgeber die Arbeitsleistung und die Führung

im Dienst (also das Verhalten im Betrieb) beurteilen (§ 630 BGB).

5. Allgemeiner Kündigungsschutz, Kündigungsschutzgesetz (KschG), Schutz vor sozial ungerechtfertigten Kündigungen.
   Besonderer Kündigungsschutz:
   - Mutterschutzgesetz
   - Bundeserziehungsgeldgesetz (Kündigungsschutz während der Elternzeit)
   - Sozialgesetzbuch IX (Kündigungsschutz für schwerbehinderte Arbeitnehmer)
   - Berufsbildungsgesetz (Kündigungsschutz für Auszubildende)
   - § 15 Kündigungsschutzgesetz (Kündigungsschutz für Betriebsräte/Jugend- und Auszubildendenvertreter)
   - Pflegezeitgesetz (Kündigungsschutz für Arbeitnehmer, die Angehörige pflegen)

6. Tarifvertrag wird zwischen Arbeitgeberverbänden (oder einzelnen Arbeitgebern) und Gewerkschaften abgeschlossen. Er enthält insbesondere Regelungen über arbeitsrechtliche und betriebsverfassungsrechtliche Inhalte.
   Betriebsvereinbarung wird zwischen Arbeitgebern und Betriebsrat abgeschlossen. Sie enthält arbeitsrechtliche Regelungen und Regelungen über soziale betriebliche Themen. Betriebsvereinbarungen dürfen im Gegensatz zum Tarifvertrag keine Vereinbarungen über Arbeitslöhne und Gehälter enthalten.

7. Ablauf von Tarifverhandlungen:
   - Arbeitgeber und Gewerkschaften nehmen Tarifverhandlungen auf
   - Scheitern der Tarifverhandlungen
   - Schlichtungsverfahren
   - Scheitern des Schlichtungsverfahrens
   - Urabstimmung (mindestens 75 % der Arbeitnehmer müssen für einen Streik stimmen)
   - Streik
   - Verhandlungen über neuen Tarifvertrag
   - Urabstimmung über neuen Tarifvertrag und Beendigung des Streiks (mindestens 25 % der Arbeitnehmer müssen dafür stimmen)
   - Neuer Tarifvertrag ist zustande gekommen

Zu 2 Wirtschaftsgrundlagen

1. Existenz: lebensnotwendig, Nahrung, Kleidung, Unterkunft
   Kultur: gesellschaftsüblich, z.B. Medien
   Luxus: um sich von der Masse abzuheben, z.B. Yacht

2. PC = Wirtschaftsgut, materiell, Komplementärgut, Wirtschaftsgut für Unternehmen oder Konsumgut für Privathaushalte, Gebrauchsgut und Individualgut

3. Minimal: eine bestimmte Ware so günstig wie möglich kaufen.
   Maximal: für 1.000 Euro so viele Waren wie möglich kaufen.

4. Volkswirtschaft: Boden/Natur, Arbeit, Kapital, oft auch Wissen
   Betriebswirtschaft: Arbeit (dispositiv und ausführend), Betriebsmittel, Werkstoffe, oft auch Rechte

5. Einfach: Privathaushalte und Unternehmen. Beim erweiterten Wirtschaftskreislauf kommen Banken, Staat und Ausland hinzu.

6. Markttypen: vollkommen (Theorie) und unvollkommen (Praxis)

Marktarten: organisiert oder nicht organisiert, offen oder geschlossen, Faktor- oder Gütermärkte

Marktformen: Wie viele Anbieter/-innen oder Nachfrager/-innen sind auf dem Markt? Polypol, Oligopol, Monopol

Verwendungsrechnung: Wer (Privathaushalte, Unternehmen, Staat) verwendet die produzierten Güter?

Verteilungsrechnung: Wie setzt sich das Volkseinkommen, unterteilt in Vermögens- und Erwerbseinkommen, zusammen?

Zu 3 Wirtschaftsordnungen

1. Aufschwung: Investitionen steigen, Nachfrage steigt, Arbeitslosigkeit sinkt.
   Boom: Investitionen und Nachfrage am höchsten, Arbeitslosigkeit am niedrigsten.
   Abschwung: Nachfrage und Angebot sinken, Arbeitslosigkeit steigt.
   Tief: Nachfrage und Angebot stagnieren, Arbeitslosigkeit am höchsten.

2. Preisstabilität, Außenwirtschaftliches Gleichgewicht, Vollbeschäftigung, Wirtschaftswachstum. Wird versucht, die Arbeitslosigkeit zu bekämpfen, kann dies zwar dem Wachstum dienen, aber es müsste mehr exportiert werden, wodurch das außenwirtschaftliche Gleichgewicht verfehlt wird, und es steigen die Preise, wodurch die Preisstabilität gefährdet ist.

3. Offenmarktpolitik durch An- und Verkauf von Wertpapieren.
   Fazilitätspolitik durch Zinsänderungen.
   Mindestreservepolitik durch Festsetzung der Pflichteinlagen aller Banken.

4. BIP: Wert aller produzierten Güter in einer Volkswirtschaft pro Jahr. Nominal inklusive Preissteigerungen, real abzüglich Preissteigerungen.

5. Entstehungsrechnung: In welchen Sektoren werden wie viele Güter produziert?

Zu 4 Wettbewerbspolitik

1. Preis-, Gebiets- und Mengen- = Quotenkartelle

2. Schutz des Wettbewerbs zwischen den Unternehmen

3. Zwischen Unternehmen: Boykottaufrufe; Nutzung fremder Firmen- oder Geschäftsbezeichnungen; Bestechung und Verrat; unwahre oder herabsetzende Behauptungen.
   Bei der Preispolitik: Preisspaltung; Mondpreise; Verkauf unter Einstandspreis; irreführende Preishervorhebungen; unklare Preisbestandteile.
   Gegenüber der Kundschaft: Lockvogelangebote; Irreführung über Güter; Angstwerbung; Zusendung unbestellter Ware; überraschendes Ansprechen in der Öffentlichkeit; Unerfahrenheit von Kindern und Jugendlichen ausnutzen; Belästigungen durch Post, Fax, Fon, Mail.

4. Grundsätzlich müssen Preise wahr und klar sein. Waren im Verkaufsraum, Schaufenster, in Musterbüchern, Katalogen sind mit dem Bruttoverkaufspreis (einschließlich Umsatzsteuer) anzugeben. Bei Krediten sind die Gesamtkosten als effektiver Jahreszins anzugeben.

Zu 5 Rechtsgrundlagen

1a. öffentliches Recht (Ordnungswidrigkeit)

1b. Privatrecht (Dienstvertrag)

1c. öffentliches Recht (Steuerschuld)
1d. Privatrecht (Lieferungsverzug)
2. Die Schlemmer GmbH kann als rechtsfähige juristische Person (Träger von Rechten und Pflichten) Eigentümerin eines Grundstücks werden.
3. Nein, weil Fluffy keine Rechtsfähigkeit besitzt.
4a. (a) „Erklärungsirrtum" durch eine Übermittlungsperson
4b. (n) Rechtsgeschäft durch einen Geschäftsunfähigen
4c. (a) anfechtbar wegen „arglistiger Täuschung"
4d. (w) Rechtsgeschäft ist wegen eines „unbeachtlichen Motivirrtums" wirksam.
4e. (n) Rechtsgeschäft ist nichtig, weil Willenserklärung im Zustand „vorübergehender Störung der Geistestätigkeit" abgegeben wurde.

Zu 6 Zahlungsverkehr

1. Bar: persönlich oder durch Boten
   Halbbar: Barscheck oder Zahlschein
   Unbar: Verrechnungsscheck oder Überweisung
2. Wertmaßstab/Recheneinheit zur Bewertung;
   Zahlungs-/Tauschmittel: Ware gegen Geld oder Tausch von Devisen;
   Wertübertragungsmittel, z.B. durch Schenkung oder Erbschaft;
   Wertaufbewahrungsmittel durch Sparen;
   Kreditmittel für Unternehmen und Haushalte.
3. Barscheck kann bar ausgezahlt werden, Verrechnungsscheck nur einem Konto gutgeschrieben werden.

Zu 7 Kaufvertrag

1. Benjamin als Verkäufer hat die Pflichten, dem Käufer Sebastian die Sache zu übergeben und das Eigentum an der Sache zu verschaffen. Sebastian ist verpflichtet, den Kaufpreis zu zahlen und die verkaufte Sache abzunehmen (§ 433 BGB).
2. Beiderseitiger Handelskauf: Einzelhändler Huber (e.K.) bestellt bei der Getränke-Großhandels-GmbH drei Paletten Mineralwasser.
   Bürgerlicher Kauf: Manni verkauft sein Motorrad an Freddi.
   Verbrauchsgüterkauf: Frau Holle kauft im Versandhaus eine neue Waschmaschine.
3. Der Verwender muss die andere Vertragspartei ausdrücklich oder, wenn ein ausdrücklicher Hinweis nur unter unverhältnismäßigen Schwierigkeiten möglich ist, durch deutlich sichtbaren Aushang auf die allgemeinen Geschäftsbedingungen hinweisen bzw. ihr die Möglichkeit verschaffen, in zumutbarer Weise von ihrem Inhalt Kenntnis zu nehmen (§ 305 BGB).
   Wenn die Vertragsparteien eine individuelle Regelung im Vertrag getroffen haben, die den allgemeinen Geschäftsbedingungen widerspricht, so gilt diese Vereinbarung als „vorrangige Individualabrede".
4. Ein telefonisches Angebot kann nur sofort angenommen werden (§ 157 Abs. 1 BGB), es sei denn, der Anbietende bestimmt eine (längere) Frist (§ 148 BGB).
5. Voraussetzungen des Lieferungsverzugs:
   − Nichtleistung trotz Fälligkeit
   − Mahnung (in bestimmten Fällen entbehrlich)
   − Verschulden

Voraussetzungen des Zahlungsverzugs:
- Nichtzahlung trotz Fälligkeit
- Mahnung (in bestimmten Fällen entbehrlich bzw. automatischer Verzugseintritt innerhalb von 30 Tagen) (kein Verschulden)

6. Säumig wird folgenden Schadensersatz leisten müssen:
   - Verzugszinsen in Höhe von fünf Prozentpunkten über dem Basiszins
   - Kosten für die Beauftragung des Rechtsanwalts Raabe
   (Für den Fall, dass Tüchtig infolge der ausbleibenden Zahlung sein Konto überzogen hat, kann er den Überziehungszinssatz verlangen. Nach Setzung einer angemessenen Nachfrist kann er vom Kaufvertrag zurücktreten.)

7. Eine Mahnung ist in folgenden Fällen entbehrlich:
   - Wenn der Lieferzeitpunkt (Zahlungszeitpunkt) kalendermäßig bestimmt oder bestimmbar ist
   - Wenn der Schuldner die Lieferung (Zahlung) ernsthaft und endgültig verweigert
   - Für Zahlungsverzug gilt darüber hinaus: Er tritt innerhalb von 30 Tagen nach Zugang der Rechnung bzw. einer gleichwertigen Zahlungsaufstellung „automatisch" ein.

8. Bei Vorliegen von Annahmeverzug hat der Verkäufer folgende Rechte:
   - Klage auf Abnahme der Ware
   - Ware kann hinterlegt werden
   - Selbsthilfeverkauf
   - Kostenerstattung (Ausgaben, die durch die Lagerung der Ware entstanden sind)
   Haftungsminderung: Während des Annahmeverzugs haftet der Verkäufer für Verlust und Beschädi-

gung der Sache nur bei Vorsatz und grober Fahrlässigkeit.

9. Bei Vorliegen eines Sachmangels hat der Käufer folgende Rechte:
   - Käufer kann Nacherfüllung verlangen (wahlweise Umtausch oder Nachbesserung).
   - Bei Scheitern der Nacherfüllung kann der Käufer wahlweise Minderung des Kaufpreises verlangen bzw. vom Kaufvertrag zurücktreten.

Zu 8 Gewerbe/Unternehmen

1. Unter einem Gewerbe versteht man eine erlaubte, auf Gewinn gerichtete und auf gewisse Dauer angelegte selbstständige Tätigkeit.
   Ein Handelsgewerbe ist ein Gewerbe, welches nach Art und Umfang einen in kaufmännischer Weise geführten Geschäftsbetrieb erfordert.

2. Deklaratorische (rechtsbezeugende) Wirkung: Istkaufmann
   Konstitutive (rechtsbegründende) Wirkung: Kannkaufmann, Formkaufmann

3. Die Firma eines Kaufmanns ist der Name, unter dem er seine Geschäfte betreibt und die Unterschrift abgibt.
   Firmengrundsätze:
   - Firmenwahrheit und -klarheit
   - Firmenausschließlichkeit
   - Firmenbeständigkeit
   - Firmenöffentlichkeit

4. Folgende Bezeichnungen soll der Kaufmann für seine Firma verwenden:
   - Kaufmann: „e.K.", „e.Kfm.", „e.Kfr."
   - offene Handelsgesellschaft: „OHG"
   - Kommanditgesellschaft: „KG"
   - Gesellschaft mit beschränkter Haftung: „GmbH"
   - Aktiengesellschaft: „AG"

5. Das Handelsregister ist ein Verzeichnis aller Kaufleute eines Handelsregisterbezirks. Insbesondere folgende Eintragungen werden gemacht:
   - Firma und Ort der Niederlassung
   - je nach Unternehmensform: Inhaber, Gesellschafter, Geschäftsführer, Vorstand
   - Änderung der Firma, Inhaberwechsel
   - Erteilung und Widerruf der Prokura
   - Auflösung des Unternehmens
6. In einer Personengesellschaft haftet mindestens ein Gesellschafter mit seinem Privatvermögen für die Verbindlichkeiten des Unternehmens. Die Kapitalgesellschaft als juristische Person mit eigener Rechtspersönlichkeit haftet ausschließlich mit ihrem Gesellschaftsvermögen.
7. Folgende Gründe können für die Wahl der Unternehmensformen ausschlaggebend sein:
   - Haftung
   - Gründungskosten
   - Startkapital/Beschaffung von Kapital
   - Anzahl der Unternehmensgründer
   - Art und Weise, wie und ob Gründer mitarbeiten
   - Gegenstand des Unternehmens
8. Unter Geschäftsführung versteht man die Leitung des Unternehmens im Innenverhältnis, unter Vertretung die Führung des Unternehmens gegenüber Dritten (Außenverhältnis).
9. Organe der GmbH:
   - Geschäftsführung
   - (Aufsichtsrat in Unternehmen ab 500 Arbeitnehmern vorgeschrieben)
   - Gesellschafterversammlung

   Organe der AG:
   - Vorstand
   - Aufsichtsrat
   - Hauptversammlung

Zu 9 Unternehmensfinanzierung

1. Investition = Mittelverwendung; Finanzierung = Mittelherkunft.
2. Innen- = Selbstfinanzierung: Gewinne, Abschreibungen und Rückstellungen
   Außenfinanzierung = Einlagen-, Beteiligungsfinanzierung und Fremdfinanzierung.
3. Liquidität ist die Zahlungsfähigkeit und Rentabilität die Verzinsung des eingesetzten Kapitals.
4. Fälligkeitsdarlehen: jährliche Zinszahlungen. Tilgung im letzten Jahr als Gesamtbetrag der Darlehenssumme.
   Annuitätendarlehen: jährliche Gesamtbelastung für die Rückzahlung. Ergibt sich aus der Tilgungsrate = Rückzahlungssumme (steigt jährlich) und Zinsen pro Jahr (nehmen jährlich ab). Im nächsten Jahr ist die zurückzuzahlende Darlehenssumme um die Tilgungsrate geringer.
   Abzahlungsdarlehen: gleichbleibende jährliche Tilgungsrate (Rückzahlungssumme), Zinssatz und Annuität (Tilgung + Zins) nehmen jährlich ab.
5. Personalkredite: Blankokredit, Bürgschaft, Zession
   Realkredite: Mobilien (Lombard, Sicherungsübereignung); Immobilien (Hypothek, Grundschuld)

Zu 10 Betriebsorganisation

1. Die Aufbauorganisation legt die Strukturen (Hierarchien, Weisungsbefugnisse, Stellen) fest.
   Die Ablauforganisation regelt räumliche und zeitliche Betriebsabläufe.
2. Betriebsinterne Festlegung von Aufgaben und Anforderungen einer Stelle. Beinhaltet: Vorgesetzte / Unterstellte / Vertretungen: Wer ist wem unterstellt? Wer vertritt wen? Stellenziel/e: Aus der Unternehmenszielsetzung werden für jede Stelle Teil- bzw. Unterziele abgeleitet. Die Aufgaben ergeben sich aus den Stellenzielen. Die gebündelten Kompetenzen, die die Stelleninhaber/-innen als Handlungskompetenz brauchen, um die Aufgaben erfüllen zu können.
3. Unternehmensebenen mit Weisungsbefugnissen
4. Sie entlasten die Managementebenen, ohne selbst Weisungsbefugnisse zu haben.
5. Autoritär: Ziel steht im Vordergrund. Beschäftigte führen Befehle/Weisungen von Vorgesetzten aus.
   Demokratisch/kooperativ: Aufgaben werden besprochen und abgestimmt.
   Laisser-faire: Vorgesetzte lassen die Prozesse laufen, ohne einzugreifen.
   Situativer Führungsstil: Situationsgerechte Kombination der genannten drei Stile.

Zu 11 Lager

1. Was, wie viel, wann, wo, wie teuer und in welcher Qualität gekauft wird.
2. Soll- = Buchbestand;
   Ist- = tatsächlicher Bestand
   Höchstbestand wird beim Eintreffen neuer Güter erreicht. Er soll aus Kosten- und aus Platzgründen nicht überschritten werden. Berechnung: Mindestbestand + Wareneingang
   Meldebestand, um bei Erreichen des Mindestbestandes neue Güter geliefert zu bekommen. Formel: (Tagesabsatz x Lieferzeit) + Mindestbestand
   Mindestbestand, als eiserne Reserve, um weiterarbeiten zu können.
   Durchschnittlicher Lagerbestand, Formel: Anfangsbestand + 12 Monatsendbestände / 13
3. Die Lagerkennzahlen dienen zum betriebsinternen Benchmarking (Auswertungen als Vergleichszahlen pro Tag, Woche, Monat, Quartal, Jahr) und zum externen Benchmarking (Vergleich mit anderen Unternehmen).

(Zu den Kapiteln 12 und 13 gibt es keine Lösungen.)

Zu 14 Steuern

1. Besitzsteuer, direkte Steuer, Gemeinschaftssteuer
2. Werbungskosten entstehen durch den Erhalt oder Erwerb von (Arbeits-) Einkommen.
   Sonderausgaben dienen hauptsächlich der Vorsorge.
   Außergewöhnliche Belastungen können aus sozialen Gründen steuerlich geltend gemacht werden.
3. Von der Einkommensteuer.
4. Natürliche Personen zahlen Einkommensteuer.
   Juristische Personen zahlen Körperschaftsteuer.

Zu 15 Sozialversicherungen/ Privatversicherungen

1. Die Sozialversicherung sichert folgende Risiken ab:

- Krankheit/Pflegebedürftigkeit
- Arbeitslosigkeit
- Altersversorgung/Erwerbsunfähigkeit
- Arbeitsunfall/Berufskrankheit

2. Solidaritätsprinzip: Die Versicherten leisten Zahlungen für diejenigen Mitglieder, die die Leistungen der Sozialversicherungen in Anspruch nehmen müssen („einer für alle, alle für einen").
Vertrag der Generationen: Die im Arbeitsprozess stehenden Versicherten erbringen die Renten für die Rentenanspruchsberechtigten.

3. Beitragsbemessungsgrenze: Ab einem bestimmten Bruttoeinkommen steigen die Beiträge für die Sozialversicherungen nicht mehr, unabhängig davon, wie viel der Versicherte verdient.
Pflichtversicherungsgrenze: Ab einem bestimmten Bruttoeinkommen können pflichtversicherte Arbeitnehmer aus der gesetzlichen Krankenversicherung austreten oder als freiwillig Versicherte in der gesetzlichen Krankenversicherung bleiben.

4. Krankenversicherung:
- Leistungen der Vorsorge, Früherkennung
- Krankenbehandlung
- Krankengeld
- Rehabilitation
- Leistungen bei Schwangerschaft/Mutterschaft

Pflegeversicherung:
- Leistungen bei häuslicher und stationärer Pflege

Arbeitslosenversicherung:
- Arbeitsförderung
- Maßnahmen zur Sicherung von Arbeitsplätzen
- Leistungen an Arbeitslose (Arbeitslosengeld, Arbeitslosengeld II)

Rentenversicherung:
- Renten wegen Alters, verminderter Erwerbsfähigkeit, Todes, Rehabilitation
- Aufklärung und Beratung der Versicherten

Unfallversicherung:
- Leistungen bei Arbeits-, Wegeunfall und Berufskrankheit
- Maßnahmen zur Unfallverhütung

5. Die Sozialversicherung ist eine Pflichtversicherung. Träger sind Körperschaften des öffentlichen Rechts. Die Leistungen sind für alle Versicherten gleich und gesetzlich festgelegt.
Die privaten Versicherungen werden je nach Bedarf zwischen Versicherer und Versicherten im Rahmen eines privatrechtlichen Vertrages vereinbart. Inhalte können individuell festgelegt werden. Träger sind privatwirtschaftliche Unternehmen.

6. Bei den Privatversicherungen unterscheidet man zwischen
- Personenversicherungen
- Sachversicherungen
- Vermögensversicherungen

Stichwortverzeichnis

Über Herausgeber und Autoren

FORUM Berufsbildung ist ein freier und gemeinnütziger Bildungsträger in Berlin, der sich insbesondere für eine teilnehmerorientierte und praxisnahe Weiterbildung einsetzt. Seit 1985 bietet das FORUM Berufsbildung Fortbildungen, Umschulungen, Fernlehrgänge, Ausbildungen, Seminare und berufsbegleitende Weiterbildung an. Ein großer Teil der Maßnahmen schließt mit externen (Kammer-)Prüfungen ab. Nicht nur die Nähe zur Praxis und die hohe Qualifikation der Dozenten zeichnen das Bildungsangebot aus, sondern auch der enge Kontakt zwischen Teilnehmern, Lehrkräften und Studienleitern.

Mit diesen umfassenden Erfahrungen mit beruflicher Qualifikation und Prüfungsvorbereitung und als unabhängiger und neutraler Bildungsträger fungiert das FORUM Berufsbildung als beratender Herausgeber für die Reihe „Grundwissen".

Heinz-Werner Hanky ist als freiberuflicher Politikwissenschaftler tätig. Der Schwerpunkt seiner Tätigkeiten besteht in der Durchführung von Werkaufträgen für verschiedenste Wissenschaftseinrichtungen und Wissenschaftler/-innen.

Daneben ist er für verschiedene Bildungsträger in der Erwachsenenbildung als Berater, Autor und Dozent tätig.

Kurt Morawa ist Jurist und war lange Zeit selbstständiger Rechtsanwalt in Berlin. Seit einigen Jahren hat er einen Lehrauftrag für Wirtschaftsprivatrecht an der Hamburger Fernhochschule und ist als Dozent im Bereich der Erwachsenenbildung tätig.